有機機能材料

第 2 版

荒木孝二・明石 満・高原 淳・工藤一秋 著

東京化学同人

ま　え　が　き

　本書の初版が発行されてから 10 年以上が経過したが，この間にも有機機能材料の研究・開発は絶え間なく続いており，情報・エネルギー関連や医療の分野をはじめとして多様で優れた機能をもつ有機機能材料が創り出されている．その結果，有機機能材料が使用される分野はさらに広がり，私たちの生活をより便利で快適なものにしている．このような背景をふまえて本書を改訂し，新しい成果を取入れた．ただ，改訂作業に際して感じたことは，それぞれの有機材料が示す機能はますます高度化してはいるものの，その機能発現の機構や分子・材料構造との関連については本質的にそれほど変わっていないということである．材料機能に関するより深い理解と最適化が進んだことにより，さらに優れた特性・機能を示す材料が開発され，有機機能材料の使用範囲を拡大させたと考えられる場合が多い．

　本書の初版では，できる限り材料機能をその構造と関連づけて説明することに注力して本書の特徴としたが，このことが変遷の激しい材料分野での入門書・解説書としての役割を 10 年以上も保ち得た要因ではないか，と感じている．そのため，新しい進展を取入れた今回の改訂にあたっても，機能発現の機構・要因に関する基本的な事項の説明はこれまで通り重視し，あわせて教科書としての役割に配慮して基礎的な解説をさらに充実させた．また注目度の高い新規分野や関連する興味深い話題を新しくコラムとして加え，より魅力ある内容となるように努めた．有機機能材料を学ぶ学生・大学院生だけでなく，企業で開発に携わる研究者・技術者にも利用いただければ幸いである．

　本書の改訂にあたり，初版と同様に東京化学同人編集部の山田豊氏には内容の確認を含めて大変ご尽力をいただいた．著者を代表して深く感謝したい．

　2018 年 7 月

荒　木　孝　二

目　　　次

1章　有機機能材料の基礎 ……………………………………………… 1
1・1　機能性の高い有機材料への道のり ……………………………… 1
1・2　有機機能材料とは ………………………………………………… 3
1・3　有機化合物と有機材料 …………………………………………… 4
1・4　分子間に働く相互作用 …………………………………………… 6
　　1・4・1　静電相互作用とファン デル ワールス相互作用 ……… 7
　　1・4・2　水素結合 ………………………………………………… 10
　　1・4・3　疎水性相互作用 ………………………………………… 10
1・5　分子の形と大きさの多様性 …………………………………… 12
　　1・5・1　異性体 …………………………………………………… 12
　　1・5・2　高分子化合物 …………………………………………… 13
1・6　材料の組成と構造——配合，添加，複合化 ………………… 16
1・7　分子の配列・配向と不均一性 ………………………………… 18
1・8　有機機能材料の設計に向けて ………………………………… 19

2章　光機能材料 …………………………………………………… 21
2・1　光機能の基礎 …………………………………………………… 21
　　2・1・1　光の性質 ………………………………………………… 21
　　2・1・2　光と色 …………………………………………………… 23
　　2・1・3　光と有機分子 …………………………………………… 24
2・2　光学材料 ………………………………………………………… 26
　　2・2・1　線形光学材料——光学レンズ材料 ………………… 26
　　2・2・2　線形光学材料——光ファイバー …………………… 31
　　2・2・3　非線形光学材料 ………………………………………… 33
2・3　有機色素 ………………………………………………………… 34
　　2・3・1　染　料 …………………………………………………… 34

2・3・2　顔　料………………………………………………………37

2・3・3　蛍光色素………………………………………………………37

2・4　感光性材料…………………………………………………………43

2・4・1　写真用感光剤…………………………………………………43

2・4・2　フォトレジスト………………………………………………45

2・5　光記録材料…………………………………………………………46

2・5・1　光ディスク用記録材料………………………………………46

2・5・2　フォトクロミック材料………………………………………50

2・6　光導電材料…………………………………………………………50

2・7　有機エレクトロルミネセンス（EL）材料………………………54

2・8　有機太陽電池………………………………………………………56

3章　電気・電子機能材料………………………………………………**59**

3・1　はじめに……………………………………………………………59

3・2　物質の電気伝導性…………………………………………………59

3・3　絶縁材料……………………………………………………………60

3・3・1　一般的な絶縁材料……………………………………………60

3・3・2　機能性絶縁材料………………………………………………61

3・4　誘電材料……………………………………………………………67

3・4・1　物質の誘電性…………………………………………………67

3・4・2　誘電分極とその利用…………………………………………68

3・4・3　誘電性を利用した材料………………………………………70

3・4・4　強誘電材料……………………………………………………72

3・4・5　圧電および焦電材料…………………………………………75

3・4・6　固体構造の対称性と誘電結合効果…………………………78

3・5　導電材料……………………………………………………………79

3・5・1　電子伝導性材料………………………………………………79

3・5・2　イオン伝導性材料……………………………………………85

3・5・3　有機半導体……………………………………………………88

4章　界面・表面機能材料………………………………………………**91**

4・1　界面・表面に関する基礎的な事項………………………………91

4・2　界面活性剤………………………………………………………93
　4・2・1　界面活性剤の構造と種類…………………………………93
　4・2・2　水中での界面活性剤の挙動………………………………95
　4・2・3　界面活性剤の働き…………………………………………97
　4・2・4　分散剤，乳化剤としての界面活性剤……………………101
　4・2・5　表面処理剤としての界面活性剤…………………………103
4・3　表面の親水性と撥水性………………………………………105
　4・3・1　高分子材料表面の分子構造とぬれ性……………………105
　4・3・2　表面改質……………………………………………………106
4・4　機能性塗料……………………………………………………107
　4・4・1　機能性塗料の主な種類……………………………………107
4・5　吸着剤…………………………………………………………112
4・6　接着剤…………………………………………………………113
　4・6・1　接着の基礎…………………………………………………113
　4・6・2　機能性接着剤………………………………………………115
　4・6・3　粘着剤………………………………………………………119

5章　力学・強度機能材料…………………………………………**120**

5・1　有機・高分子材料と他の材料との力学的性質の比較……………120
　5・1・1　原子・分子配列による材料の分類………………………120
　5・1・2　材料の力学的性質の比較…………………………………122
5・2　ゴム弾性………………………………………………………123
　5・2・1　ゴムの特徴…………………………………………………123
　5・2・2　固体における弾性の発現機構とゴム弾性………………125
　5・2・3　熱可塑性エラストマー……………………………………126
　5・2・4　ゲ　ル………………………………………………………126
5・3　高分子材料の力学的性質と粘弾性…………………………130
　5・3・1　応力と歪みの関係…………………………………………130
　5・3・2　粘弾性の測定………………………………………………131
　5・3・3　高分子材料の耐衝撃性……………………………………136
5・4　高強度・高弾性率高分子……………………………………137
　5・4・1　高強度・高弾性率繊維……………………………………137

viii

5・4・2　高強度・高弾性率と分子構造 ………………………… 139

5・5　ポリマーアロイと高分子複合材料 ………………………… 140

　　5・5・1　ポリマーアロイ ………………………………………… 142

　　5・5・2　粒子強化および繊維強化複合材料 ………………… 146

　　5・5・3　ナノコンポジット ……………………………………… 147

5・6　摩擦特性 ……………………………………………………… 150

6章　分 離 機 能 材 料 ……………………………………………… 152

6・1　分離膜 ………………………………………………………… 152

　　6・1・1　分離膜の分類 …………………………………………… 153

　　6・1・2　気体分離膜 ……………………………………………… 153

　　6・1・3　イオン分離膜 …………………………………………… 156

　　6・1・4　逆浸透膜 ………………………………………………… 157

　　6・1・5　限外沪過膜 ……………………………………………… 158

　　6・1・6　有機液体分離膜 ………………………………………… 159

6・2　クロマトグラフィー ………………………………………… 161

　　6・2・1　クロマトグラフィーの種類と原理 ………………… 161

　　6・2・2　ガスクロマトグラフィー …………………………… 162

　　6・2・3　液体クロマトグラフィー …………………………… 163

　　6・2・4　ゲル浸透クロマトグラフィー ……………………… 164

6・3　分子認識材料 ………………………………………………… 165

　　6・3・1　クラウンエーテル，シクロデキストリン ………… 165

　　6・3・2　アフィニティークロマトグラフィー ……………… 168

6・4　生体関連分子分離材料 ……………………………………… 169

　　6・4・1　電気泳動分離 …………………………………………… 169

　　6・4・2　DNA解析材料 ………………………………………… 170

7章　生 体 機 能 材 料 ……………………………………………… 174

7・1　抗血栓性材料 ………………………………………………… 174

　　7・1・1　表面の疎水・親水性バランスとミクロドメイン構造 ……………… 174

　　7・1・2　リン脂質類似高分子 …………………………………… 177

　　7・1・3　生体活性分子固定化表面 …………………………… 178

7・2 血液透析膜‥‥‥‥‥‥‥‥‥‥‥‥‥‥‥‥‥‥‥‥‥‥‥‥‥‥‥‥‥ 179

　7・2・1 セルロース系膜‥‥‥‥‥‥‥‥‥‥‥‥‥‥‥‥‥‥‥‥‥‥‥ 180

　7・2・2 ポリメタクリル酸メチルのステレオコンプレックス膜‥‥‥‥‥‥ 180

　7・2・3 ポリスルホン系膜‥‥‥‥‥‥‥‥‥‥‥‥‥‥‥‥‥‥‥‥‥‥ 180

7・3 生分解性材料‥‥‥‥‥‥‥‥‥‥‥‥‥‥‥‥‥‥‥‥‥‥‥‥‥‥‥ 181

　7・3・1 医用材料‥‥‥‥‥‥‥‥‥‥‥‥‥‥‥‥‥‥‥‥‥‥‥‥‥‥ 181

7・4 人工皮膚‥‥‥‥‥‥‥‥‥‥‥‥‥‥‥‥‥‥‥‥‥‥‥‥‥‥‥‥‥ 182

　7・4・1 人工皮膚の分類‥‥‥‥‥‥‥‥‥‥‥‥‥‥‥‥‥‥‥‥‥‥ 183

　7・4・2 培養表皮‥‥‥‥‥‥‥‥‥‥‥‥‥‥‥‥‥‥‥‥‥‥‥‥‥‥ 184

　7・4・3 培養真皮‥‥‥‥‥‥‥‥‥‥‥‥‥‥‥‥‥‥‥‥‥‥‥‥‥‥ 184

　7・4・4 培養皮膚‥‥‥‥‥‥‥‥‥‥‥‥‥‥‥‥‥‥‥‥‥‥‥‥‥‥ 184

7・5 医療用ゲル‥‥‥‥‥‥‥‥‥‥‥‥‥‥‥‥‥‥‥‥‥‥‥‥‥‥‥‥ 186

　7・5・1 コンタクトレンズ‥‥‥‥‥‥‥‥‥‥‥‥‥‥‥‥‥‥‥‥‥ 187

　7・5・2 細胞培養ゲル‥‥‥‥‥‥‥‥‥‥‥‥‥‥‥‥‥‥‥‥‥‥‥ 187

　7・5・3 インテリジェントポリマー‥‥‥‥‥‥‥‥‥‥‥‥‥‥‥‥‥ 189

7・6 高分子微粒子‥‥‥‥‥‥‥‥‥‥‥‥‥‥‥‥‥‥‥‥‥‥‥‥‥‥‥ 191

　7・6・1 親疎水型高分子ミセル‥‥‥‥‥‥‥‥‥‥‥‥‥‥‥‥‥‥‥ 191

　7・6・2 ポリイオンコンプレックスミセル‥‥‥‥‥‥‥‥‥‥‥‥‥‥ 192

　7・6・3 コア-コロナ型高分子ナノスフェア‥‥‥‥‥‥‥‥‥‥‥‥‥ 193

　7・6・4 ナノゲル‥‥‥‥‥‥‥‥‥‥‥‥‥‥‥‥‥‥‥‥‥‥‥‥‥‥ 194

7・7 組織工学のための複合材料‥‥‥‥‥‥‥‥‥‥‥‥‥‥‥‥‥‥‥‥ 195

　7・7・1 有機-無機複合材料‥‥‥‥‥‥‥‥‥‥‥‥‥‥‥‥‥‥‥‥ 196

　7・7・2 生体材料との複合化‥‥‥‥‥‥‥‥‥‥‥‥‥‥‥‥‥‥‥‥ 198

8章　生体——究極の有機機能材料‥‥‥‥‥‥‥‥‥‥‥‥‥‥‥‥‥ 199

8・1 タンパク質‥‥‥‥‥‥‥‥‥‥‥‥‥‥‥‥‥‥‥‥‥‥‥‥‥‥‥‥ 199

　8・1・1 球状タンパク質と繊維状タンパク質‥‥‥‥‥‥‥‥‥‥‥‥‥ 200

　8・1・2 タンパク質の機能とその応用‥‥‥‥‥‥‥‥‥‥‥‥‥‥‥‥ 204

8・2 核　酸‥‥‥‥‥‥‥‥‥‥‥‥‥‥‥‥‥‥‥‥‥‥‥‥‥‥‥‥‥‥ 206

　8・2・1 DNA と RNA‥‥‥‥‥‥‥‥‥‥‥‥‥‥‥‥‥‥‥‥‥‥‥‥ 206

　8・2・2 機能性材料としての DNA の利用‥‥‥‥‥‥‥‥‥‥‥‥‥‥ 210

8・3 糖　質‥‥‥‥‥‥‥‥‥‥‥‥‥‥‥‥‥‥‥‥‥‥‥‥‥‥‥‥‥‥ 211

x

8・3・1　糖の種類 ……………………………………………………… 211
8・3・2　糖タンパク質と機能性糖鎖高分子 ………………………… 215
8・4　脂　質 ……………………………………………………………… 216
8・4・1　脂質の分類 …………………………………………………… 216
8・4・2　リン脂質と生体膜 …………………………………………… 217
8・4・3　脂質の機能性 ………………………………………………… 219
8・4・4　人工脂質，合成二分子膜と人工細胞 ……………………… 219
8・5　生体システムの機能 ……………………………………………… 221
8・5・1　光合成 ………………………………………………………… 221
8・5・2　分子モーター ………………………………………………… 223

索　　引 …………………………………………………………………… **226**

コ ラ ム

その他の分子間に働く相互作用……11

平均分子量……15

高分子化合物の溶液および
　固体状態の性質……16

分子構造と屈折率の関係は？……27

光ディスク用
　プラスチックレンズ……30

高性能な屈折率制御型
　光ファイバー……32

フォトニック結晶……34

3D プリンター ……49

身近なコピー（電子写真）の
　原理は？……53

光の吸収は最初の第一歩——吸収した
　光エネルギーを利用する……58

耐熱性高分子の分子設計……63

エレクトレット……68

電気二重層キャパシタ……71

液晶ディスプレイの動作原理……73

電荷移動錯体……80

ポリアセチレンとノーベル賞……83

カーボンナノチューブと
　グラフェン……84

導電性ゴム……88

有機超伝導体と有機磁性体……90

表面に関する熱力学的な取扱い……92

石けんの歴史……95

日焼け止め（サンスクリーン）……102

ポリマーブラシによる表面改質……108

自己修復塗料……111

溶解度パラメーターと接着性……115

自動車における接着技術……118

免震ゴム……124

誘電エラストマーと
　アクチュエータへの応用……127

自己修復材料……128

応力緩和と Maxwell モデル……133

粘弾性——変形時間と変形速度に
　依存する力学的性質……136

高強度・高弾性率繊維と
　その応用……141

三次元構造の直接観察……144

ABS 樹脂……145

軽量高強度の炭素強化複合材料……148

マイクロカプセル……160

身近なシクロデキストリン……167

MALDI-TOF 質量分析……171

細胞分離……173

グリーンプラスチックとしての
　ポリ乳酸……182

動物実験代替法，再生医療としての
　三次元培養皮膚モデル……185

ゲルと高吸水性ポリマー……188

骨——究極の複合材料……197

バイオインスパイアード材料……201

タンパク質に倣った材料……207

DNA インスパイアード
　テンプレート重合……209

生体の情報システム……212

iPS 細胞と再生医療 ……224

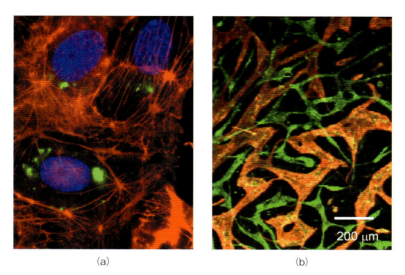

(a)　　　　　　　　　　　　　(b)

蛍光マーカー　(a) 蛍光染色したイヌの腎臓細胞．タンパク質のアクチン（赤），細胞接着斑タンパク質（緑），核（青）が異なる蛍光色で可視化されている．東京大学大学院工学系研究科 長棟研究室提供．(b) 三次元培養皮膚モデル（7 章参照）中に形成された血管（緑）とリンパ管（橙色）のネットワーク．それぞれの内皮細胞上の抗原に蛍光標識した抗体を特異的に結合させて可視化している．大阪大学大学院生命機能研究科 明石研究室提供．2 章：p.40 参照

コピーやプリンターに使用される有機感光材料を用いた OPC ドラム
2 章：p.53 参照．三菱化学株式会社提供

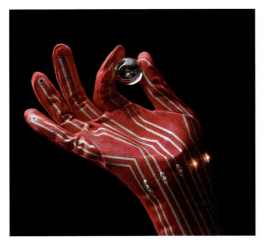

有機トランジスタを用いたフレキシブル圧力センサー 伸縮性導体による配線と組合わせたウェアラブルデバイスの例．指先の圧力に応じてLEDの点灯強度が変化する．3章：p.89参照．
東京大学大学院工学系研究科 染谷隆夫教授提供

PBO 繊維を素材にした消防服 PBO 繊維は軽量かつ高強度で，500℃までの耐熱性を示すので消防服に用いられる．5章：p.141参照．東洋紡株式会社提供

同種培養真皮の製造 マトリックス上に繊維芽細胞の浮遊液を滴下（左），翌日培養液を加えて1週間培養（右）．7章：p.184参照．北里大学名誉教授 黒柳能光博士提供

1

有機機能材料の基礎

1・1 機能性の高い有機材料への道のり

　古代から，衣服，道具，武器から住居まで，生活に必要なものをつくり出すために，さまざまな身のまわりの物質が利用されてきた．石や土，土を焼いた土器，製錬で得られる青銅や鉄など，いずれも自然界から得られる材料あるいはそれに手を加えたものであるが，最も身近にあった材料は植物や動物から得られる木材，繊維，毛皮などであろう．これら生物由来の**有機材料**（organic materials）は，現在に至るまで私たちの生活を支える重要な天然の材料として利用されている（図1・1）．

　有機化合物（organic compounds）は，炭素骨格をもつ化合物の総称で，主に炭素，水素，酸素などの元素が化学結合してできており，生体を構成する主要な物質であ

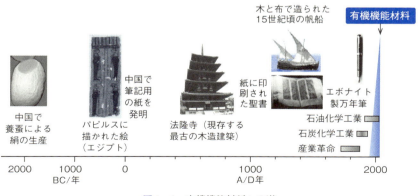

図1・1　有機機能材料への道

る．そのため，生物由来の天然素材の大部分は“有機材料”である．そして，麻，木綿，絹などの天然繊維を天然の染料で美しく染め上げる，繊維を 膠 などで固めて紙にする，木材に 漆 を塗るなど，さまざまな方法で自然界の材料に手を加え，より機能性が高く価値のある材料にして利用されてきた．

18 世紀後半からは，蒸気機関の発明に代表される産業革命が始まり，石炭の消費が急速に拡大した．そして 19 世紀になると石炭を出発物質とする有機化学が産声をあげ，1856 年に Perkin が最初の合成染料モーヴェイン（Mauvein）を開発し（図1・2），合成染料や合成医薬の開発が相次いだ．また同じく 19 世紀中頃から 20 世紀初頭にかけて，エボナイト（樹液からとれる生ゴムを加硫した硬化ゴム）やセルロイド（ニトロセルロースと 樟脳 を主体とする熱可塑性樹脂）のような半合成樹脂，レーヨン（再生セルロース）のような人造繊維など，天然高分子を原料とした人工素材が実用化された．20 世紀初頭には石炭を原料とした最初の合成樹脂であるフェノール樹脂（ベークライト）が誕生し，その後尿素樹脂，ポリ塩化ビニル，6,6-ナイロン，ポリエチレン，ポリスチレンなど，数多くの合成高分子がつぎつぎに開発された．そして第 2 次大戦後は，石油を原料とする石油化学工業が大きく花開き，新しく開発された合成高分子が安価で大量に生産され，それに伴い私たちの生活様式も天然の材料に依存していた時代とは大きく変わった．

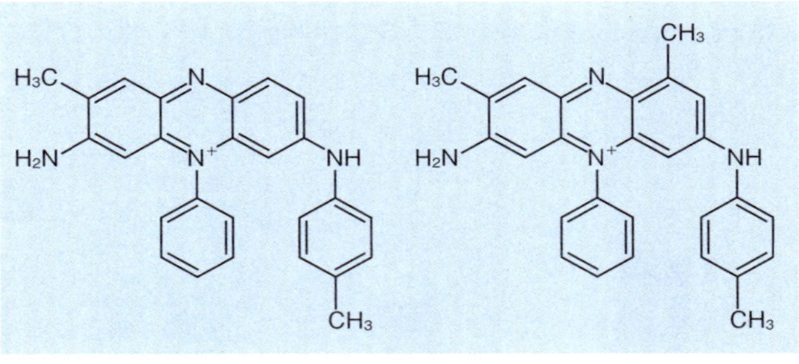

図 1・2　**最初の合成染料モーヴェイン**　上記構造式の混合物で紫色を示す．

新しい人工の有機材料の出現は，数百万年前という人類の誕生から利用されていた有機材料の歴史のなかではきわめて最近のことであるが，もたらされた生活様式の変化は急激で大きなものといえよう．合成繊維，プラスチック，ゴムをはじめとする各種の有機材料は，軽くて成形加工が容易，安価で大量生産が可能などの利点をもつため，今では日用雑貨，建材から自動車や電子機器の部品などに至るまで，

私たちの生活に欠かすことのできない主要な材料となっている.

このような有機材料には，単なる汎用素材にとどまらず，材料自身がすぐれた機能性を示し，用途に応じた高い要求性能を満たすものが数多くある．たとえば，身のまわりを見ても，スポーツ用品や防護服などに使用されている高強度材料のアラミド，おむつ用の高吸水性高分子，浄水器に使用される中空糸状ろ過膜，表示デバイス用の液晶，光ディスク用の記録材料など，一昔前にはそれほどなじみのなかった機能性の高い有機材料が，今では身近なところで数多く使用されている．また人工臓器や有機 EL デバイスの開発といった先端領域では，機能性にすぐれた新しい有機材料の開発が製品開発の成否を決する重要な鍵となることが往々にしてある．

このように，機能性の高い有機材料は日常用品から最先端の分野までその重要性は増しており，快適な現代生活を支え発展させる原動力となっている．

1・2　有機機能材料とは

本書では，有機材料のなかでも特徴的なすぐれた特性・機能を発揮するものを，**有機機能材料**（organic functional materials）として取上げていく．ただ，どこまでを"有機機能材料"の範ちゅうとするのか，という点については必ずしも明確な定義があるわけではなく，主観的にならざるを得ない．たとえば，同じポリエチレンでも，包装用などに使用されているポリエチレンのフィルムは，機能材料とはよべない汎用材料であるが，巨大分子量で枝分かれのないポリエチレンは高い強度を示す繊維となり，有機機能材料の範ちゅうに入れても良かろう．

このように，同じポリマーであっても"有機機能材料"とみなせる場合とそうでない場合がある．これは，その範ちゅうを決めているのが，材料を構成する物質ではなく"機能性"という定量化が困難な基準であるためといえる．

また，低分子材料と高分子材料など構成成分となる有機化合物の種類や組成などによる分類，単一材料と複合材料のような材料構成，あるいは結晶，アモルファス固体，液晶，ゲルのような材料の形態別に基づく分類は，"有機機能材料"を整理するうえで必ずしも有効な方法とはならない．類似の機能を示す有機材料であっても，種類や組成，形態が異なる材料が数多くあるからである．

そこで，材料に求められる特徴的で高い"機能性"を軸とした整理が必要となる．実際に，光記録用材料などをはじめとして，ある用途に向けた機能材料の開発に際しては，有機，無機，金属などの範ちゅうを超えてさまざまな材料が相互に競合する状況となることが近年増加している．このような状況では，材料の組成や形態を

4   1. 有機機能材料の基礎

中心としたシーズ側からの整理ではなく，機能性というニーズ側に近い視点での整理が望ましい．このため，本書では機能別に分類して整理を試みた．

ただ，有機材料の機能を体系的に整理することは容易ではない．次節で述べるように，有機材料の機能は，基材となる分子の構造だけでなく，その集合構造にも大きく影響される．このため，材料機能を支配する要因が多岐にわたりきわめて複雑となるので，多くの場合は経験に基づく取扱いが中心となっているのが実情である．しかし，近年高分子を含むさまざまな構造の有機分子を精密に合成する技術，および分子レベルからマクロスケールに至る材料の構造を解析する技術が急速に進展するとともに，材料の機能発現機構の解明がより微小な構造単位で進み，有機材料の機能をその分子構造や材料構造と直接関連づけて理解できるようになってきた．またナノスケールという微小な構造単位で制御された材料が，これまでの材料を超えた新しい機能・特性を示すことも見つかり，ナノテクノロジーとして大きな注目を集めている．

このような現状から，本書では機能を中心とした整理を行う際に，できる限り機能の発現機構と機能材料の分子・材料構造との関連がわかるような形とすることを意図した．また機能を理解するうえで必要な基礎的な事項については，できる限り平易で簡潔な解説を加えた．

1・3 有機化合物と有機材料

有機化合物を構成する元素は，原子番号6の炭素に加えて水素，酸素，窒素など，その多くは軽元素である．このため，有機材料は軽いという特徴をもつ．また有機化合物は，基本的に**共有結合**（covalent bond）で原子間が結ばれており，電子は核に束縛されている．このため，有機化合物は基本的に絶縁体となる（3章参照）．代表

表 1・1　代表的な共有結合の距離と結合エネルギー

結合	化合物	結合距離/nm	結合エネルギー[a]/kJ mol^{-1}
O−H	H_2O	0.0958	492
N−H	NH_3	0.1012	444
C−H	CH_4	0.1087	432
C−C	C_2H_6	0.1535	366
C=C	C_2H_4	0.1339	719
C≡C	C_2H_2	0.1202	957
C−O	CH_3OH	0.1429	378

a）結合解離エネルギー（0 K）

的な共有結合の特徴を表1・1に示すが,いずれも常温付近の熱エネルギーよりはるかに大きな結合エネルギーをもつ安定な結合である.結合距離や結合角はほぼ一定していて,容易には変形しない.このような強固な共有結合を組換えて有機分子の化学構造を変換するためには,通常は高温もしくは触媒などを必要とする.このため,置換基の位置や結合様式がわずかに違うだけで,それぞれが異なる化合物となり,たとえ同じ元素組成でも多くの種類の有機化合物が存在することになる.その結果,炭素数246以下の単一組成の有機化合物に限定しても,2000年時点で約800万種の有機化合物が知られており*,多様な分子構造をもつきわめて多数の分子種が存在することが有機化合物の大きな特徴といえる.

　有機材料は,このような特徴をもつ有機化合物を主な構成成分とする材料である.多様な分子構造をもつ有機化合物には,すぐれた特性・機能をもつものが数多くあるだけでなく,目的に応じた分子構造をもつ有機化合物をつくり出す合成技術も大きく進展している(図1・3).このため,特徴的ですぐれた特性をもつ有機化合物を用いた機能性の高い有機材料がつぎつぎに開発されている.

さまざまな機能・構造をもつ有機分子　　　機能性有機分子

図1・3　有機合成による機能性有機分子の開発

　しかし,有機材料の機能を考えるとき,必ずしも「構成分子の特性・機能=材料特性・機能」とはならないことに注意を要する.一般に有機分子の大きさは,高分子を含めても1〜10 nm (1 nm=10^{-9} m) 程度であるのに対し,通常扱う材料はμm (1 μm=10^{-6} m) 以上である(図1・4).一般に材料は分子運動の自由度が束縛された固体であり,マイクロメートルサイズの材料であっても10^6〜10^9個以上という膨大な数の有機分子の集合体であるため,材料は無数ともいえるほどの異なる分子集合構造をとることになる.このような分子の集合構造の違いは材料機能に大きく影響する.たとえば,液晶分子はそれぞれがきちんと配向した集合構造をとることで,はじめて光の透過度をスイッチすることが可能となる(3・4・3節参照).また金属

---

* G. R. Desiraju, J. D. Dunitz, A. Nangia, J. A. R. P. Sarma, E. Zass, *Helv. Chim. Acta*, **83**, 1 (2000). 現在ではこれをはるかに超える数となっており,増え続けている.

6   1. 有機機能材料の基礎

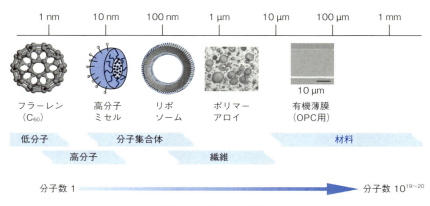

図1・4 分子から材料へ

フタロシアニン（表2・5）などのように結晶多形を示す分子は，その結晶型により光材料としての特性が異なることが知られている．

このように，膨大な数の分子が集積した材料の特性・機能は1分子のもつ特性・機能からだけでは説明できないことが容易に理解できる．分子集積の形態を決める重要な要因は，分子同士に働く分子間相互作用と分子の形状である．以下に分子間相互作用から順次説明する．

1・4 分子間に働く相互作用

有機化合物は，原子間が共有結合という強い結合で結ばれている（表1・1）．これに対し，有機化合物間に働く**分子間相互作用**（intermolecular interaction）は共有結合よりはるかに弱い．しかし，分子間相互作用を無視した理想気体は，0Kまで冷却しても凝縮相にはならない．一方，通常の材料は固体もしくは液体という凝縮相であり，凝集を引き起こす構成分子間の相互作用は，分子集合系としての材料の形態や機能を考えるうえで重要となる．

分子間に働く主な相互作用は，大きく分けると以下のようになる．

① 中長距離で作用する**静電相互作用**（electrostatic interaction）
② 無極性分子にも作用する**ファン デル ワールス相互作用**（van der Waals interaction）
③ 分子同士が近づいたとき電子雲の重なりにより生じる**斥力**（repulsive force）

①は極性分子や電荷をもつイオンなどの作用する静電相互作用で，中長距離で作

用する重要な分子間力である．

また，極性をもたない分子間にも分子間力は働き，ヘリウムでも低温では凝縮して液体となる．一般に，極性の低い分子間に作用するポテンシャル$U(r)$は，以下の**Lennard-Jones 式**で表すことができる（図1・5）．

$$U(r) = \frac{\lambda}{r^n} - \frac{\mu}{r^m} \qquad (n > m) \qquad (1・1)$$

ここでrは分子間の距離，λ, μは定数である．特に$m=6$, $n=12$のとき，実験結果との一致が良く，これを"Lennard-Jones の 6-12 ポテンシャル"とよぶ．この式の右辺第二項は，極性の低い中性分子間にも働く②のファン デル ワールス相互作用に基づく求引性ポテンシャルを表している．$1/r^6$で減少するために第一項より遠達性で，少し離れた分子間の引力として作用し，無極性分子の凝集を引き起こす．

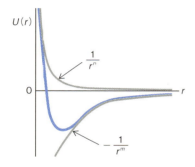

図1・5 Lennard-Jones のポテンシャル

これに対し，右辺第一項は分子間の距離が十分近づいたときに働く③の分子間斥力の項で，それぞれの電子雲が重なるときに生じる反発ポテンシャルを表している．$1/r^{12}$に比例するので，分子同士の重なりが生じるほど距離が近づくと非常に大きな斥力となるが，少し離れると急激に減少する．分子同士のぶつかり，つまり分子の形状に基づく立体障害を表すものであり，きわめて多様な形をもつ有機化合物では，その凝縮相における集積構造を支配する重要な因子となる．分子の形については1・5節で説明するので，ここでは材料構造や機能を考えるうえで必要な主な求引性の分子間相互作用の特徴などについて概説する．

1・4・1 静電相互作用とファン デル ワールス相互作用

正もしくは負の電荷をもつイオン種の間には**クーロン**（Coulomb）**力**が作用し，

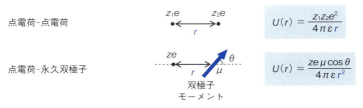

図 1・6　静電相互作用

そのポテンシャル $U(r)$ は (1・2) 式で表せる (図 1・6).

$$U(r) = \frac{z_1 z_2 e^2}{4\pi\varepsilon r} \qquad (1・2)$$

ここで z_1, z_2 はイオンの電荷, e は電気素量, ε はイオン種が存在する媒体の誘電率で, $\varepsilon = \varepsilon_0 \varepsilon_r$ (ε_0: 真空の誘電率, ε_r: 比誘電率) である. $U(r)$ は $1/\varepsilon$ に依存するので, 誘電率の低い媒体中では強い相互作用となる (表 1・2). 電荷をもたなくても, 電気陰性度の異なる原子で構成された分子は, 分子内の電子分布の偏り (分極) により生じた部分電荷に基づく永久双極子をもつ. 点電荷と永久双極子との静電相互作用のポテンシャルは $1/r^2$ に比例し, 分子同士を結ぶ方向と双極子モーメントの方向とがなす角度 θ, つまり分子の配向に依存する. 室温付近では, イオンと極性分子を相互に配向させるだけの強さをもつ.

表 1・2　化合物の比誘電率と双極子モーメント

化 合 物	比誘電率 (ε_r, 20 ℃)	双極子モーメント μ/D[b]
水　H_2O	80.1	1.855
アセトニトリル　CH_3CN	37.5	3.925
メタノール　CH_3OH	32.6[a]	1.666
エタノール　C_2H_5OH	24.6[a]	1.441
アセトン　$(CH_3)_2CO$	20.7	2.90
ピリジン　C_5H_5N	12.3	2.15
酢酸　CH_3COOH	6.15	1.70
クロロホルム　$CHCl_3$	4.81	1.04
ベンゼン　C_6H_6	2.28	0
シクロヘキサン　C_6H_{12}	2.02	0.332

a) 25 ℃
b) 1 D $= 3.33564 \times 10^{-30}$ C m

一方, 電荷をもたない中性分子間の相互作用はそれほど強くはない. 極性分子のもつ永久双極子間に働く相互作用は, **配向力** (orientation force) というが, 室温付

近では一般に熱エネルギーより小さく,極性分子の配向を相互に固定させることはできない.また原子や分子が無極性で分極していなくても,電荷や永久双極子のもつ電場のなかでは電子雲の偏りによる誘起双極子が生じ,静電相互作用する.これを**誘起力**(induction force)という.配向力および誘起力は,極性分子のファン デル ワールス力に寄与する相互作用の一つであり,その強さは $1/r^6$ に比例する.

分散力(dispersion force)はすべての分子間に作用する重要な求引性の相互作用である.孤立状態の希ガス分子は歪みのない球対称の電子分布をもつが,これはゆらぎにより瞬間的に生じる非対称な電子分布が時間平均されて,球対称となったと考えることができる.ある瞬間に非対称な電子分布をとる分子は,その瞬間に双極子をもつことになるが,この双極子は隣接する分子の双極子を誘起するので,分子間に $1/r^6$ に比例する双極子間相互作用が生じる.これが分散力である.

電荷をもたない中性の有機分子間に作用するファン デル ワールス力は,分散力以外にすでに述べた配向力や誘起力を合わせたもので,いずれも $1/r^6$ に比例する求引性の分子間力である.水など特殊な例を除き一般に分散力の寄与が大きく,極性の低い分子の場合には,分散力が実質的なファン デル ワールス力となる.ファン デル ワールス力は弱い相互作用で,たとえば異なる分子中でそれぞれ共有結合した−C−H がファン デル ワールスコンタクトした−C−H‥H−C−の場合でも,その安定化はせいぜい $0.2\,\mathrm{kJ\,mol^{-1}}$ 程度である.しかし,凝縮相では分子間で多重のファン デル ワールス力が積み重なることで,十分強い分子間の相互作用を生み出す(図1・7).

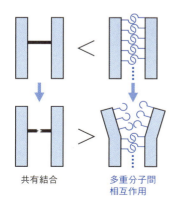

図1・7 **共有結合と多重分子間相互作用**
分子間相互作用の数を増やすと共有結合より強くすることが可能であり,また切断や組換えも容易となる.

1・4・2 水素結合

　一般に電気陰性度の高い原子 X（酸素や窒素など）に共有結合した水素原子 H は，隣接する分子や同一分子内でも異なる部位にある電気陰性度の高い原子 Y と X−H--Y という形で結合する．このような結合を**水素結合**（hydrogen bond）という（図 1・8）．たとえば，ペプチド鎖間あるいはペプチド鎖内でのアミド部位同士の NH--O＝C 水素結合などである．また X や Y は必ずしも電気陰性度の高い原子である必要はなく，炭化水素の C−H が C−H--O という形の分子間結合を形成することや，ベンゼンなどの芳香族化合物が水と HO−H--ベンゼン（π 電子）という形で分子間結合することが知られている．これらの分子間結合は，いずれも水素原子を介した結合であり，水素結合という概念に含めることができる．

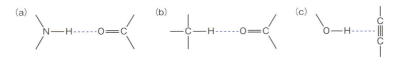

図 1・8　**水素結合の例**　(a) 一般的な水素結合，(b) CH が関与する水素結合，(c) π 電子が関与する水素結合

　水素結合は，実質的には正に分極した水素原子と負に分極した水素結合受容サイトの原子などとの静電相互作用が主体である．NH--O(N)，OH--O(N) のような最も一般的な水素結合では 20～40 kJ mol^{-1} 程度であるが，CH や π 電子が関与する弱い水素結合では 2～20 kJ mol^{-1} 程度となる．分子間相互作用としては比較的強く方向性ももつため，精密な分子間の配向・配列を実現するためには不可欠な分子間相互作用である．

1・4・3　疎水性相互作用

　水中で無極性分子の会合を引き起こす**疎水性相互作用**（hydrophobic interaction）は，主に媒体である水分子間の水素結合が関与している．無極性分子が水中に溶解して水分子と置き換わると，その水分子と水素結合して安定化されていた周囲の水分子は，無極性分子との弱い分散力でしか安定化されなくなる．このため無極性分子周辺の水分子は，エンタルピー的な不利を補うために水分子同士でできる限り強くそして多くの水素結合を形成するが，これは水分子の回転や並進の自由度を大幅に低下させるため，エントロピー的に不利な過程となる．その結果，溶解に伴う系

全体の自由エネルギー変化 $\Delta G°$ は正となり，溶解は進まない．そのため，できる限り無極性分子が水と接する面積を減らすことが有利となり，無極性分子同士が集合する．これを疎水性相互作用とよぶが，無極性分子間に分散力以外の直接的な相互作用が働くわけではない．

疎水性相互作用は，水という水素結合性の高い特殊な媒体中における極性の低い有機化合物の挙動を考えるうえで有用な概念であり，タンパク質の高次構造形成，界面活性剤や脂質の集合体形成などを考える際にその重要性が大きい（4章および7・6節参照）．

その他の分子間に働く相互作用

1）配位結合　**配位結合**（coordinate bond）は共有結合の一つで，結合する一方の原子に由来する一対の非結合電子対（孤立電子対）が，二つの原子で共有されて結合を形成する．たとえば，アンモニアと三塩化ホウ素との付加化合物では，アンモニアの N の孤立電子対が三塩化ホウ素の B の空軌道に配位し，両者で電子を共有して，$H_3N{\rightarrow}BCl_3$ という配位結合が形成される．1 個の電子が一方の原子から他方の原子に与えられた形で共有結合が形成されるため，イオン結合的な性質をもち，供与結合（dative bond）ともよばれる．

2）電荷移動相互作用　電子を与えやすい分子 D と電子を受取りやすい分子 A が接近すると，D の被占軌道（通常は最高被占軌道）と A の空軌道（通常は最低被占軌道）との重なりにより D から A に電子移動した状態（D^+-A^-）が共鳴構造として寄与し，D と A が接近して相互作用した状態を安定化させる．これを**電荷移動**（charge transfer, CT）**相互作用**という．このとき，電荷移動構造の寄与による新しい吸収帯（電荷移動吸収帯）が紫外から可視領域に観測されることが多い．ただ電荷をもたない電子供与性分子–受容性分子間に働く相互作用は，通常それほど強いものではなく，会合を引き起こす駆動力となるのは，それぞれの分子の双極子間の静電相互作用や分散力が大きく寄与しているとされている．

しかし隣接する分子との軌道相互作用は，材料の光・電子物性に大きな効果を与えるので，安定性に対する寄与は小さくても，機能を考えるうえでは重要となる（2章および3章参照）．

1・5 分子の形と大きさの多様性
1・5・1 異 性 体

1・3節で述べたように,有機化合物を形づくる化学結合は,常温付近では十分な安定性をもつ強固な共有結合であり,それぞれの分子構造は容易には相互変換しない.このため,有機化合物には,単に分子量や原子組成の違いだけでなく,分子式が同じであってもさまざまな**異性体**(isomer)が存在する.

たとえば,表1・3に示すようにエタノール CH_3CH_2OH とジメチルエーテル CH_3OCH_3,ブタン $CH_3CH_2CH_2CH_3$ とイソブタン(2-メチルプロパン$(CH_3)_2CHCH_3$),1-プロパノール $CH_3CH_2CH_2OH$ と2-プロパノール $CH_3CH_2(OH)CH_3$,ベンゼン二置換体のオルト,メタ,パラ異性体などは,同じ分子式をもつ**構造異性体**(structural isomer)であり,結合様式が違うためにそれぞれ異なる構造式をもつ.また,分子式だけでなく構造式が同じであっても,分子内での原子の立体配置あるいは配座が異なる**立体異性体**(stereoisomer)が存在する.このうち立体配置が異なる立体

表1・3 異性体の例

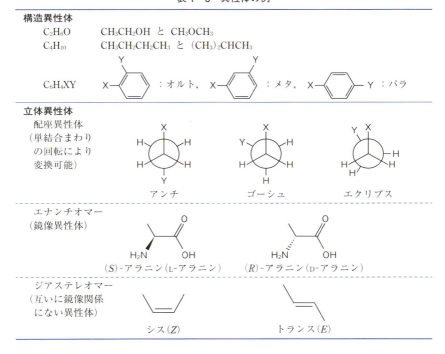

異性体は，アミノ酸の R 体と S 体のように互いに鏡像関係にあるエナンチオマー（enantiomer）とそれ以外のジアステレオマー（diastereomer）に分類されるが，ジアステレオマーには環状構造や二重結合で分子内回転が束縛されたために生じる異性体（シス(Z)-トランス(E)）が含まれる．

このような立体異性体は，配座異性体を除きそれぞれが相互変換しない別の有機化合物であるため，きわめて多くの種類の有機化合物が存在することになり，それぞれが異なる分子形をしている．分子同士が十分に接近して形成される分子会合体や凝縮相の集積構造では，分子同士の立体障害が大きな因子となるため（1・4 節参照），分子の形がその構造形成に重要となる．多様な分子形状をもつ有機化合物が膨大な数集積した材料では，その分子集積の形態を予測し制御することがきわめて困難であることは，容易に想像できるだろう．

1・5・2　高分子化合物

有機化合物には，低分子量のものから 100 万を超える巨大分子量のものまでが存在する．高分子量の化合物，すなわち**高分子化合物**（ポリマー，polymer）としては，自然界に存在するタンパク質，核酸，多糖などの生体高分子だけでなく，さまざまな種類の合成高分子が開発されており，有機材料として主要な役割を果たしている．高分子化合物は，**単量体**（モノマー，monomer）が付加，開環，縮合，重付加などの重合反応で結合したものであり（図 1・9），重合体中に含まれる単量体の数を**重合度**（degree of polymerization）という．タンパク質や核酸などはそれぞれ決まった重合度の高分子であるが，合成高分子は一般に重合度の異なる高分子が混合した集合体であり，"分子量分布"をもつ．このため，その大きさは平均重合度あるいは平均分子量という形で表されるが（p.15 のコラム参照），このような分子量分布，さらには重合過程で起こる枝分かれのような結合様式の乱れ，立体配置の違いなども，高分子材料の性質に影響を与え，多様な特性・機能を発現することができる．

また 2 種類以上の単量体が重合した**共重合体**（コポリマー，copolymer）は，異なる単量体の組合わせだけでなくそれぞれの結合順序によっても共重合体の特性や機能に大きな違いが生じ，きわめて多様性のある材料となる．合成高分子では，単量体の結合順序を完全に制御することは困難であるが，その結合順序に規則性のないランダム共重合体だけでなく，それぞれが交互に結合した交互共重合体やブロック状にかたまったブロック共重合体などが合成されている（図 1・10）．また重合した高分子鎖の途中から別の単量体を重合させたグラフト共重合体もある．これに対し，

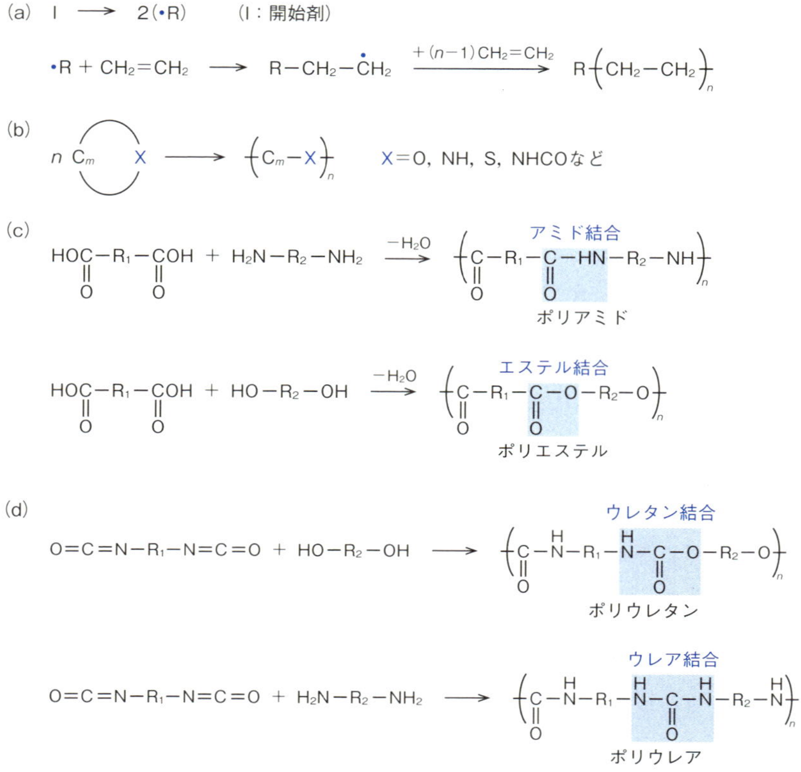

14　　　　　　　　　　1. 有機機能材料の基礎

(a)　I $\longrightarrow$ 2(•R)　　(I：開始剤)

　　•R + CH$_2$=CH$_2$ $\longrightarrow$ R$-$CH$_2-$ĊH$_2$ $\xrightarrow{+(n-1)CH_2=CH_2}$ R$\left(\!CH_2-CH_2\!\right)_n$

(b)　n C$_m$◯X $\longrightarrow$ $\left(\!C_m-X\!\right)_n$　　X＝O, NH, S, NHCOなど

(c)

HOC$-$R$_1-$COH + H$_2$N$-$R$_2-$NH$_2$ $\xrightarrow{-H_2O}$ $\left(\!C-R_1-C-HN-R_2-NH\!\right)_n$

ポリアミド（アミド結合）

HOC$-$R$_1-$COH + HO$-$R$_2-$OH $\xrightarrow{-H_2O}$ $\left(\!C-R_1-C-O-R_2-O\!\right)_n$

ポリエステル（エステル結合）

(d)

O=C=N$-$R$_1-$N=C=O + HO$-$R$_2-$OH $\longrightarrow$ $\left(\!C-N-R_1-N-C-O-R_2-O\!\right)_n$

ポリウレタン（ウレタン結合）

O=C=N$-$R$_1-$N=C=O + H$_2$N$-$R$_2-$NH$_2$ $\longrightarrow$ $\left(\!C-N-R_1-N-C-N-R_2-N\!\right)$

ポリウレア（ウレア結合）

図1・9　高分子合成反応　（a）付加重合（エチレンのラジカル付加重合），（b）開環重合，（c）縮合重合（重縮合），（d）重付加

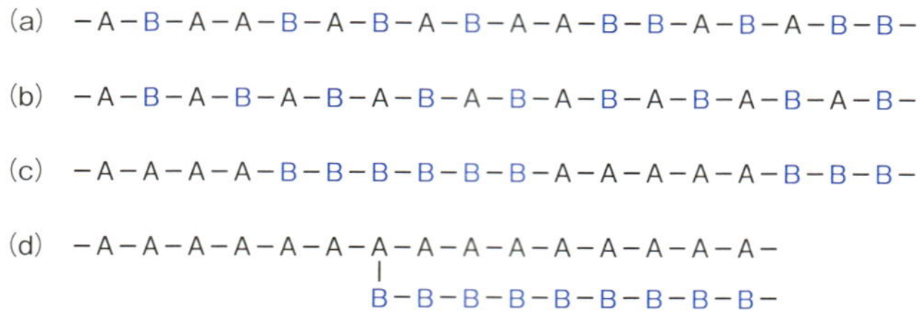

(a)　$-$A$-$B$-$A$-$A$-$B$-$A$-$B$-$A$-$B$-$A$-$A$-$B$-$B$-$A$-$B$-$A$-$B$-$B$-$

(b)　$-$A$-$B$-$A$-$B$-$A$-$B$-$A$-$B$-$A$-$B$-$A$-$B$-$A$-$B$-$A$-$B$-$A$-$B$-$

(c)　$-$A$-$A$-$A$-$A$-$B$-$B$-$B$-$B$-$B$-$A$-$A$-$A$-$A$-$A$-$A$-$B$-$B$-$B$-$

(d)　$-$A$-$A$-$A$-$A$-$A$-$A$-$A$-$A$-$A$-$A$-$A$-$A$-$A$-$A$-$A$-$A$-$A$-$
　　　　　　　　　　$|$
　　　　　B$-$B$-$B$-$B$-$B$-$B$-$B$-$B$-$B$-$

図1・10　共重合体中の単量体 A と B の配列　（a）ランダム，（b）交互，（c）ブロック，（d）グラフト

タンパク質や核酸などの生体高分子は，異なる種類の単量体からなる共重合体であるが，重合度だけでなくその結合順序までがきちんと決まっている．たとえばタンパク質は約20種類のアミノ酸がDNAの情報に基づく順序で縮合したもので，特定のアミノ酸配列をもつタンパク質がそれぞれ特徴的な特性・機能を発現する（8・1節参照）．

平均分子量

合成高分子は，単一ではなく広い分子量分布をもつ多分散系である．このため高分子試料の分子量は，これらの分布を平均した**平均分子量**（average molecular weight）として表される（図1・11）．異なる分子量の数平均をとる"数平均分子量" M_n，重量分率に従い平均した"重量平均分子量" M_w があり，それぞれ下記の式で表すことができる．膜浸透圧法，蒸気圧浸透圧法，末端基定量法などでは数平

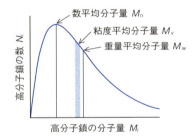

図1・11 分子量分布と平均分子量

均分子量が，光散乱法では重量平均分子量が求まる．また，高分子溶液の粘度から求めた粘度平均分子量 M_v は，溶液中での高分子鎖の形状を表す係数 a を用いて表される（次ページのコラム参照）．

$$M_n = \frac{\Sigma N_i M_i}{\Sigma N_i} \qquad (1\cdot3)$$

$$M_w = \frac{\Sigma N_i M_i^2}{\Sigma N_i M_i} \qquad (1\cdot4)$$

$$M_v = \left(\frac{\Sigma N_i M_i^{1+a}}{\Sigma N_i M_i}\right)^{1/a} \qquad (1\cdot5)$$

それぞれ $M_n < M_v < M_w$ という関係にあり，M_w/M_n が分散性を示す指標となる．1に近いほど単分散性となるが，通常のラジカル重合では2〜3程度である．また，分子の大きさで分離を行うゲル浸透クロマトグラフィー（6・2・4節参照）や質量分析法で，直接分子量分布を測定することもできる．

高分子化合物の溶液および固体状態の性質

　高分子化合物が溶解した溶液は，高分子量であるため特徴的な性質を示す．一般に低濃度でも高い粘性を示し，希薄溶液の換算粘度（純溶媒の粘性率からの増加分を濃度で補正した粘度）を濃度 0 に外挿したときの固有粘度 $[\eta]$ はその分子量 (M) が大きくなるほど大きくなる（(1・6)式）．ただし K, a は定数で，a は溶液中の高分子鎖の形態（球形，糸まり状や棒状などにより $a = 0 \sim 2$）に依存する値である．

$$[\eta] = KM^a \qquad\qquad (1・6)$$

また高分子の濃度が高い濃厚溶液中では，高分子鎖のからみ合いの効果でさらに粘度が高くなる．

　一方，高分子鎖が高い秩序性で凝集した固体状態をとる結晶性高分子は，加熱すると明確な"融点"(T_m)を示して粘性の高い溶融状態になる．しかし非晶性（アモルファス）の高分子は，加熱融解した後冷却しても融点は見られずにゴム状の過冷却状態となり，さらに冷やすと高分子鎖が秩序性の低い状態でその動きが凍結されたガラス状態となる．この温度を"ガラス転移点"(T_g)といい，剛性や比熱などの変化が観測されるが，T_g は融点のような熱力学的平衡状態を示すものではなく，冷却速度などで変化する．結晶性高分子における T_m と T_g の関係については 3 章 p.63 のコラムを参照されたい．

1・6　材料の組成と構造 —— 配合，添加，複合化

　有機材料は，膨大な数の有機分子が各種の分子間相互作用により集積したものである．すでに述べたように，その材料機能は分子集積の形態に大きく依存することから，必ずしも構成分子の分子機能と同じにはならない．また，材料に要求される機能は，きわめて多様である．たとえば，高分子材料という単純な材料にしても，材料としての強度・特性だけでなく，成形加工性，耐久性，安全性，色やにおいなど製品としての付加的な魅力，また最近は廃棄やリサイクルの容易さなど，さまざまな特性が要求される．このような特性を一つの分子種で満たすことは不可能である．そこで，

① 必要な機能をもつ複数の化合物を混ぜ合わせる**配合**（compounding）
② 紫外線吸収剤，酸化防止剤，着色剤，香料などのように不足する機能を補うあるいは性能向上のために少量加える**添加**（addition）

③ それぞれの機能を複数の構造部分で分担する形で成形した**複合化**（composite）

などにより，材料機能の向上が図られている（図1・12）．

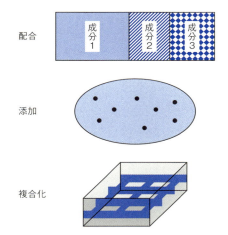

図1・12　材料の配合，添加，複合化

たとえば，機能材料とはいえない軟質塩化ビニルであっても，人工レザー製品の場合，ポリ塩化ビニルを100とすると，可塑剤が60～70，つまり主剤のポリ塩化ビニルとほぼ等量に近い可塑剤が入っており，それに炭酸カルシウムなどの充填剤0～20，さらに酸化防止剤や紫外線吸収剤などの安定剤2～3が加えられている（図1・13）．これは，ポリ塩化ビニル単一成分だけでは必要な機能・特性を満たすこと

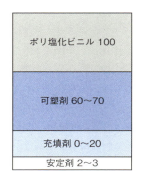

図1・13　人工レザーの代表的な組成
ポリ塩化ビニルに対する相対重量

ができず，柔軟性を付与するために可塑剤を加え，さらに十分な安定性を保持するための添加剤を加える，つまりそれぞれがもつ分子機能を加え合わせることで，全体の材料機能を高めて要求性能を満たしている．

これが配合，添加という考え方であるが，それぞれの機能が必ずしも単純に加算されるわけではなく，"相乗作用"や逆に"拮抗作用"を示す場合があるので，その組合わせの選択には注意を要する．実際にどのようなものをどの順番で混ぜるか，という点に関しては現在経験によるところが多く，企業のノウハウの領域になっている．しかし，各成分の機能発現の機構が分子レベルで解明されるに伴い，一般的な選択の基準が確立されつつある．

また，加えた成分が主剤と相互作用してその特性を大きく変える場合もある．有機化合物中の電子は核により強く束縛された状態にあり，電荷を伝達するキャリヤにはなれないが，電荷移動相互作用をするような化合物（ドーパント）を少量加えてキャリヤとなる正孔（ホール）や束縛の弱い電子を生じさせると，導電性が大きく向上する場合などである（3・5節参照）．これを"ドーピング"というが，少量のドーパント添加でその特性を大きく変えることができる例である．

1・7　分子の配列・配向と不均一性

材料としての特性，機能を担う単位は，近年ますます小さくなりマイクロメートル以下の微小材料も増加しているが，分子レベルからすると依然膨大な数の集積体であることには変わりない．このようなマクロスケールの材料中では，構成分子が結晶などのような規則的な組織構造をとるか，あるいは乱れた非晶質やガラス状態となるかで，その特性や機能が大きく異なる．特に固相では分子の並進や回転が束縛されているため，たとえば一軸延伸した高分子繊維は繊維軸に沿って高分子鎖が並んで強い繊維となるなど，材料中での分子の配向・配列がその機能に大きく影響する場合が多い．また液晶の場合は，マクロスケールで配向させた液晶分子の電場応答性を利用して，液晶ディスプレイとして高度な画像表示が実現されている．

さらに固体材料中では，各成分が必ずしも均一に分布しているわけではない（図1・14）．たとえば極性が低く表面エネルギーの小さな分子が材料表面に濃縮されているような不均一な分布，ブロック共重合体に見られるミクロ相分離構造やドメイン形成などのように分子レベルよりずっと大きなスケールでの構造形成（5・5節参照），さらには繊維強化プラスチックのように異種材料とのマクロスケールでの複合化など，マクロスケールでの"不均一性"が認められる．このような不均一性が

材料の機能を大きく支配することはいうまでもない．マクロスケールでの不均一性を決定する要因は，単に構成分子の特性だけではなく，材料の作製プロセスにも依存する．これは，マクロスケールの凝縮相固体では，分子や分子鎖の動きが抑制されているため，熱力学的に安定な状態が常に出現するわけではなく，熱成形の際の冷却速度など速度論的な要因でさまざまな準安定構造，不均一構造がつくり出されるためである．このようなマクロスケールでの不均一性を積極的に利用すると，同じ分子組成をもつ材料であっても，異なる物性，機能をもたせることが可能となる．

  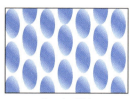

不均一分布　　　　　　　ドメイン形成　　　　　　　ドメイン配向

図 1・14　材料中の構成成分の不均一性

1・8　有機機能材料の設計に向けて

　分子の配向・配列，メゾスケールからマクロスケールでの不均一性などは，その支配因子がきわめて多くて複雑であり，またその解析も容易ではなかったため，経験に頼る部分が多かった．しかし，各種の分光学的測定手法の進展だけでなく，蛍光やレーザーを用いた光学顕微鏡，走査トンネル顕微鏡（STM）や原子間力顕微鏡（AFM）をはじめとする走査プローブ顕微鏡，走査型および透過型電子顕微鏡（SEM および TEM）など，その構造を直接観察する手法が急速に進んだおかげで，ナノスケールからメゾスケール，マクロスケールに至る材料組成や構造の解明が容易になった．

　また分子の配列・配向が制御された組織構造をつくり，構造に由来する新しい機能発現を目指す**超分子化学**（supramolecular chemistry）という分野が，1980 年代から活発に研究されている．それに伴い，有機材料の構造と機能に関する理解が急速に進み，その成果を踏まえた新しい有機機能材料の開発が活発に行われる状況となっている．すぐれた機能をもつ有機材料を開発するためには，これまでの議論から明らかなように，次の三つの要素すべてを考える必要があるのはいうまでもない（図 1・15）．

① 材料の構成成分である有機化合物の分子機能
② 材料を構成する分子の組成
③ 分子配列・配向から成分分布を含めた材料構造

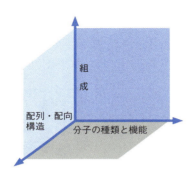

図 1・15　材料の多様性

　また，静的な材料構造に基づく機能だけではなく，分子構造や集積構造の変化という動的な構造変化に基づく高度な機能をもつ材料の開発も盛んに行われている．たとえば，光刺激で可逆的に色が変わるフォトクロミック材料（2・5・2節）は，分子構造の変化に基づく例であり，温度応答性高分子（7章参照）などは，集積構造変化に基づく例であろう．特に可逆性のある非共有結合で集積した材料構造は，外部刺激による動的構造変化が容易であり，今後さまざまな環境応答性材料としての開発が活発に進められていくと期待される．このように空間軸から時間軸まで拡張した動的な構造に依存する機能は，究極の有機機能性材料といえる生体が生命現象を営むうえで実際に発揮している機能（8章参照）であり，有機材料が秘めている大きな可能性を示すものといえる．

2 光 機 能 材 料

　光機能材料には，光吸収に基づく多彩な色材やコンタクトレンズをはじめとする光学材料などのような身近なものから，半導体作製の鍵となるフォトレジスト，非線形光学材料やEL素子などのような先端材料まで，さまざまな種類の材料が存在する．さらに一口に光機能といっても，その機能発現の機構も多様である．まず，光機能の基礎となる光と有機分子のかかわりについて以下に簡単に説明しよう．

2・1　光機能の基礎
2・1・1　光の性質

　光 (light) という言葉は本来目に見える波長 380〜780 nm 程度の可視光を意味するが，一般には紫外線から赤外線までを含め，波長が約 10 nm から 0.1 mm にわたる電磁波を光として扱う（図 2・1）．電磁波の電場と磁場は，進行方向に垂直な面内

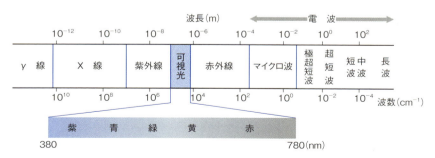

図 2・1　電磁波とその波長

にあって互いに直行しており、同じ位相で振動している（図2・2）。いま、電磁波である光がx軸に沿って進む場合を考えよう。光の電場ベクトルが常にxz平面内に存在する場合には、ある地点での進行方向に垂直なyz平面内における電場ベクトル終端の時間分布は、z軸に沿った直線となる。このような光を直線偏光もしくは平面偏光という。また電場ベクトル終端の軌跡が円となるものは円偏光といい、右まわりと左まわりの円偏光が存在する。自然光では、電場ベクトル終端の時間分布は一様なものとなる。

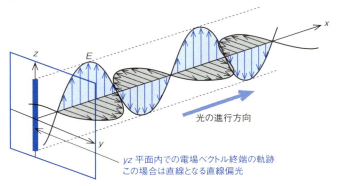

図2・2 電磁波の電場ベクトルEと磁場ベクトル

光の進路上の地点xにおける時間tの光電場Eは、

$$E = E_0 \sin\omega\left(t - \frac{x}{c}\right) \qquad (2\cdot1)$$

のように表すことができる。ここでωは角振動数、cは光の速度（m s^{-1}）、E_0は振幅で、振動（周波）数（Hz=s^{-1}）をν、光の波長（m）をλとすると、

$$\omega = 2\pi\nu \quad \text{および} \quad c = \lambda\nu \qquad (2\cdot2)$$

となる。また、単位時間当たりの振動数ではなく単位長さ当たりの波数kも多く使用されるが、分光学ではSI単位ではなく1 cm当たりの波数（cm^{-1}）として表されることが多い。真空中での光の速度c_0は、2.998×10^8 m s^{-1}であるが、屈折率nの誘電体中の速度cは$c=c_0/n$と遅くなり、屈折率の異なる物質の界面で光の**反射**（reflection）や**屈折**（refraction）が起こる。このとき、屈折率n_1とn_2の等方性物質の界面への光の入射角、反射角、屈折角をそれぞれθ_i、θ_rl、θ_rrとすると、

$$\theta_\text{i} = \theta_\text{rl} \quad \text{および} \quad n_1\sin\theta_\text{i} = n_2\sin\theta_\text{rr} \qquad (2\cdot3)$$

となる（図2・3）。また、これより明らかなように$\sin\theta_\text{i}\geq n_2/n_1$のときは、入射光が

すべて界面で反射される，つまり全反射が起こる．

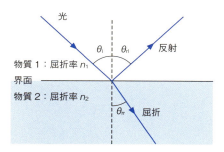

図 2・3　光の反射と屈折　θ_i：入射角，θ_{rl}：反射角，θ_{rr}：屈折角

　波として重要な光の性質の一つに，**干渉**（interference）がある．これは，ある地点に複数の波が到達すると波の重ね合わせが起こる現象で，合成波の振幅は成分波の位相差により強められたり弱められたりする．ただ，通常の光は初期位相の異なる光波の集まりであり，その位相は一定しないため明瞭な干渉は示さない．しかし，レーザー光のように位相のそろった**可干渉性**（コヒーレンス，coherence）の光を用いると，明瞭な干渉が観測される．通常光源の場合には，Michelson の干渉計のように同一の光を二つに分けて行路差に基づく位相差を与えると，干渉性をもつ二つの光が得られる．回折格子により生じる干渉縞も同じである．

　一方，光を粒子と見る場合，光子（光量子）は質量数 0，スピン 1 の電磁場の量子で，振動数とプランク定数をそれぞれ ν，h とすると，その**光量子**（photon）のもつエネルギーは $E=h\nu$ で表される．$\nu=c/\lambda$（(2・2)式）なので，波長 λ が短くなるほど振動数は大きくなり，そのエネルギーも大きくなる．たとえば赤外光では，分子内の原子同士の伸縮や変角のエネルギーと同程度であるが，それより波長が短くエネルギーの大きな可視から紫外光では，有機分子の軌道間電子遷移のエネルギーと同程度の大きさになる（図 2・1 参照）．

2・1・2　光と色

　最も身近な光機能は，**色**（color）である．多彩で美しい色，鮮やかな色，明るい色，いずれも私たちの生活に潤いを与えるだけでなく，情報の識別や伝達手段として不可欠な要素となっている．人の眼で感じることができるのは，360〜400 nm を下限，760〜830 nm を上限とする可視光であり，光の波長の違いを色として識別

する.色感覚には大きな個人差があるが,色を表したり区別したりするときの一つの基準として,**色相**(hue),**彩度**(saturation),**明度**(brightness)という色の三属性がある.色相は光の波長の違いによる色で,色相環(図2・4)として表したとき向かい合った色同士が"補色"の関係となる.彩度は,色の鮮やかさを表す基準で,純色ほど彩度が高い.また,明度は無彩色の黒から白の段階までの明るさの基準となる.

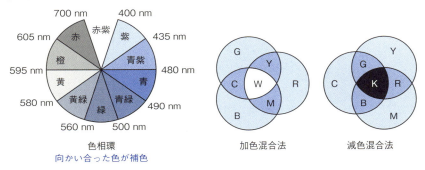

図2・4 **色相と色の混合** R:赤,G:緑,B:青,C:シアン,M:マゼンタ,Y:イエロー,W:白,K:黒

赤(R),緑(G),青(B)の波長をもつ光を混ぜ合わせると,さまざまな色がつくり出せる.テレビなどのカラーディスプレイでは,このようなRGB三原色の光を混ぜるという**加色混合法**でさまざまな色を表現している.これに対し,絵の具や印刷インキなどの場合は,ある色(波長域)の光が吸収されるため,透過光や散乱光は,その波長域が欠けた光となり,その色の"補色"を示すことになる.複数の色を混ぜ合わせた場合,欠けた波長域が増大して最終的には黒となる.このような**減色混合法**では,シアン(C),マゼンタ(M),イエロー(Y)の三原色を混ぜ合わせてさまざまな色をつくり出せるが,混合で完全な黒(可視領域のすべての波長の光が吸収される状態)をつくり出すことは困難なので,さらに黒(K)を加えたCMYK方式が一般的に用いられている.

2・1・3 光と有機分子

有機材料を光が透過するとき,有機物質は誘電体として光の電磁場と相互作用し,光の屈折や散乱が起こる.しかし,その有機物質に特有な波長領域の光に対しては,光の**吸収**(absorption)が起こる.可視から紫外光のエネルギーは,一般に有機分子

の軌道間電子遷移のエネルギーに相当するので，その有機物質に固有な電子準位間の差に相当するエネルギーをもつ光に対して吸収が起こり，基底状態（一重項，S_0）からエネルギー準位の高い励起電子状態に遷移する．この光励起過程は核の振動と比べてきわめて速いため，振動状態は保たれたまま遷移が起こり（Franck-Condon の原理），スピン状態も保持されるので励起一重項状態（S_n，ただし $n \geq 1$）となる．π-π^* 遷移のような許容遷移では，励起状態への遷移確率が大きいので，強い吸収が起こる．溶液中（溶媒による吸収は無視できるとする）に含まれる溶質（モル濃度 c）の光吸収は，**Lambert-Beer の法則**で表すことができる．

$$-\log\left(\frac{I}{I_0}\right) = \varepsilon cd \qquad (2\cdot4)$$

ここで I_0，I は透過前後の光の強度，d は光が透過する長さ（光路長）である．ε は溶質の 1 mol dm^{-3} 溶液が光路長 1 cm のときに示す吸光度で，**モル吸光係数**（molar extinction coefficient）といい，ε が大きいほど強い吸収を示す．

一方，光を吸収して高いエネルギー準位に遷移した励起一重項状態の有機分子は，吸収したエネルギーをいくつかの経路を経て放出し，基底状態に戻る（Jablonski ダイヤグラム，図 2・5）．励起直後の状態は，一般的には高い電子励起準位や振動励起準位にあるが，分子内振動準位の熱的緩和や周辺媒体へのエネルギー分配を通じて，速やかに最低励起一重項（S_1）の振動基底状態へ移行する（Kasha の法則）．S_1 状態からは，主として発光を伴わない熱的な緩和過程（無放射過程）で基底状態に戻るが，蛍光物質のように光の放射を伴う緩和過程（**蛍光**（fluorescence））で戻ることもある．また，本来は禁制遷移であるが，スピン-軌道相互作用などに基づくスピン変

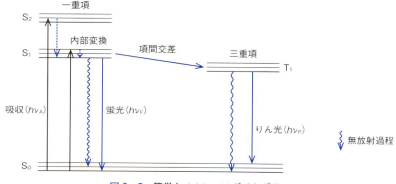

図 2・5　簡単な Jablonski ダイヤグラム

換（項間交差）により励起三重項（T_1）に遷移する過程もある．励起三重項状態（T_1）から基底状態（S_0）へ戻る過程はスピン禁制となるので，励起三重項の寿命は一般に長く，光の放射を伴う緩和過程では，寿命の長い**りん光**（phosphorescence）を示す．また励起寿命が長いため，励起三重項を経由して分子構造の変化を伴う光化学反応なども起こりやすい．

2・2　光学材料

2・2・1　線形光学材料——光学レンズ材料

光学材料（optical material）は，光の電磁場と相互作用して，屈折や散乱を起こす材料である．ケイ酸塩を主とする無機ガラスは，すぐれた光透過性，表面硬度，耐熱性を示すため，光の透過，屈折，反射などを目的とした光学材料として使用されている．これに対して，有機物質を用いた光学材料は，軽くて成形加工性にすぐれているだけでなく，目的に応じてさまざまな機能を容易に付加することができるという利点をもつ．このため，ポリメタクリル酸メチル（ポリメチルメタクリレートともいう．poly(methyl methacrylate)，PMMA）をはじめとする透明な有機材料は，眼鏡やカメラに使用されているプラスチックレンズやコンタクトレンズといった身近な光学レンズ材料から光ファイバーや非線形光学材料まで，その用途は広い．また近年その光学特性の向上も著しいため，使用される範囲がますます拡大している．ここでは眼鏡用プラスチックレンズを具体的な例として，その機能を調べてみよう．

　光学材料として第一に要求される特性は，透明性が高く屈折率の高いことである．透明であるということは，可視光領域に吸収や散乱を示さないことであり，材料を構成する分子が可視光領域に吸収をもたないことが必要条件となる．また可視領域に吸収をもたない材料でも，構造の不均一性（屈折率のゆらぎ）があると光の**散乱**（scattering）が起こる．このため，できる限り均質な非晶質（アモルファス）固体となる必要があり，ミクロな相分離や部分的な結晶化などは光散乱による損失を増大させる．そこで，重合や成形の際に生じた内部の不均一を解消するために，ガラス転移点以上の加熱で分子鎖の運動性を高めて均質化するという熱処理などで散乱損失を抑え，高い透明性を実現するなどの工夫がされている．

　一方，高い屈折率をもつ材料は，レンズの厚みを薄くして軽量小型化を可能とする．このため，高屈折率材料の開発が盛んに進められており，材料の屈折率 n をその構成分子の化学構造と関連づけて理解することが開発に役立っている（コラム参照）．

分子構造と屈折率の関係は？

　磁性のない誘電体である有機物質中を透過する光は，誘電体との相互作用により屈折や散乱される．これは外部電場の影響について誘起力のところで説明したように（1・4・1 節参照），光の電場により有機分子中の電子分布の偏りが生じるためで，このとき光電場 E で誘起される有機分子の分極 P は，$P = \alpha E$ として表される．係数の α は分極率で，電子の束縛が小さい原子や分子ほど電子分布の偏りが生じやすいので α は大きくなり，光と強く相互作用して屈折率が大きくなる．

　材料の屈折率 n とその構成分子の化学構造と関連づけた例としては，構成分子の分極率 α を用いたローレンツ-ローレンス（Lorentz-Lorenz）の式がある．

$$\frac{n^2 - 1}{n^2 + 2} \times V = [R_0] = \frac{4\pi}{3} N_A \alpha \qquad (2 \cdot 5)$$

ここで，V と N_A は，モル体積（分子量 / 密度）とアボガドロ定数であり，$[R_0]$ を **分子屈折**（molar refractivity）という．屈折率 $n(n>1)$ が大きいほど左辺の $(n^2-1)/(n^2+2)$ は大きな値となるので，高屈折率を得るためにはモル体積当たりの分子屈折（$[R_0]/V$）を大きくする必要がある．分極率 α が大きくなるほど分子屈折も大きくなるので，F を除くハロゲンや硫黄などの原子を含む分子，分極しやすい非局在化した π 電子系をもつ分子などは，一般に高い屈折率を示す．分子屈折は，結合様式を考慮すると，分子内の各原子の原子屈折（表2・1 の $[R_i]$）の和（$[R_0] = \Sigma[R_i]$）として比較的良好に近似できる．このため原子屈折は，屈折率を制御するための分子設計を行う際に有効な指標となっている．

表2・1　ナトリウム D 線における原子屈折

原子	化学結合	原子屈折 $[R_i]$（$cm^3\,mol^{-1}$）
H	H−	1.028
F	F−	0.81
Cl	Cl−	5.844
Br	Br−	8.741
I	I−	13.954
O	−O−(H)，O=	1.518，2.211
S	−S−	7.8
C	>C<	2.591

屈折率を考えるうえで重要なもう一つの要因は分散である．光の**分散**（dispersion）とは屈折率（媒体中の速度）が波長により異なることで，固有の吸収帯から離れた正常分散の波長領域では，波長が短くなるほど屈折率が大きくなる．その結果，プリズムに見られるような分光が起こるが，レンズでは色収差を生じるため（図2・6），分散の小さな材料が望ましい．

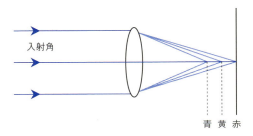

図2・6　波長による屈折率の違いにより生じる（軸）色収差

分散の程度は一般に水素の輝線であるF線（486.1 nm）とC線（656.3 nm），およびNaのD線（589.3 nm）における屈折率を用いた**アッベ数**（Abbe's number）ν_Dで示され，ν_Dが大きいほど分散の小さな材料となる．

$$\nu_D = \frac{n_D - 1}{n_F - n_C} \qquad (2\cdot6)$$

一般に屈折率が高くなるとアッベ数が小さくなるが，必ずしも直接的に対応しているわけではなく，π電子系の導入はアッベ数の低下が著しいことが知られている．これらのことを考慮して分子構造の最適化を進めると，高屈折率でありながら比較的良好なアッベ数を示す有機材料が開発できる．また屈折率や分散に限らず，複屈折（分子配向などにより生じる屈折率の異方性）を起こさない，高い耐衝撃性や熱安定性，すぐれた成形加工性や着色性など，眼鏡用レンズには数多くの特性が要求される．

次に，具体的なプラスチックレンズ材料について見ていこう．ガラスの屈折率は一般に1.5〜1.6であり，ランタンなどを含む高屈折率ガラスでは1.9前後まで大きくなっているが，比重は2.4〜4と重いのが欠点である．これに対しプラスチックレンズは，比重が1.17〜1.35と軽く，着色も容易でファッション性にすぐれており，またすぐれた成形加工性をもつため非球面レンズ（収差をなくすために曲率を変えたレンズ）などが比較的容易に作製できる．さらに屈折率も近年急速に向上し，屈

2・2 光 学 材 料

折率1.7以上でアッベ数35を超える高性能プラスチックレンズも開発されており，プラスチックレンズのシェアは大きく拡大している．

　代表的なプラスチックレンズ材料としては，アクリル酸（メタクリル酸）系やアリル系樹脂がある．表2・2に示すようにいずれも屈折率は1.5前後であり，アリル基を両端にもつアリルジグリコールカーボネートから得られるポリマー（CR39）は三次元架橋ポリマーとしてすぐれた安定性を示す．またポリカーボネートは1.59と比較的高い屈折率を示すだけでなく，高耐衝撃性であるので安全性が高く，光学レンズ材料としてすぐれている．さらに高屈折率を示す材料としては，原子屈折の大きい原子（団）を導入した材料が開発されている．分散の増加（アッベ数の低下）とのバランスをとる必要があり，π共役系の導入ではなく臭素や硫黄を導入した材料が主に開発されている．いくつかの例を図2・7に示す．

　以上，プラスチックレンズの用途の一つとして眼鏡用レンズを取上げて説明したが，その用途は眼鏡用だけではなく，カメラや光ディスク用などのレンズとしても使用されている（コラムの図2・8参照）．これらの用途では，射出成形により同一規格のレンズが大量に生産できるので，生産性がきわめて高く低コスト化が可能となる．また，精密な光学系では収差をなくすために各種レンズを組合わせて使用されているが，非球面形状化することにより組合わせレンズの数を減らすことができるので，小型軽量化にも大きなメリットがある．このためプラスチックレンズは，多くの光学デバイスに不可欠なものとなり，その用途は大きく拡大している．

表2・2　物質の屈折率

物　質	屈折率 n_D
水	1.333
光学ガラス	1.5～1.6
SiO_2（水晶）	1.544
ダイヤモンド	2.4175
ポリエチレン（低密度）	1.51
ポリ塩化ビニル	1.54～1.55
ポリ塩化ビニリデン	1.60～1.63
ポリスチレン	1.59～1.60
ポリメタクリル酸メチル	1.488～1.490
ポリエステル（硬質）	1.523～1.57
ポリカーボネート	1.58～1.59
CR39（ポリジエチレングリコールビス（アリルカーボネート））	1.5

波長：589 nm，室温

図2・7 高屈折率を示す有機光学材料 n_D は屈折率，ν_D はアッベ数

光ディスク用プラスチックレンズ

プラスチックレンズは，プラスチック素材を溶かして金型に流し込み，成形機でプレスしてつくる．自由な曲面をつくることができるので部分的に曲率の異なる非球面レンズが容易に製造可能であり，精度良く仕上げられた金型を用いることで，複雑な形状をもつレンズが効率良く大量生産できる（図2・8）．非球面レンズは1枚で球面レンズ数枚分の機能を果たすため，光ディスクやスマートフォン用カメラレンズとして軽量化に大いに貢献している．

図2・8 CD/DVD用ピックアップ光学系に用いられるプラスチックレンズ（左）とその断面（右）　写真はコニカミノルタ株式会社提供

2・2・2　線形光学材料——光ファイバー

　光ファイバー（optical fiber）は，光を長距離にわたり伝送するためのもので，屈折率の高い材料でできた中心部（コア）を，屈折率の小さな材料で包んだ二重の管でできている（コラムの図2・9参照）．コア部を進む光は，ファイバーが湾曲していても，屈折率の低い周辺部（クラッド）との境界で全反射されるため（2・1・1節参照），クラッド部分に飛び出すことなくコア部分のみを進む．光の進路を自由に変化させることができるので，光通信だけでなく，イルミネーションやイメージ伝送にも用いられている．

　光ファイバー用の材料に要求される特性として重要なのは，その透明性である．イルミネーションやファイバースコープなどの短距離イメージ伝送の場合はそれほど大きな問題とならないが，光通信のように比較的長距離の伝送を行うためには伝送損失を極力低減する必要がある．**ポリマー光ファイバー**（polymer optical fiber, POF）は，1960年代後半からすでに開発が始まっていたが，透明性や長期耐久性などに問題があることから，光通信用途としては石英系ファイバーに大きく遅れをとっていた．しかし，POFにおいても低伝送損失化が達成され，新しい屈折率制御型ファイバーなどの開発が進んだ結果，現在では石英系にそん色のないPOFが開発され，高速で大容量の光通信網の構築に役立っている．

　伝送損失には，材料の吸収に基づく"吸収損失"と散乱に基づく"散乱損失"がある．光の透過距離が長いので，わずかな吸収や散乱も問題となる．伝送に用いられる光は，主に可視から近赤外（600〜1500 nm）領域の光であるので，一般の有機分子であればこの波長領域のエネルギーに相当する電子遷移はなく，光吸収損失はそれほど大きくはない．しかし，有機分子は，赤外領域に振動吸収を示し，その高次の倍音（振動数が整数倍となる波）の吸収が近赤外から可視領域に現れる．高次になるほど倍音の吸収強度は急激に低下するので，有機分子の場合に大きな問題となるのは，高波数側の $3000\ \mathrm{cm^{-1}}$（波長 3330 nm）付近のC−H伸縮振動（ν_{CH}）に基づく倍音吸収である．伝送に 1300〜1500 nm の近赤外光を用いた場合は，2倍音（半分の波長）の吸収帯近傍に当たるため，通常のPMMAをコア部とするPOFでは伝送可能な距離が1 mにもならない．しかし，H原子をD原子で置換したPMMA-d_8やF原子で置換した全フッ素化ポリマーをコア部に用いると，C−DやC−F結合の伸縮振動がそれぞれ $2100\ \mathrm{cm^{-1}}$（4760 nm）と $1360〜870\ \mathrm{cm^{-1}}$（7700〜11490 nm）付近に低波数シフトする．このため，伝送帯付近で観測されるのは吸収強度のきわめて小さな高次倍音のみとなり，伝送損失が小さく長距離伝送が可能なPOFを形

成することができる．

一方，光散乱損失に関しては，光学レンズ材料で述べたように構造の不均一性に由来する光の散乱が起こる．高い光透過率を有するポリカーボネート（PC）の場合には，射出成形の工程で分子配向が起こりやすいことが知られている．このような重合や成形加工の際に生じた内部の不均一を解消するためには，前述のように熱処理が有効となる．

高性能な屈折率制御型光ファイバー

屈折率制御型（grated-index, GI）光ファイバーは，高性能な光ファイバーとして注目されている．これは図 2・9(a) に示すような屈折率が階段状に変化する（step-index, SI）構造ではなく，屈折率が中心部から外側に向かって漸減する構造となっている（図2・9 b）．SI 型ファイバーの場合，少し傾いて入射した光は，全反射を繰返しながら進むので，ファイバー中心部を直線的に進む光と比べて光路が長くなり，到達時間に遅れが生じる．

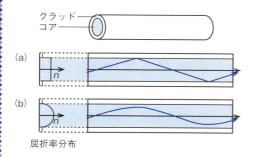

図2・9 ポリマー光ファイバー
(a) SI 型，(b) GI 型

屈折率分布

これに対し GI 型の場合では，傾いて入射した光はカーブを描きながら進むので，同様に光路は長くなるが，中心部を進む光は屈折率の高い部位を進むことになるので速度（$c = c_0/n$）が遅くなり，両者の到達時間に差が生じない．このため，パルス状の入力光は，長距離伝送後もそのパルス形状を保持しており，高い周波数帯の光も良好に伝送することができる．成形加工性にすぐれた POF は，GI 型の作製が石英系より容易であり，伝送帯域が広く伝送損失も十分低減した高性能光ファイバーとなる．

2・2・3 非線形光学材料

誘電体中を透過する光は，光の電磁場と媒体との相互作用により屈折や散乱される．光電場 E で誘起される分極 P は，通常は光電場 E に比例した線形応答（$P = \alpha E$，α：分極率）を示す．しかし，レーザーのような非常に強い光電場下では，誘起される分極が光電場 E に高次依存することを無視できなくなり，さまざまな光学現象が観測される（(2・7) 式）．

$$P = \chi^1 E + \chi^2 EE + \chi^3 EEE + \cdots \qquad (2 \cdot 7)$$

ここで χ^1 は線形感受率，χ^n は n 次の非線形感受率（$n \geq 2$）を表す．

このような光電場への高次依存性が大きい，つまり大きな非線形感受率を示す材料は，高調波の発生，光混合，光電場による屈折率変化（光カー効果）など，高次項に基づく**非線形光学**（non-linear optics, NLO）効果を示す．二次の非線形効果を示す材料は，第二高調波（入射光の2倍の周波数の光）の発生など，三次の非線形効果を示す材料は光スイッチやメモリーなどのフォトニックデバイスなどへの応用が期待されている．

表 2・3 代表的な二次有機非線形光学材料

化 合 物	分子構造
m-ニトロアニリン（m-NA）	
4′-ニトロベンジリデン-3-アセトアミノ-4-メトキシアニリン（MNBA）	
2,5-ジメチル-4-(4′-ニトロフェニルアゾ)アニソール（DMNPAA）	
4-ジメチルアミノ-N-メチル-4-スチルバゾリウムトシレート（DAST）	

材料としては，大きな非線形感受率を示す LiNbO₃ のような無機強誘電体結晶が，光スイッチや光変調器などに使用されている．しかし，2-メチル-4-ニトロアニリンなどのように無機材料をしのぐ大きな非線形感受率を示す有機材料が見いだされたことから，材料設計の自由度が高く，加工性にすぐれ，低コスト化が可能な有機非線形光学材料が注目を集め，数多くの研究が進められている．特に高分子型材料は，加工性にすぐれているため実用面で注目されている．

　良好な非線形効果を示すための分子構造設計については，その集積構造の制御も含めて多くの研究がなされている．代表的な非線形光学材料を表2・3に示すが，いずれも π 共役系骨格をもち，その両端に電子供与性基と電子求引性基を導入して，分子内電荷移動が起こりやすい構造となっている．

フォトニック結晶

　光の波長と同程度の間隔で周期的に屈折率が変化する物質は，分子や原子が周期的に凝集した結晶との類似から，**フォトニック結晶**（photonic crystal）とよばれる．フォトニック結晶中の光は，周期的な屈折率の変化で回折・散乱・干渉を受け，光の伝播特性の変換・光の侵入阻止・光の閉じ込めなど，さまざまな興味深い光学現象を示すことから，新しい光情報処理デバイスやレーザーなどへの応用が期待されている．可視光領域の光に対しては，屈折率の異なる物質が数百 nm 周期で一次元，二次元あるいは三次元的に規則的に並んだナノ構造体がフォトニック結晶となり，半導体加工技術に基づくシリコン系材料を用いた研究が先行しているが，自己組織化などのナノ加工技術に基づく有機物質を用いた研究も精力的に進められている．

2・3　有機色素
2・3・1　染　　料

　染料（dye）とは，溶媒に溶かして繊維などを染色する物質を指す．溶媒はほとんどの場合が水であるので，水分子と相互作用（水素結合や双極子相互作用を含めた静電相互作用）して溶解しやすい分子構造が必要となる．これに対し，溶媒に不溶のものは**顔料**（pigment）という．

2・3 有 機 色 素 35

　天然の草木を用いて衣服などをさまざまな色に染めることは，古くから行われて
おり，マメ科の植物アイ（藍）から得られる鮮やかな青紫色のインジゴ，セイヨウ
アカネ（茜）の根から得られる紫赤色のアリザリンなど（図2・10），数多くの天然
染料が知られている．天然の染料がつくり出す美しい色は人々をひきつけてやまず，

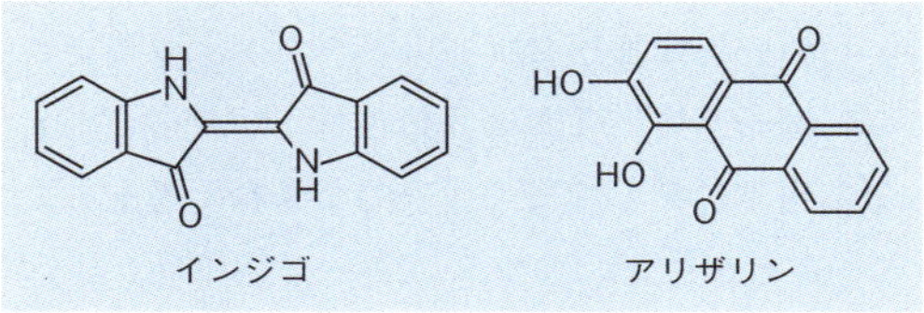

図2・10　代表的な天然染料

19世紀中頃からの有機化学の発展とともに，アゾ染料など合成染料の開発が盛んに
行われてきた．染料分子は，ある波長領域の可視光を選択的に吸収し，その補色
（吸収されなかった光）として多様な染料の色が発現する．このような染料分子に
は水溶性に加えて，以下のような特性が要求される．
　① 可視光領域に強い吸収をもつ
　② 堅牢性，特に光安定性が高い
　③ 染色性にすぐれている
　まず，可視光領域の強い吸収と光安定性を染料の分子構造という観点から考えよ
う．一般に有機化合物の最低励起エネルギーは紫外光領域にある．しかし，アゾ基
やニトロ基のような原子団を分子内（特に芳香族化合物）にもつと，吸収帯が低エ
ネルギー側にシフトして可視部に吸収を示すことが多い．O. N. Witt（1876）はこの
ような原子団を“発色団”と定義した．また発色団と共役して吸収をさらに長波長
にシフトさせるとともに，吸収を濃くする効果を示す基を“助色団”とよぶことを
提唱した．これらは，いずれもπ共役系の拡大によるHOMO-LUMO間のエネル
ギー差の減少や，分子内電荷移動の寄与などにより，最低励起エネルギーが低下し
て可視光領域に吸収がシフトしたものと理解できる．また，強い吸収とは，励起状
態への遷移確率が大きいことを意味しており，禁制遷移ではなくπ-π* 遷移のよう
な許容遷移をもつことも重要である．
　また，光安定性については，励起状態を考える必要がある．光の吸収で励起され
た状態は，反結合性軌道に電子が入った高エネルギー状態であり，有機化合物にと
り不安定な状態となる．このため，励起状態からの失活の際に，元の基底状態に戻

るのではなく化学結合の切断や組換えを伴う光分解（変性）の可能性が高くなる．
これは染料の退色を引き起こすことになり，長期間の屋外使用に耐えないものと
なってしまう．そのため，環状構造など強固な骨格をもたせてできる限り結合の組
換えを起こりにくくし，また吸収した励起エネルギーを速やかに無放射緩和させて
基底状態に戻ることが望ましい．

　代表的な染料は，その分子構造からアゾ染料，アントラキノン染料，塩基性（カ
チオン）染料，インジゴイド染料などに分類されるが，いずれもこのような光特性
をもつ分子群である．簡単にその特徴や代表的な染料の構造を表2・4に示す．

表2・4　代表的な染料の構造

種　類	特　徴	代表的な例
アゾ染料	発色団としてアゾ基をもち，多くの種類があり，使用されている染料の大半を占める．	ナフトール・ブルーブラックB（黒）
アントラキノン染料	アントラキノン骨格をもつ多環芳香族化合物で，アゾ染料につぐ重要な染料．光安定性にすぐれ，色調も鮮やか．	インダントロン（青）
塩基性染料（カチオン染料）	色素イオンがカチオンとなる染料．鮮やかで直接染色できるが，やや耐光性に劣る．トリアリールメタン系，アゾメチン系などがある．	マラカイトグリーン（青緑）
インジゴイド染料	$-CO-C=C-CO-$発色団をもつ染料．インジゴやチオインジゴなど．	チオインジゴ（赤）

染色は，染料が物理的（分子間相互作用などによる吸着）もしくは化学的な吸着，化学結合の形成などで繊維分子に結合することであり，染料を繊維に定着させる工程を"媒染"という．効果的な染色を実現するためには，染料の分子構造だけでなく，あらかじめ繊維に付着させた金属イオンと染料との相互作用で結合させるなど，さまざまな工夫がされている．

2・3・2 顔　　料

水や油などの溶媒に不溶な着色剤である顔料は，染料に比べて耐光堅牢性にすぐれており，屋外使用や長期にわたる用途には顔料系が主に使用されている．無機顔料と有機顔料があり，一般に耐光（候）性という点では無機顔料が優位であるが，有機顔料には色相の鮮やかなものが多い．不溶性の染料，可溶性染料を不溶性金属塩にしたもの（レーキ顔料），フタロシアニン顔料などがあり，代表的なものを表2・5に示す．印刷インキ，塗料，ゴムやプラスチックの着色などに使用される．また有機顔料は，着色剤だけでなく光記録材料や光半導体などにも使用されているが，それについては2・5および2・6節で説明する．

顔料に要求される特性は，色相や耐光堅牢性だけではない．溶媒に不溶であるため，着色方法が重要となり，微粒子化，顔料表面の改質，分散剤の使用など，着色する対象や用途に応じて分散性を向上させる方法がとられている．また顔料をプラスチックなどに添加する場合には，成形するプラスチックと同種の材料に顔料を高濃度に配合してペレット状など（マスターバッチ）にしておくと，取扱いと秤量精度を保つうえで便利なことから，着色剤の配合方法として多く用いられる．

2・3・3 蛍 光 色 素

光吸収により励起された一重項励起状態から，光を放射して基底状態に緩和する際の放射光を"蛍光"という（図2・5参照）．通常の染料や顔料は，吸収された光の補色として着色を示すのに対し，**蛍光色素**（fluorescent dye）は，励起状態と基底状態のエネルギー差に相当する波長の放射光を自ら示すため，色純度の高い鮮やかな色（蛍光色）となる．このため19世紀後半以降，数多くの蛍光色素が合成されてきている．

一般に，有機蛍光色素は無機蛍光色素より耐光性は劣るが，分子構造の修飾で多様な色調を出すことができる．そのうえ，付加的な機能をもつ部位を結合させることにより，多様な機能性の発現，使用条件に合わせた最適化などが可能となるので，

38　　　　　　　　　　　　　2. 光 機 能 材 料

その種類や用途が拡大している．代表的な蛍光色素を図2・11に示す．このうちクマリン307は，クマリン2のメチル基をトリフルオロメチル基に置換しただけであるが，蛍光は青（λ_{em}＝435 nm）から緑（λ_{em}＝505 nm）に変化しており，分子構造のわずかな違いでさまざまな蛍光色が出せることがわかる．

蛍光色素の光特性として重要なのは，吸収する光の波長 λ_{ab}，蛍光波長 λ_{em} だけではなく，蛍光量子収率 Φ も重要となる．"蛍光量子収率"は，蛍光物質が吸収した

表2・5　代表的な顔料の構造

種　　類	代表的な例
不溶性アゾ顔料	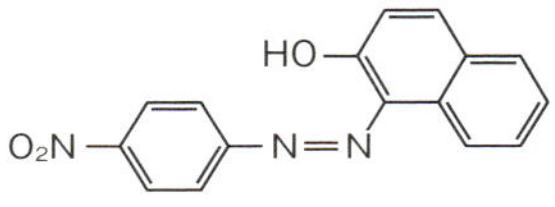 パラレッド（赤）
アゾレーキ顔料	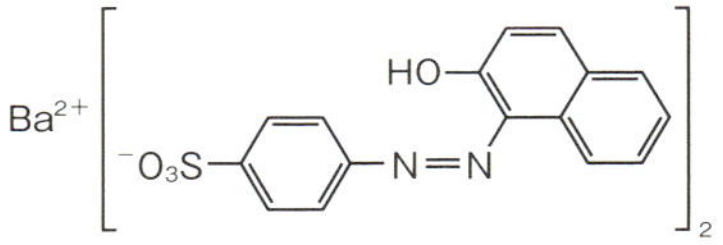 オレンジII（橙）
縮合多環顔料	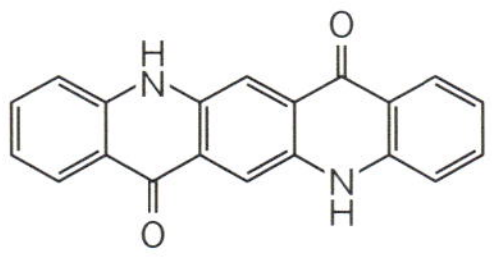 キナクリドンレッド（赤） 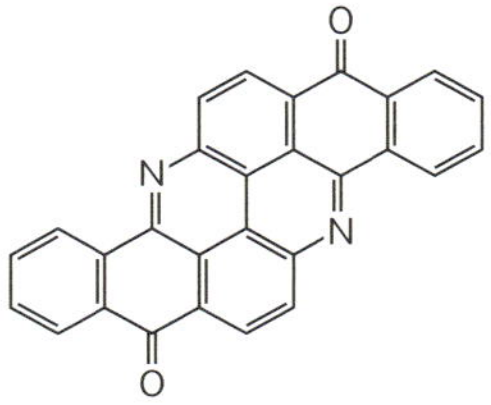　　スレンイエロー G（黄）
フタロシアニン顔料	 フタロシアニンブルー（青）

光がどれだけ蛍光として放出されたかを示すもので,それぞれの光子数の比((蛍光として放出された光子数)/(吸収された光子数))として定義される.図 2・11 に示した蛍光物質は,いずれも高い蛍光量子収率を示すことから,吸収した光を効率よく蛍光として放出することができ,また耐光性にもすぐれている.

a. 蛍光染料(蛍光増白剤)

蛍光染料(**蛍光増白剤**,fluorescent whitening agent)は衣類や紙を白く見せるために使用されている.繊維の黄ばみは,変性した素材や沈着物が可視域の青紫光を吸収するために散乱光が補色の黄色に見える現象である.このため,蛍光で吸収された波長領域(420 nm 程度)の光を補うと,散乱光と合わせて白く見せることがで

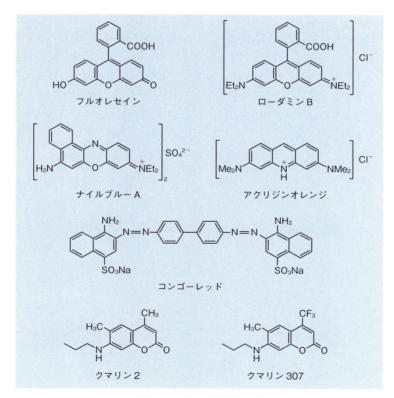

図 2・11　代表的な蛍光色素

きるので，青紫の蛍光を示し染着性のある蛍光増白剤が洗剤に配合されている．セルロース繊維用（直接染料型）としては，ジアミノスチルベンジスルホン酸誘導体などが使用されている．

b. 蛍光マーカー

近年，光源となるレーザーだけでなく，光電子倍増管や光電素子をはじめとする光計測技術もめざましく進展している．このため，分子1個からの発光を測定することができるほどの高感度化や簡便な蛍光観察が可能となり，その応用範囲は大きく広がっている．しかし多くの物質は非蛍光性であるので，非蛍光性の物質を蛍光性に変える必要がある．**蛍光マーカー**（fluorescent marker）や蛍光ラベル（標識）化剤は，標的物質に対し高い反応性・結合性をもつ部位をあらかじめ蛍光色素に導入あるいは結合させたもので（図2・12a），標的物質に選択的に結合することで，標的物質を蛍光性に変えることができる．生体中の特定のタンパク質やDNAの特定の塩基配列部位のみに選択的に結合するような蛍光マーカーは，細胞の構造や細胞中でのタンパク質などの所在を知ることができ，細胞や組織の研究に欠かすことのできない手法として利用されている．口絵(a)はイヌの腎臓細胞で，ローダミン標識ファロイジンで染色されたアクチン(赤)，フルオレセイン標識抗ビンキュリン抗体で染めた細胞接着斑タンパク質(緑)，DAPI（4′,6-diamidino-2-phenylindole）で染色した核(青)が可視化されている．また細胞表面の抗原に特異的に結合する抗体

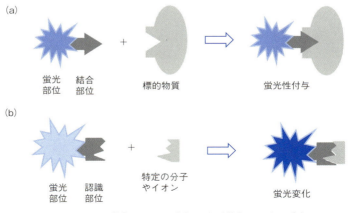

図2・12 蛍光マーカー（a）および蛍光センサー（b）

2・3 有機色素　　　　41

を蛍光色素で標識しておくと，特定の細胞や組織を蛍光で可視化することができる．口絵(b) は，三次元培養皮膚モデル（7 章のコラム参照）中に形成された血管（緑）とリンパ管（橙色）のネットワークを可視化したもので，蛍光標識された抗体をそれぞれの内皮細胞上の抗原に特異的に結合させることで，形成された組織が直接観察できる．

c. 蛍光センサーと蛍光プローブ

　蛍光センサー（fluorescent sensor）や蛍光プローブ（fluorescent probe）は，特定分子の存在や外部環境の変化に対応して蛍光特性が変化する分子で（図 2・12b），最も簡単な例では pH や金属イオンなどで蛍光が変わる蛍光指示薬などがある（表2・6）．たとえば，蛍光色素のフルオレセインに金属イオン結合部位となるイミノ二酢酸が縮合した構造をもつカルセインは，Ca^{2+} などの 2 価金属イオンが酢酸イオン部分に結合すると，強い蛍光を示す．このため，Ca^{2+} イオンの定量や生体中での濃度分布を調べるために使用されている．また，もっと複雑な分子構造をもつタンパク質のような標的分子を識別して選択的に結合し，蛍光特性の大きな変化を示す分子であれば，標的分子のみを選択的に高感度で計測することができる．このような蛍光センサーやプローブは，微量の生理活性物質や生体成分，環境汚染物質などを簡便で精度良く測定するのに有効なことから，活発に研究開発が進められている．

　蛍光センサーは，高い標的分子選択性とともに，標的分子との結合に伴う大きな蛍光応答を示すことが求められるため，単に認識部位と蛍光部位をもつだけでなく，認識部位に標的分子が結合したという情報を立体構造変化や π 共役系を介して蛍光部位に伝達する機能をもたせることが重要となる．また，溶媒の極性や pH などの微視的環境で蛍光特性が変化する蛍光色素は，脂質やタンパク質などに導入すると，蛍光の変化から導入した位置の微視的な環境についての情報を直接知ることができる．このように蛍光を分子レベルでのプローブとして用いて，タンパク質の機能・構造や代謝を調べる方法は，生命科学の分野で大きな役割を果たしている．

d. 固体発光材料

　一般に溶液中では強い蛍光を示す蛍光色素も，凝集した固体になると蛍光を示さなくなることが多い．これは，固相中で隣接する分子と密に接した状態では，隣接分子とさまざまな分子間相互作用をするため，励起状態からこれらの相互作用を介しての無放射緩和が優先して起こるからである．しかし，溶液中で蛍光をほとんど示さないにもかかわらず，凝集すると強く発光する（**凝集誘起発光**（aggregation induced emission, AIE））という，これまでにないタイプの固体発光材料が 2001 年

42　　　2. 光 機 能 材 料

表 2・6　代表的な蛍光センサーと蛍光プローブの例

蛍光化合物	分子構造	蛍光応答などを示す要因など
BCECF	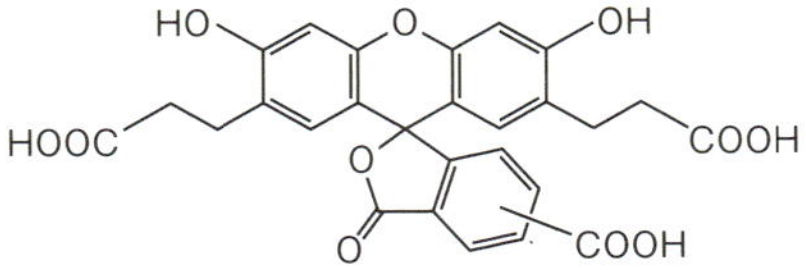	pH
Fura 2	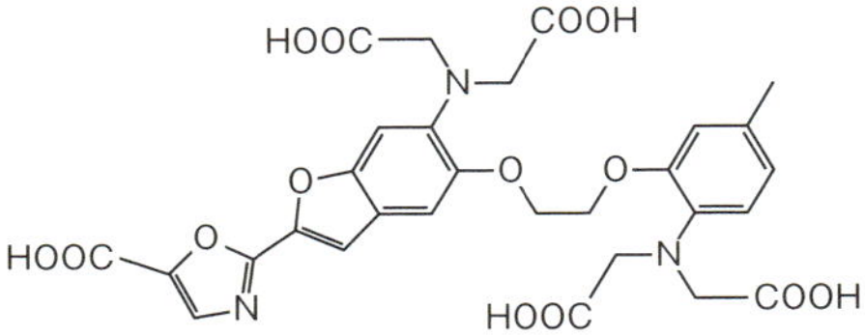	Ca^{2+} イオン
カルセイン	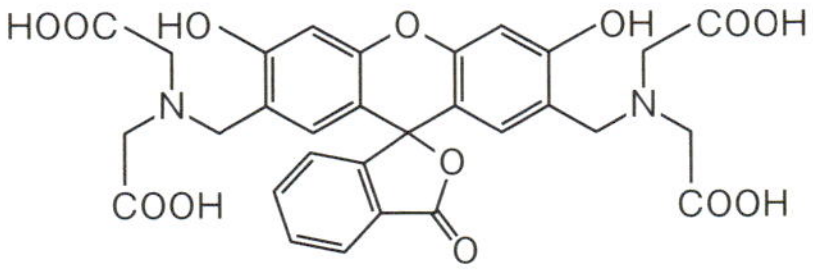	Ca^{2+} イオン
脂肪酸アナログ	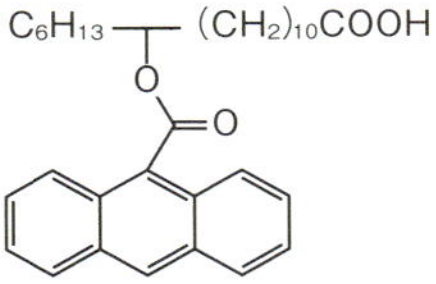	標的分子近傍の極性
リン脂質アナログ	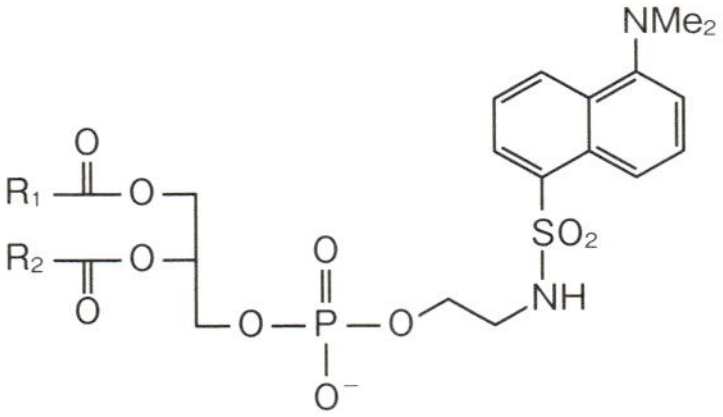	細胞膜の流動性

に報告され，その後このような新しい固体発光材料がつぎつぎと知られるようになった（図2・13）．凝集することで発光が強くなるという機構はまだ十分には解明されていないが，固相で分子内運動が束縛されることにより，無放射緩和による失活が阻害されることが大きな要因の一つと考えられている．またそれらのなかには，固体中での分子の集積状態の違いで発光色や発光強度が変わるものがあり，圧力や熱などの外部刺激で集積状態を変えると，それに対応して発光が変化するという刺激応答性発光材料として注目されている．

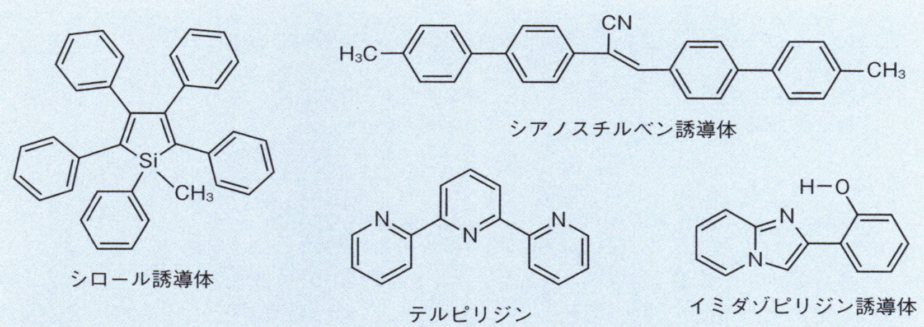

シアノスチルベン誘導体

シロール誘導体

テルピリジン

イミダゾピリジン誘導体

図2・13 凝集すると強く発光する材料

2・4 感光性材料

感光性材料（photosensitive material）は，光照射をすると露光部位だけが光反応や光電子移動などの光応答を示す材料であり，露光部と未露光部との差に基づく画像形成が可能となる．この節では露光部位で光分解や光重合をはじめとする化学反応が進行し，その結果構造や物性が変化する感光性材料について述べる．

2・4・1 写真用感光剤

写真は，ゼラチン支持層中に分散された微小なハロゲン化銀粒子の光還元を利用した銀塩写真がほとんどであり，光照射された部位でのみ金属銀が析出して画像が形成される．一般的なカラー写真用のネガフィルムは，図2・14(a) に示すように青，緑，赤の光でそれぞれ感光する層がフィルターを介してフィルムベースに積層されており，高感度に3原色で感光した像を重層化することでカラー画像を形成する．画像形成は，以下の過程で進むが，有機色素が重要な役割を果たしている．

まず，光の当たった露光部位ではハロゲン化銀が光還元されて数個の銀原子（感

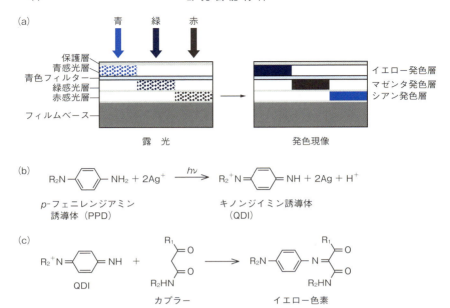

図2・14 カラー写真用ネガフィルム （a）フィルムの構成，（b）還元による化学増幅，（c）カプラーとの色素形成反応（イエロー色素の例）

光核）が生成して潜像が形成される．このとき感光剤である無機ハロゲン化銀が紫外光や近紫外光でしか光還元されないため，可視域に吸収をもつ有機色素を**増感色素**（sensitizing dye）として用いる．増感色素の役割は，色素の吸収帯励起で生じた励起電子をハロゲン化銀に注入してその還元を引き起こすことであり，ハロゲン化銀の固有感度を可視光領域に拡大することができる（これを分光増感という）．増感色素にはシアニンあるいはメロシアニン色素が多く使用されている．

次に光還元で生じた感光核が開始点となり，還元剤による化学還元が進行して還元された銀原子の数が飛躍的に増大し，顕像が形成される（現像）．このように露光で生成した感光核を化学反応により大幅に増大させることを**化学増幅**（chemical amplification）といい，高感度化を実現するための重要なプロセスとなる．

そして最後は，化学的還元を利用した色素形成で発色させてカラー画像を形成させる過程となる（発色現像）．現像と発色の過程では，ハロゲン化銀を化学還元する還元剤と色素形成による発色の機能をあわせもつ N,N-ジ置換-p-フェニレンジアミン（PPD）が発色現像主薬として多く用いられている（図2・14b）．PPDがハロゲ

ン化銀粒子を化学的に還元したときに生成するキノンジイミン誘導体（QDI）が発色剤（カプラー）と結合して色素となり，青（補色：イエロー），緑（補色：マゼンタ），赤（補色：シアン）の補色となる色をそれぞれ発現し，ネガ像が形成される．図2・14(c) には QDI が発色剤と反応してイエロー色素を形成する例を示す．

　銀塩写真は，分光増感や化学増幅を利用した高感度な感光法であり，感光性材料の基盤技術としてその発展に大きく寄与した．しかし最近は，CCD（電荷結合素子）や CMOS（相補型金属酸化膜半導体）という半導体型の固体撮像素子を用いたデジタルカメラに取って代わられ，銀塩写真によるフィルムはあまり使用されなくなっている．

2・4・2　フォトレジスト

　"フォトレジスト"は，露光によりマスクのパターンを基板上に転写するという**リソグラフィー**（lithography）の技術を用いて，半導体の微細加工などに使用される感光性有機薄膜である．露光でのパターン転写後のエッチング工程で耐食性保護膜としての役割を果たすことから，「**フォトレジスト（photoresist）**」という名称がある．リソグラフィーは一つのマスクからの大量生産が可能であり，主な用途となる集積回路（IC）の半導体加工では超微細パターン形成による高度集積化に向けて，また液晶表示パネル駆動部となる TFT（thin film tansistor）向けの用途ではさらに大面積化を実現するために，フォトレジスト開発が活発に進められている．

　図2・15にフォトリソグラフィーの概略を示す．マスクを用いた露光で，微細加工を施す層の上に塗布したフォトレジストに回路パターンを転写する．このとき，露光部のみで起こる光反応で，現像液に対する露光部と未露光部との溶解性に違いが生じる．架橋反応などで露光部が不溶となるネガ型では，現像液で洗浄後残った露光部のレジストが，次の段階のエッチング（酸などで加工層を取除く操作）の際の保護膜として働き，露光部のみの加工層を残すことができる．光酸発生による加水分解や光分解などの反応で，露光部が現像液に溶けやすくなるポジ型の場合には，最終的に未露光部の加工層が残る．最後にレジスト膜を除去してリソグラフィー工程が終了し，基板上に回路パターンが形成される．

　光を用いたフォトリソグラフィーは，転写により複雑な回路パターンを大量に生産できるだけでなく，マスク透過光を光学系で縮小投影するため微細なパターン形成が可能であり，半導体の集積度が飛躍的に増大してきた．現在マイクロメートル（μm）単位をはるかに下回るきわめて微細な加工が行われているが，このような微

細加工は可視光の波長(0.4〜0.7 μm)あるいはそれ以下となっていることから,高圧水銀灯の輝線であるg線（436 nm）からi線（365 nm),さらにはフッ化物エキシマレーザー（KrF: 248 nm, ArF: 193 nm）のような波長の短い光源を用いて解像度の向上が図られており,それに適合したフォトレジストの開発が進められている.また高感度化を実現するために,光反応で生成した酸などが触媒として作用するという光反応・化学反応を組合わせた化学増幅型フォトレジストが開発されている.代表的なフォトレジストを表2・7に示す.

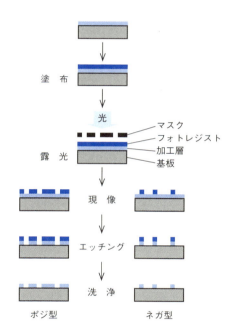

図2・15 フォトリソグラフィーの概略

2・5 光記録材料
2・5・1 光ディスク用記録材料

1970年代に780 nm発振のAlGaAs半導体レーザーが実用化され,このレーザーを用いた大容量かつ高速なデジタル記録メディアの研究が進んだ.80年代に入り,業務用レーザーディスクからはじまり,シアニン色素を用いた追記型コンパクトディスク（CD）が開発され,それ以前のマイクロフィルムや磁気テープに置き換わ

2·5 光記録材料

表2·7 フォトレジストの代表例

フォトレジスト	露　光	現象・エッチング
ポジ型 ジアゾナフトキノン-ノボラック樹脂	露光部でジアゾナフトキノン（DNQ）が光反応でインデンカルボン酸となる.	塗布したDNQ-ノボラック樹脂膜は，溶解抑制剤であるDNQが酸となることでアルカリ水溶液に可溶となり，エッチングで露光部が除去される.
ネガ型 アジド系化合物	露光部でアジド（−N₃）が光分解（脱窒素）して生成するニトレン（−N:）が，二重結合に付加してアジリジンとなる.	二官能性アジド化合物の光分解-付加反応で，高分子の二重結合部位間を架橋して，架橋前は溶媒に可溶な部分が露光で不溶となる.

る大容量，小さなサイズ，軽快な読み書き速度を有する記録メディアとして普及した．当初，近赤外領域に吸収をもつ色素は不安定なため長期保存には不適だったが，光劣化を引き起こす一重項酸素（酸素分子の基底状態は三重項であるが，色素などによる光増感で生じる一重項酸素は，二重結合への付加など反応性がきわめて高い）を不活性化する化合物を添加することで大幅に耐久性が向上することが見いだされ，急速に普及した．また，より波長の短い光を用いて記録密度を高めたDVD（digital video disk）やBD（Blu-ray disc）についても，新しい製品がつぎつぎに市場化されている.

追記型CD（CD-R）では，色素が近赤外半導体レーザー光（波長780 nm）を吸収し，その励起エネルギーが無放射緩和で熱に変換されるため，色素近傍の温度が上昇して溶融し，反射率が変化する（図2·16），という光-熱変換に基づき情報が書き込まれる（ヒートモード光記録）．このために用いられる有機色素は，波長780 nm近傍に吸収をもつことが必要となる．780 nmの吸収が強すぎると，読み出し光の照射の際に反射率が低下しすぎて，読み出しが困難になるため（CD-R用の色素自体は高い屈折率を有し，溶融によって屈折率の大きな低下が起こる），適度な吸収強度が

48   2. 光機能材料

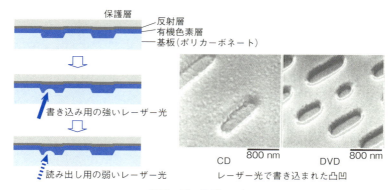

図 2・16 光ディスク

求められる．実用化されている CD-R 用色素は主に (1) シアニン系色素, (2) フタロシアニン系色素, (3) アゾ系金属錯体の 3 種類である (図 2・17).

一方，DVD-R に用いられる有機色素は，InGaAlP 系赤色半導体レーザー (波長 650 nm) に対応して，吸収ピークが 550～600 nm 付近にくるように分子設計されており，より波長の短い青色光 (405 nm) を使用する BD では，GaN 系半導体レーザーに対応した有機色素が開発されている．

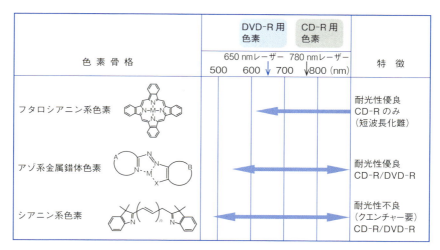

図 2・17 光ディスク用記録材料

3Dプリンター

　素材となる金属や樹脂などは，利用する目的に応じた形状に加工する必要がある．加工の方法としては，切削や型に入れて造形するなどの方法が一般的に行われているが，近年 3D プリンターを用いた**積層造形**（additive manufacturing）が注目を集めている．積層造形とは，作製したい立体物を水平に輪切りにした二次元断面の形状に従って粉体や樹脂の薄い層を加工し，それを順次積み重ねて三次元の立体物を製作する技術であり，デジタル化された設計データに基づいて，中空構造など複雑な形状をもつ立体物を作製できることから，活発な開発が進められている．

　二次元の層を加工する方法としては，レーザー焼結，インクジェット方式，溶融樹脂の押し出しなどさまざまな方法が提案されているが，その一つに"光造形法"がある．これは光重合開始剤を含む樹脂前駆体（モノマーやオリゴマー）に光照射して硬化させる造形法で，上から光照射して順次造形物を降下させていく方式と，下面から照射して造形物を引き上げていく方式がある．図 2・18 に示したのは上から光照射をする方式で，すでに造形加工の済んだ積層造形物の上にある液状の光硬化樹脂の薄い層に，設計データに従って光照射をすると，照射部分だけが光重合で硬化した層状の構造体が作製される．造形ステージを一層分ずつ降下させながら，この操作を繰返すことで積層された立体造形物が作製できる．なお光重合開始剤とは，照射光で光励起された状態から結合開裂などの光反応でラジカルやイオン種となり，重合を開始させる化合物であり（図 1・9 参照），重合して硬化する樹脂としてはエポキシ系やアクリル系の樹脂が主に用いられている．

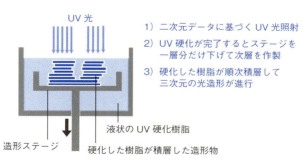

図 2・18　UV 硬化樹脂を用いた光造形　（上面から UV 照射の例）

2・5・2 フォトクロミック材料

フォトクロミズム（photochromism）とは，光で誘起される分子構造の変化（異性化）により，異なる吸収スペクトルをもつ化学種に可逆的に変化する現象で，光が当たると色が変わることから，吸収特性の変化をそのまま利用した調光材料，紫外線センサー，インテリア/デザイン用染料などとして，また光を熱に変換することなく直接記録できる超高密度な光記録（フォトンモード光記録）への応用に向けて活発に研究されている．

可逆的に進行する光異性化反応としては，アゾベンゼンやチオインジゴのように二重結合のシス-トランス異性化，水素原子移動などによる異性化，そしてスピロピランやジアリールエテンのように光開環/閉環反応などがある．光照射によって構造変化を起こした後，再び元の構造に戻る際，光異性化した化学種の安定性が高く光照射で元に戻る P（photochemical）型と，化学種の安定性がそれほど高くないため熱でも戻る T（thermal）型がある．P 型は保存可能な光記録として使用できるため，P 型のジアリールエテン（図 2・19）やフルギドなどが注目されている．

フォトクロミック化合物の欠点は，光の繰返し使用による耐久性が低いことであるが，ジアリールエテン類は，これまでの常識を破って繰返し使用による耐光性がきわめて高く，さまざまな用途に向けて実用化が検討されている．

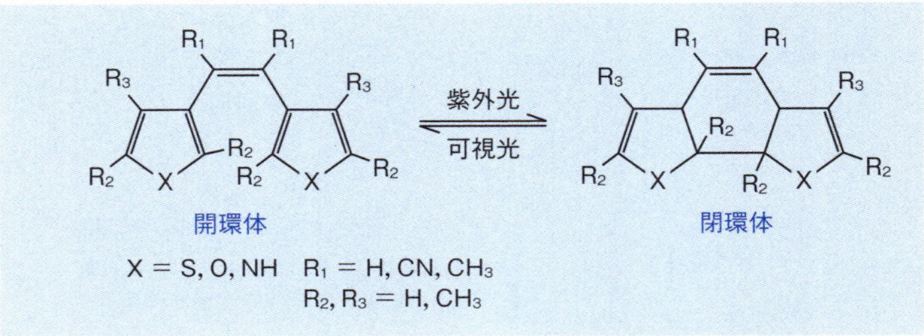

図 2・19　代表的なフォトクロミック化合物であるジアリールエテン

2・6 光導電材料

一般に有機化合物の電子は個々の分子内に強く束縛されているため，電荷を伝達するキャリヤが存在しない．このため有機材料は一般に絶縁体であるが（図 3・1 参照），キャリヤが生成すると有機材料でも固相で導電性や半導性を示すものがある．これについては 3 章で詳しく取上げる．**光伝導**（photoconduction）は，光照射時の

2・6 光導電材料

電気伝導率が暗時より大きくなる現象であり，この場合は光を吸収して生じた励起電子や電子が励起準位に遷移した後の正孔（ホール，図2・20a）がキャリヤとなる．アントラセンでこの現象が報告されたのは20世紀初頭までさかのぼるが，1960〜70年代以降コピー機などの電子写真用感光材料として研究開発が急速に進み，これまでにすぐれた光伝導性を示す有機高分子や有機低分子化合物が数多く知られている．これらの**有機光導電材料**（organic photoconductor, OPC）は，軽量で，塗布などにより大量かつ安価に生産できるという特徴をもつことから，耐久性や伝導性では劣るものの無機半導体材料と入れ替わって，複写機やレーザープリンターなどに使用される電子写真用感光材料の大半を占めるまでになっている．

光伝導の機構をもう少し詳しく説明すると，以下のようになる（図2・20）．有機導電材料に光照射すると，光のエネルギーを吸収して被占軌道（あるいはこれに基づく価電子帯）の電子が空軌道（あるいはこれに基づく伝導帯）に光励起する（図2・5参照）．この状態は被占軌道の電子が一つ欠けて（ホール生成）空軌道に励起電子が一つ入った状態（励起電子-ホール対あるいは励起対という）であり，通常は生成した励起対が緩和過程で消失して元の基底状態に戻る．しかし，強い電場下ではこの励起対が熱的に解離して，独立して移動可能なキャリヤとなる．生成したキャリヤは，バンド形成が見られる結晶や共役系高分子では電場勾配に従いバンド内を正極あるいは負極の方向に移動する（図2・20a）．バンド形成がない非晶性材料の場合は，電子移動に対する分子間のエネルギー障壁を越えて隣接分子にホールや励起電子が移動して（注入されて），電荷分離したキャリヤが電場勾配に従い分子間をホッピング伝導して移動する（図2・20b）．

有機光導電材料として最初に注目を集めたポリビニルカルバゾール（PVK）は，電子供与性のカルバゾール基を側鎖にもつ非晶性高分子で，すぐれた光導電性を示

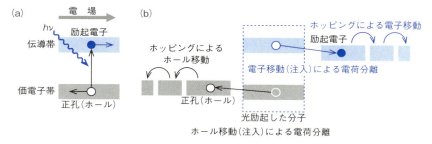

図2・20　光伝導の機構

す(図2・21).PVKについて具体的に説明しよう.300〜350 nm 付近に吸収をもつ PVK は,光励起で励起電子-ホール対を生成するが,強い電場(10^5〜10^6 V cm^{-1} 程度)下では励起対が熱的に解離してキャリヤとなる.このとき,生成したキャリヤの数(n_c)と吸収された光子数(n_p)の比(n_c/n_p)で表されるキャリヤ生成効率(Φ_c)は,励起対生成効率と励起対が解離してキャリヤになる効率との積となる.励起対の生成効率は分子固有の性質であるが,励起対の解離は分子固有の性質だけでなく,外的要因としての電場や温度にも支配され,これらが高いほど解離が促進される.PVK の Φ_c(常温,電場 10^5 V cm^{-1} 程度)は一般に 10^{-3}〜10^{-2} 程度とされている.生成したキャリヤが電場勾配に従い移動することで光電流が発生するが,PVK ではホールがホッピングで移動することにより光導電性が発現される.電子供与性を示すカルバゾールは比較的高い HOMO 準位をもつため,HOMO 準位に生じたホールの移動が容易であると考えられている.純粋な PVK のホール移動度は 10^{-6}〜10^{-7} cm^2 V^{-1} s^{-1} 程度とされており,キャリヤ生成効率と合わせた光伝導性はそれほど大きなものではない.

しかし,純粋な PVK に図 2・21 に示したトリニトロフルオレノン(TNF)のような電子受容性化合物を少量加える(ドープする)と,光導電性は著しく増大する.これは,LUMO 準位の低い電子受容性化合物との電荷移動錯体形成によるキャリヤ生成効率の向上などによるもので,新たな電荷移動吸収帯が出現することによる光学的な増感の効果も考えられる.このように電子受容体を添加してキャリヤ生成効率を向上させるという考えをさらに推し進めると,キャリヤ生成と移動過程を機能面だけでなく構造的にも分離し,それぞれに適した物質を用いて作製したキャリヤ生成層(charge generation layer, CGL)と電荷移動層(charge transport layer, CTL)を積層するという方法となる(コラムの図 2・22 参照).これは特性向上のために現在

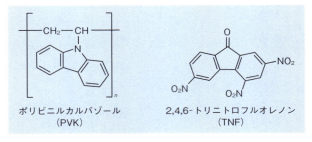

図2・21　PVK と TNF

2・6 光導電材料

身近なコピー（電子写真）の原理は？

複写機の心臓となる感光体は，現在ほとんどが有機光導電材料（OPC）を使用したものであり，筒状の金属表面にCGLとCTLが薄膜として積層コーティングされている（図2・22，ドラムの写真は口絵参照）．図中の断面写真に示したように，きわめて薄いCGL（約0.3 μm）と金属製ドラムとの間に接着性向上と短絡を防ぐための層（under coating layer, UCL, 約1～2 μm）を加えた三層式OPCドラムが一般に使用されている．この感光体の上で帯電-露光-現像の3工程で画像がつくられ，転写工程で感光体上の画像をコピー紙上に移し，定着させている．一般的な方法は，あらかじめコロナ放電発生装置などを用いて感光体の表面上を均一に帯電（負帯電型が多い）させておき，原稿の明暗を反映した反射光を照射（投影露光）すると，光の当たった部分ではCGLで生成したキャリヤ（ホール）がCTLに注入され，電場勾配に従い輸送されてCTL表面の（負）電荷を中和する．これにより光が照射された部分だけ中和された静電像（潜像）が感光体表面に形成される．次に帯電したトナー（主に熱可塑性樹脂をコートしたカーボンブラックの粉）を接触させると，静電気的な像に従い吸着されたトナーが目に見えるトナー画像をつくり（現像），これを静電的にコピー紙に移しとった後，トナー表面の樹脂を加熱溶融して紙に融着させ（定着），複写が完成する．

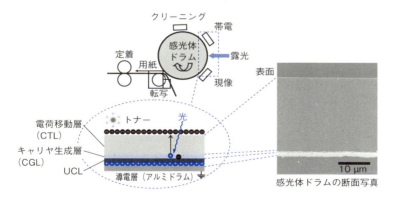

図2・22 **電子写真用感光体ドラムの構造と機能** 写真は三菱化学株式会社提供

アナログ式の複写機は上に述べた機構で複写を行うが，デジタル複写機では，いったんスキャナーで原稿の明暗を読み取ってデジタル信号に変換した後，その信号に従ってレーザー光を感光体に照射して潜像を作成するところがアナログ式とは異なっている．後者の部分はレーザープリンターとまったく同じである．

一般的に行われている方法であり，CGL で効率良く生成したキャリヤが電荷輸送能の高い CTL に注入されることで，高い光導電性が発現される．

薄膜形成能のない低分子有機化合物を用いる場合には，成形加工性のあるバインダー樹脂中に分散して使用する．このような性能の良い機能分離型 OPC が開発されたことにより，コピーやレーザープリンターなどが手軽で身近なところで使用されるに至っている．CGL として使用される代表的なものは，アゾ顔料，ペリレン顔料，フタロシアニンなどであり，CTL には PVK だけでなく，バインダー樹脂中に分散した各種のピラゾリン，ヒドラゾン，オキサゾール，オキサジアゾールなどの複素環化合物やトリフェニルアミン誘導体などが使用されている．

2・7 有機エレクトロルミネセンス（EL）材料

蛍光やりん光を示す色素は，照射光エネルギーの吸収による電子遷移で基底状態から励起状態となるが，外部電極（陽極として ITO 電極，陰極として MgAg や AlLi 電極が一般的）を用いて陽極から被占軌道にホール（正孔）を（つまり被占軌道から電子を奪う），そして陰極から空軌道に電子をそれぞれ同時に注入することができれば，このような励起状態をつくり出すことができる．励起状態からは，色素固有の発光緩和により蛍光あるいはりん光を出して基底状態に戻る．このように外部電極からホールと電子というキャリヤを注入して起こる発光現象は**電界発光**（elec-

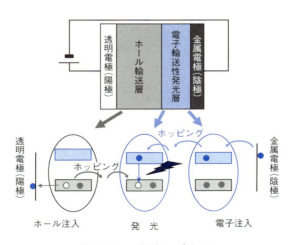

図 2・23　2 層型 EL デバイス

troluminescence, EL) として以前から知られていたが, 1987 年に Eastman Kodak 社のTang らが, 電子輸送能と発光能をあわせもつ電子輸送性発光層にアルミノキノリン錯体 (Alq$_3$), ホール輸送層に TAPC を用い, 真空蒸着法で作製した2層型有機 EL 素子 (図 2・23) は, 低電圧 (両極の電位差が 10 V 以下) で駆動し高輝度 (1000 cd/cm^2) であることから, 大きな注目を集めた. これ以降, 実用化に向けた研究が急速に進められ, 軽量, 薄型, 省電力の表示デバイスとして液晶などと市場を競う重要なものとなっている.

分子内遷移である光励起の場合は基底状態のスピン状態が保持されて一重項励起状態 (S_1) となるが (p.25, 図 2・5), ホールと電子をそれぞれ注入する電界励起では, S_1 と三重項励起状態 (T_1) がともに生成する. このため, S_1 からの蛍光だけでなく T_1 の励起エネルギーもりん光などの発光に変換することで発光効率を高める方法が有効となる. そこで, 中心となる発光層には, 緑色の発光を示すキノリン錯体や青色発光の DPVBi だけでなく, イリジウム錯体 (Ir(ppy)$_3$, 緑色りん光) をはじめとするさまざまな蛍光およびりん光色素をゲスト色素として加える方法が用いられている. いくつかのホール輸送材料, 発光材料, およびゲスト発光材料を図 2・24 に示す. 一方, デバイス構成については, 発光層をはさんでホール輸送層と電子輸送層, さらにはホール注入層や電子注入層などを加えるという機能分離した多層化が進んでおり, さまざまなデバイスが提案されている. また, 大量生産可能なスピンコートに適した高分子材料についても活発に開発が進められている.

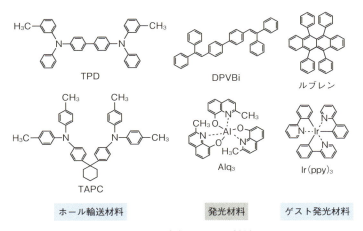

図 2・24　代表的な EL 用材料

有機 EL 素子は，注入電荷の再結合エネルギーを利用した自発型の発光であるため，非自発発光である液晶と比較して（3・4・3節参照），高画質，視野角の広さ，応答速度の速さ，画像の鮮明さ，薄型軽量化（100 nm 程度の厚み），低電力駆動（バックライト不要）など多くの利点を有している．長寿命化が実用化に向けた大きな課題ではあるが，耐久性のある発光材料の開発だけでなく，構成や封止方法などデバイス作製方法も大きく進歩し，スマートフォンなどの小型ディスプレイにとどまらず，大型ディスプレイまでが実用化されている．

2・8　有機太陽電池

　光合成の反応中心では，光励起されたクロロフィルから励起電子が近傍の分子に渡る（その分子を還元する）とともに，基底準位にできたホールに近傍の別の分子から電子が移動する（その分子を酸化する）ということが起こっている（8・5・1節参照）．この二つの酸化還元反応を，膜構造を巧みに利用してほとんどエネルギー損失がないという高い効率で行っているのが光合成の特徴であり，ちょうど光によって分子レベルの電池をつくり出していることに相当する．

　コストだけでなく軽量で柔軟性という点でシリコン系太陽電池よりも有利と期待されている**有機太陽電池**（organic photovoltaic cell）は，励起色素の光起電力を外部に取出す素子であり，その機構は光合成と共通している．有機太陽電池の開発においては，そのエネルギー変換効率を少しでも高めることが課題であり，その意味では高効率な光合成系が究極の目標といえる．有機太陽電池には，大きく分けて“色素増感太陽電池”と“有機薄膜太陽電池”の2種類がある．

　色素増感太陽電池（dye sensitized solar cell）は多孔質の二酸化チタンナノ結晶薄膜の表面に有機色素を担持させた負極と炭素もしくは白金の正極の間をヨウ化物イオンとヨウ素を溶かした有機電解質溶液で満たした電池である（図2・25）．湿式太陽電池，グレッツェル電池ともよばれる．光励起された色素から励起電子が二酸化チタンに移る一方で，ホールは I^- を酸化して I_3^- を生成する．この I_3^- は正極で電子によって再び I^- へと還元される．二酸化チタン薄膜の表面積がきわめて大きいために結合色素による光の捕集効率が高く，10 %を超える高いエネルギー変換効率を達成している．この電池のエネルギー変換効率の理論値は 33 %であり，今後シリコン系太陽電池に迫るエネルギー変換効率の向上が期待されている．

　有機薄膜電池（thin film organic photovoltaic cell）は励起分子からの電子やホールの輸送を有機物質が受けもつ太陽電池であり，ちょうど有機 EL 素子（図2・23参

2・8 有機太陽電池

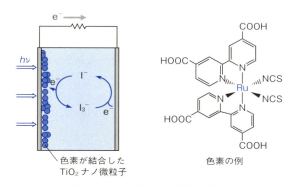

図 2・25　色素増感太陽電池の構造

照）の逆の機構で作動する素子ということができる．光吸収物質はキャリヤ輸送材料を兼ねており，ホール輸送能をもつ PT，電子輸送能をもつフラーレン C_{60}，両キャリヤ輸送性を示す PPV などが用いられる．有機 EL 材料よりも早くから知られているもののなかなか開発が進まず，エネルギー変換効率は長らく 1 ％程度にとどまっていた．2000 年前後に電子供与体としてのポリチオフェン誘導体（P3HT）と電子受容体のフラーレン誘導体（PCBM）の組合わせ（図 2・26）が良いことが見いだされ，さらなる素子材料の最適化と素子作製上の工夫による改良とが相まって，10 ％を超える効率が達成されるようになっている．導電性高分子を用いた電極と組合わせると，フレキシブルで変形可能なだけでなく，軽量で薄い太陽電池となり，印刷で作製もできるので，多様な用途への展開が期待されている．

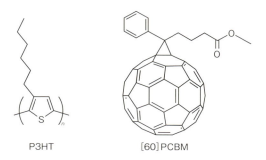

図 2・26　ポリチオフェン誘導体（P3HT）とフラーレン誘導体（PCBM）

光の吸収は最初の第一歩——吸収した光エネルギーを利用する

色素は，光を吸収することで着色を示す．しかしこれまで見てきたように，色素の利用は光の吸収だけでなく，吸収した光エネルギーをさまざまな形で利用して，驚くべき機能を発現している．もう一度，Jablonski ダイヤグラム（図2・5 参照）に基づいて，緩和過程における光エネルギーの利用法を整理してみよう．

光としての利用：発光して緩和する蛍光色素
熱としての利用：無放射遷移で緩和して発熱する光ディスク用色素
化学反応として：フォトレジストやフォトクロミック化合物などの感光性材料

以上は励起した色素分子内での緩和過程（励起種と近傍分子との反応も含む）であるが，近傍分子間での緩和過程も存在する．励起状態となった電子やホールが近傍分子（電極）に移動することにより基底状態に戻る過程は，光導電材料として利用されている．また直接的な電子/ホール移動だけでなく，励起エネルギーを近傍分子に伝達することで基底状態に戻るという緩和過程もある（図2・27）．このような光増感過程では，ある分子が吸収をもたない波長領域の光でも，増感分子（色素）が光を吸収してその励起エネルギーを伝達してくれることになるので，色素増感太陽電池など光エネルギーの有効利用に向けた研究に利用されている．

図2・27 分子間の電子−ホール移動（a）および励起エネルギー移動（b）

また，色素を増感剤とするがんの光治療（photodynamic therapy, PDT）が実施されている．これは，がん細胞に集まりやすい色素に光を照射すると，励起した色素から酸素分子に励起エネルギー移動が起こり，反応性の高い一重項酸素がつくり出されてがん細胞を破壊する，という機構で治療効果を発現する．色素劣化の原因となる一重項酸素の生成を抑制する（2・5・1 節）のとは逆であり，ポルフィリン誘導体が肺がんの治療などに使用されている．

このように見ると，光の吸収は最初の第一歩にすぎず，吸収した光エネルギーをいかに利用するかが鍵となる．これにより，色素が単なる着色剤を超えて，多様な新しい有機機能物質となることが理解できるだろう．

3

電気・電子機能材料

3・1 はじめに

前章では電磁波と有機分子中の電子との相互作用に基づく光機能材料について述べ，そこでは光導電材料や有機 EL 材料といった，光機能と電子機能の橋渡しとなる材料にもふれた．一般に有機化合物は絶縁体であるが，分子によっては光励起がなくても導電性を示すものがある．絶縁体の中にはその誘電性を利用できる材料もあり，また，導電材料にはポリマーが電荷のキャリヤ（プロトンや金属イオン）の媒体として振舞うものもある．本章では，電気・電子機能をもつ有機材料について述べる．

電気・電子材料としての合成有機化合物の利用は，1909 年にアメリカでフェノール樹脂系絶縁材料であるベークライトの工業的生産が開始されたことに端を発する．その後しばらくの間，有機化合物は絶縁体としての利用にとどまっていたが，1969 年に河合がポリフッ化ビニリデンの圧電性を見いだした．さらに 1977 年に白川らがヨウ素ドープポリアセチレン膜の金属的電気伝導性を発表してからは，誘電性・導電性高分子材料の開発が進み，現在では多方面で実用化されている．近年では有機トランジスタも製品化に近いところまできており，将来，すべての素子が有機化合物でできた電気・電子機器が実現できるかもしれない．

3・2 物質の電気伝導性

電気・電子材料を取扱ううえで最も基本的な物性は電気伝導率（導電率ともいう）である．**電気伝導率**（electric conductivity）σ とは，物質が電気を通す度合いのことであり，1 cm 立方の材料の向かい合った二面間での電気抵抗値の逆数と定義され

ている.単位はS(ジーメンス)$cm^{-1} = \Omega^{-1} cm^{-1}$を用いる.すべての物質は,$\sigma$に応じて絶縁体または導電体に分類される.そのうち導電体はさらに,半導体,金属的導電体,超伝導体に分けられる.代表的な物質の電気伝導率を図3・1に示す.

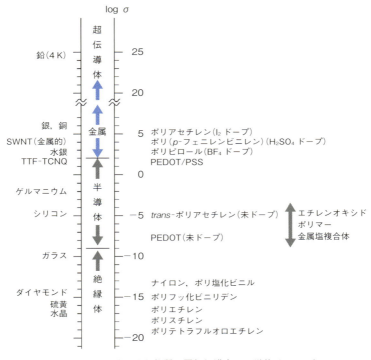

図3・1 いろいろな物質の電気伝導率 σ 単位は $S\,cm^{-1}$

3・3 絶縁材料
3・3・1 一般的な絶縁材料

ある物質が電気伝導性を示すということは,微視的に見れば,イオン,電子,正孔(ホール)といった電荷の**キャリヤ**(carrier:運搬するもの)が電場に沿ってその物質内を移動することである.ほとんどの有機化合物はキャリヤをもっておらず,そのため**絶縁体**(insulator)として振舞う.

電気・電子機器に用いられている有機材料のほとんどは,有機化合物が絶縁体で

あることを利用したものである．このことは，身のまわりの家電製品が，筐体をは
じめプラグやコードなどいずれも高分子材料で覆われていることからもわかるだろ
う．コンセントやコードは単なる電気の通路であって，電気伝導性の高い金属が使
用されるので電力消費はほとんどなく，したがって発熱量も小さい．このような用
途の絶縁材料には，汎用高分子が使われる．コンセントは構造体としての役目もあ
るため，寸法精度にすぐれた熱硬化性樹脂であるフェノール樹脂や尿素樹脂を，
コードでは逆に柔軟性が必要なので，熱可塑性樹脂であるポリ塩化ビニルやポリエ
チレンを用いる．

フェノール樹脂　　　　　　　　　尿素樹脂

　これらに対して，電気エネルギーと他のエネルギーとの相互変換を行う電気機器
や発電機では，その変換効率は 100 ％ではないので必ず熱が発生する．有機（高分
子）絶縁材料は一般に，高温になるほど耐えうる最大電圧が低下する．これは，高
温時には材料の機械的強度が低下するとともに，空気中の酸素や紫外線などによる
分解反応を受けやすくなることなどに起因している．このため，エネルギー変換機
器に用いる絶縁材料は耐熱性，耐酸化性，耐光性といった性質を備えている必要が
ある．以下に，耐熱性絶縁材料をはじめとした機能性絶縁材料をいくつか紹介する．

3・3・2　機 能 性 絶 縁 材 料
a. 耐 熱 性 絶 縁 材 料
　電車用モーター　　電気エネルギーを力学的エネルギーに変換する代表的な機器
としてモーターがあげられる．モーターを構成する絶縁材料には，回転子のコイル
用巻線の被覆材料と，回転子や固定子の対地絶縁用材料とがある．巻線にはポリウ
レタンやポリエステルなどを揮発性溶剤に溶かした塗料を銅線に焼き付けたエナメ
ル線を用いる．対地絶縁には，ポリイミドフィルムやアラミド紙が用いられる．

電車用モーターは，収容スペースの制限から，小型化，もしくは同一重量での出力の向上が求められ，結果として発熱量が大きくなる．新幹線に用いられるモーターでは180℃以上の耐熱温度が要求され，巻線の絶縁材にはポリイミドが，対地絶縁には有機-無機ハイブリッド材料であるポリイミドマイカ（マイカ：雲母）がそれぞれ使われる．

電子材料　電子回路は，作製時および動作時において高温にさらされる．図3・2に示したような素子や基板の材料は，まず回路作製時のはんだ付けのプロセスにおける200℃〜260℃で数秒〜数十秒という条件に耐えなければならない．また，集積回路は，使用時には長時間にわたって150〜200℃にもなる．そのような厳しい条件で絶縁体として用いられているのは，主として熱硬化性のエポキシ系樹脂である．

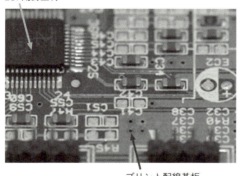
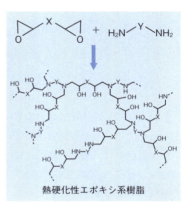

図3・2　電子回路に用いられる絶縁材料

大規模集積回路（LSI）用封止材は素子全体を包んで微細な集積回路を外界と隔てるための材料である（図3・2）．一般に高分子材料はシリコンチップよりも熱膨張率が大きく，そのままでは使用を繰返すうちに樹脂のはく離や破壊が生じてしまう．これを防ぐために，樹脂にかなりの量の球状粉末シリカを添加したうえで用いる．樹脂材料としては，初期にはノボラック（フェノール樹脂の一種）-エポキシ系のものが用いられた．しかし現在では，耐熱性への要求がさらに高まり，ノボラックをビフェニルやナフタレン骨格をもつ他の化合物に替えたり，架橋度を増すなどの工夫がなされている．　コンピューターなどの電子回路用の基板の材料には，寸法安

定性の高いガラス-エポキシないしはガラス-ポリイミドなどの有機-無機ハイブリッド材料が用いられている．また，最近では信号の高速化に関連して材料の低誘電率化が求められるようになってきており（次項参照），その目的でポリフェニレンオキシド製のものも開発されている．

耐熱性高分子の分子設計

　熱可塑性高分子における耐熱性の指標は，**ガラス転移温度**（glass transition temperature）T_g(K) である．T_g とは高分子固体を加熱した際に非晶性部分の分子運動が活発になり，ガラス状からゴム状へと変化する温度のことである．結晶性をもつ高分子では融点 T_m(K) が存在して，T_g との間に以下のような関係がある．

$$T_g \approx \frac{2}{3} T_m \qquad (3 \cdot 1)$$

　すなわち，T_m が大きい高分子は，T_g も大きい．T_m は結晶部分が融解する温度であって，

$$T_m = \frac{\Delta H_m}{\Delta S_m} \qquad (3 \cdot 2)$$

と表される．ここで ΔH_m（kJ mol^{-1}），ΔS_m（J K^{-1} mol^{-1}）はそれぞれ融解のエンタルピー，融解のエントロピーであり，前者は分子間力，後者は分子の屈曲性や対称性で決まる．

　ΔH_m を大きくするか，あるいは ΔS_m を小さくすることにより，T_m を大きくすることができる．ΔH_m を大きくするには，分子間に水素結合などの相互作用を取入れる設計が有効である．一方，ΔS_m を小さくするには，主鎖中に p-置換フェニレン基や二重結合といった剛直な構造を導入するのが効果的である．この分子設計の指針は，非晶性高分子の耐熱性を高める目的にも有効である．代表的な高分子の熱物性を表3・1に示した．

　耐熱性高分子材料を得るための別のアプローチとして，エポキシ系樹脂に代表される熱硬化性樹脂（架橋高分子）を用いるものがある．熱硬化性樹脂は，初期状態では液状であるため，含浸により担体に吸収させるなどの方法が適用でき，加工性が良いという特長がある．

3. 電気・電子機能材料

表 3・1 高分子の熱物性と誘電率

ポリマー	構造式	T_g/℃	DTUL/℃	CST/℃	T_m/℃	ε_r/F m
ポリエチレン（PE）	$-(CH_2CH_2)_n-$		43〜54		120〜140	2.3
ポリビニルホルマール	（環状構造式）		66〜77			3.4
ポリ塩化ビニル（PVC）	$-(CH_2CHCl)_n-$	79	89		約170	2.9
ポリスチレン（PS）	$-(CH_2CH)_n-$（フェニル基）	100	105	77		2.6
ポリエチレンテレフタレート（PET）	$-(OCH_2CH_2OCO-\!\!\!\!-CO)_n-$	69〜81			260	3.0
ポリテトラフルオロエチレン（PTFE）	$-(CF_2CF_2)_n-$	20	121	260	327	2.1
ポリフッ化ビニリデン（PVDF）	$-(CH_2CF_2)_n-$		145		160〜185	7.7
ポリオキシメチレン（POM）	$-(CH_2O)_n-$	174	110〜124	80	182	3.7
ポリフェニレンスルフィド（PPS）	（フェニレン-S 構造式）	85	138, 260[*1]	200〜240[*1]	285	3.8[*1]
ポリカーボネート（PC）	$-(O-\!\!\!\!-OCO)_n-$	150	135		220	2.8

T_g：ガラス転移温度，DTUL：荷重たわみ温度（deflection temperature under load）（試験片が一定の曲げ荷重（通常 18.6 kgf cm^{-2}）のもと，一定の距離だけたわむ温度），CST：連続使用可能温度（continuous service temperature），T_m：融点，ε_r：比誘電率（1 MHz）.

[*1] グラスファイバーで強化したものの物性値

表 3・1 （つづき）

ポリマー	構造式	$\dfrac{T_g}{℃}$	$\dfrac{\text{DTUL}}{℃}$	$\dfrac{\text{CST}}{℃}$	$\dfrac{T_m}{℃}$	$\dfrac{\varepsilon_r}{\text{F m}}$
ポリエーテルエーテルケトン（PEEK）	（構造式）	140	155	260	343	3.3
ポリフェニレンオキシド（PPO）	（構造式）	220	172			2.6
ポリエーテルスルホン（PES）	（構造式）	225	200〜220	180〜190	330[*2]	3.5
アラミド	（構造式）	250	260		430	4.5
液晶ポリアリレート[*3]		360	240〜346		421	3.6〜4.0
ポリイミド（PI）	（構造式）	417	360	220〜240		3.5
ポリベンズイミダゾール（PBI）	（構造式）	399	427	316		4.2

[*2] 溶融成形可能温度

[*3] （構造式）

b. 低誘電率絶縁材料

IT 関連の用途で低誘電率の絶縁材料の需要が年々高まってきている.

通信ケーブル用被覆材　ローカルエリアネットワーク（LAN）における有線通信の速度は, 普及しはじめの 1990 年代には数 Mbps（＝megabit per second）であったが, 現在では 10 Gbps まで上昇している. そのような高速通信には, 単位時間当たりの情報量の多い高周波数の電磁波が用いられる.

信号の伝播速度は材料の比誘電率の平方根に反比例する. また, 通信における信号の減衰のうち, 絶縁材料に由来する部分は, 誘電率の平方根, 誘電正接（3・4・2

節参照),それに周波数の積に比例するので,高周波数になればなるほど,他の項を小さくする必要がある.このように,通信速度と信号減衰のいずれの見地からも低誘電率化が求められる.

有機材料の誘電性は分子のもつ電荷や双極子に起因している.有機化合物の多くは電荷をもたないが,分子構造に応じた誘起/永久双極子をもつ.低誘電率にするためには,以下の分子設計が有効である.

① 分極率の低い原子や原子団を導入して誘起双極子を小さくする
② 近傍の永久双極子が互いに打ち消し合う対称性の高い分子構造とする

このような条件を満たす材料の代表であるポリテトラフルオロエチレン(PTFE)が高速通信ケーブルに用いられている.また,難燃性が要求されない場所であればポリエチレンも使われる.

層間絶縁膜　大規模集積回路(LSI)の開発は回路の高集積化と高速化を目的として行われる.トランジスタの集積度が上昇すると配線も微細化し,その量も増大するため,多層配線が用いられる(図3・3).以前は,LSIの動作速度はもっぱらトランジスタ部分によって決まっていたが,現在では,配線遅延とよばれる信号の遅れが回路全体の速度を支配するようになった.

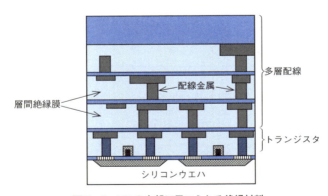

図3・3　LSIの内部に用いられる絶縁材料

配線遅延の度合いを表す遅延時間 τ (s) は,配線抵抗 R (Ω) と隣接配線間容量 C (F) の積に比例する.細線化によって配線抵抗が増大するとともに,配線間容量もまた増大するため,τ が大きくなる.R に関する部分は導電材料である金属の改善に委ねられるが,C は絶縁材料によって決まる.

$$C = \frac{\varepsilon S}{d} \qquad (3 \cdot 3)$$

ここで，ε は誘電率（F/m），S は電極面積（m^2），d は電極間距離（m）であるため，C を小さくする目的には低誘電率材料が必要となる．この目的に用いられるものを特に **low-k 材料** という．代表的な物質の比誘電率（$\varepsilon_r = \varepsilon/\varepsilon_0$，ただし ε_0：真空の誘電率）を表 3・1 に示した．

図 3・3 中の層間絶縁膜には当初，二酸化ケイ素（比誘電率 4.0）が用いられていたが，低誘電率化の要請を受けてこれを高分子材料で置き換えることが検討されてきた．高分子材料は，低誘電率化の分子設計に関する指針が比較的明確であり，また，溶液を塗布するだけで平滑な膜が得られるという長所もある．しかしながら low-k 材料には，以下のような厳しい要請がある．

① 集積回路の製造時および使用時の高温に耐える
② 他の材料との密着性がよく，かつそれらとほぼ同程度の低い熱膨張率をもつ
③ 低吸湿性である

これらをすべて満たす高分子材料の開発は容易ではない．代表的な耐熱性高分子であるポリイミドやポリアリーレンエーテルを用いるほか，炭化水素オリゴマーを成膜後に熱反応させて架橋性高分子とする方法も提案されている．また，空気の誘電率が 1 であることに着目した多孔性膜を用いる研究も進められている．

3・4 誘電材料

3・4・1 物質の誘電性

絶縁体に外部から電場 $E(\mathrm{V\,m^{-1}})$ をかけると，それに応じて物質内部に分極 $P(\mathrm{C\,m^{-2}})$ が発生するため，その物質は電気分極の形でエネルギーを蓄積する．これを **誘電分極**（dielectric polarization）といい，誘電分極を起こす性質を **誘電性** という．誘電現象の一般式は，

$$D = \varepsilon_0 E + P \qquad (3 \cdot 4)$$

と表される．ここで，$\varepsilon_0(\mathrm{F\,m^{-1}})$ は真空中の誘電率を示し，この式で定義された $D(\mathrm{C\,m^{-2}})$ は電気変位とよばれる．一般に P は E に比例する量なので，上式は改めて，

$$D = \varepsilon E \qquad (3 \cdot 5)$$

と書くこともできる．絶縁材料のうちで，その誘電性を利用するものを **誘電材料**（dielectric material）とよぶ．

エレクトレット

　絶縁体は電気を通さないために、いったん帯電が起こると電荷はその物質上に保持される。この性質を利用した材料がエレクトレットである。**エレクトレット**（electret）とは、両端に異符号の電荷が蓄積した絶縁材料のことを指す。

　エレクトレットは、高分子膜へのコロナ荷電などによって作製される。ポリテトラフルオロエチレンなどのエレクトレット膜と平板状の対向電極を、一定の距離を隔てて向かい合わせに置き、この膜を音波によって振動させると、その動きに応じて電極電位に変化が生じ、音声信号と電気信号の相互変換が可能となる。この点に着目したのがエレクトレットマイクロホンであり（図3・4）、この原理を逆に用いれば、スピーカーとなる。

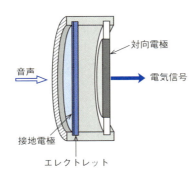

図3・4　エレクトレットマイクロホン

　エレクトレット膜を細く切ってから編み上げると、除塵フィルターができる。フィルター内部では正負に帯電した繊維が複雑に絡み合っており、局所的な電界が存在する。そこでは、電荷をもつ微粒子はもちろん、無荷電の極性微粒子でも、電界勾配に沿って移動することで捕集される。

3・4・2　誘電分極とその利用

　誘電分極は、メカニズムによって電子分極、イオン分極、配向分極の3種類に大別される。電子分極とは、電場による電子雲の歪みによって生じるものであり、イオン分極は、正負イオンの逆向きの変位で引き起こされる分極である。また、配向分極とは分子中の永久双極子が電場の向きへと回転運動を起こすことによる分極のことをいう。

3・4 誘電材料

これらのうち,電子分極とイオン分極は外部電場への追随が十分に速く,それぞれ 10^{15} および 10^{12} Hz 程度の周波数の電場に対して共鳴型の応答をする.それに対して,配向分極は双極子の回転に対する粘性抵抗のためにマイクロ波領域(10^6 Hz)以下の周波数で緩和型の応答を示す.周波数に対する誘電率の依存性を図3・5に示す.

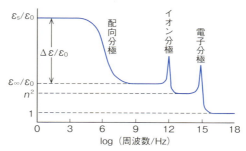

図 3・5 誘電率の周波数依存性 n は屈折率

配向分極が存在するために,分極 P は電場 E に対して時間的遅れを伴って変化する.これを**誘電緩和**(dielectric relaxation)という.誘電緩和は次式で表される.

$$\tau \frac{dP}{dt} + P = \Delta\varepsilon E \tag{3・6}$$

緩和時間 τ (s) は電場を切ったときに分極が $1/e$(e は自然対数の底)になるまでの時間であり,分極の時間変化に対する粘性抵抗を表している.また,緩和強度 $\Delta\varepsilon$ は配向分極に起因する誘電率を表す.周波数 ω (s^{-1}) の正弦波電場を印加した場合,誘電率はデバイ関数

$$\varepsilon^*(\omega) = \varepsilon_\infty + \frac{\Delta\varepsilon}{1 + i\omega\tau} \tag{3・7}$$

で表される.ここで,ε_∞ は瞬間誘電率とよばれる高周波極限の誘電率である(図3・5参照).上記の $\Delta\varepsilon$ は平衡誘電率 ε_s と瞬間誘電率の差ということもできる.(3・7)式は次のように書き換えることができる.

$$\varepsilon = \varepsilon' - i\varepsilon'' \tag{3・8}$$

$$\varepsilon' = \varepsilon_\infty + \frac{\Delta\varepsilon}{1 + \omega^2\tau^2} \tag{3・9}$$

$$\varepsilon'' = \frac{\omega\tau\Delta\varepsilon}{1 + \omega^2\tau^2} \tag{3・10}$$

実部 ε', 虚部 ε'' はそれぞれ, 誘電体に貯えられる電気エネルギー, 熱として失われるエネルギーを表しており, 貯蔵誘電率, 損失誘電率とよばれる. 絶縁材料の項で述べた**誘電正接** (dielectric loss tangent) とは $\varepsilon''/\varepsilon'$ のことを指し, 電気エネルギーの損失の度合いを表すものであって, $\tan\delta$ と表記されることもある.

配向分極による電気エネルギーの損失に伴う発熱を積極的に利用した誘電加熱は, 内部から加熱するために温度上昇が速く, ほぼ一様に加熱ができて, また熱源との接触で表面を損なうこともないなどの特長をもつ. 木材や繊維, 穀物その他の高周波乾燥, 高分子膜の溶接, 熱硬化性プラスチックの成形加工などに応用される.

なお, 上で述べた周期的な外部刺激への応答の遅れによるエネルギー損失の議論は, 電気と電気変位のほかに応力と歪みについても成立し, 応力と歪みの比である弾性率 G^* について, 貯蔵弾性率 G', 損失弾性率 G'', ならびに力学的損失正接 $\tan\delta = G''/G'$ などが同様に定義される (5・3・2b 参照).

3・4・3 誘電性を利用した材料

誘電材料の代表的なものとして, 電気エネルギーを貯蔵する性質をそのまま利用するプラスチックフィルムコンデンサがあげられる. さらに, 電場による分子配向の変化を利用する液晶表示材料も広い意味での誘電材料といえる.

a. プラスチックフィルムコンデンサ

金属を蒸着した高分子膜を積層してつくられる. 他の素材のコンデンサと比較して, 漏れ電流が少ない, 誘電正接が小さい, 自己回復性 (電極が局所的に短絡した場合にその部分にエネルギーが集中して金属蒸着膜を破壊し, 絶縁を回復させる性質) があるなどの特長をもつ. ポリエステル (マイラー), ポリプロピレン, ポリカーボネート, ポリスチレン, ポリフェニレンスルフィドなどが使われる.

b. 液晶表示材料

液晶 (liquid crystal) とは, 結晶と液体の中間の秩序をもった状態 (中間相), もしくは中間相をとりうる化合物をいう. 液晶には純物質から温度変化により中間相が出現するサーモトロピック液晶と高濃度溶液中で溶質分子が集合体を形成してできるリオトロピック液晶 (4・2・2節参照) の2種類がある. 単に液晶といえばサーモトロピック液晶のことを指す場合が多く, 以下の説明ではそれに従う. 液晶は一般に, ビフェニルなど比較的硬い構造をもったコア部と柔軟なアルキル鎖から構成された細長い形状の分子であり, 全体の双極子モーメントを支配する$-CN$, $-F$, $-C(=O)O-$などの極性基をもつものが多い. 液晶分子の例を図3・6に示す. 中

3・4 誘 電 材 料　　　71

電気二重層キャパシタ

蓄電の役目をもつコンデンサは電池の一種とみなせるが，ポリマーフィルム上に蓄えられる電荷はごくわずかであり，実際にはこれを電池として使用することはできない．これに対して，電解質と電極との間の電荷分離に由来する電気二重層は，電極に多孔質のものを用いれば大容量化できる．これを**電気二重層キャパシタ**（electric double-layer capacitor, EDLC）とよぶ．EDLC は電極反応を伴わないため充放電が速いという特性があり，電子機器のバックアップ電源や自動車のエネルギー回生システムに用いられている．EDLC には，架橋高分子中にアルキルアンモニウム塩やイオン液体（3・5・2 節参照）などの電解質を分散させてできるゲル電解質を用いたものもあり，これは，溶液電解質のものと比べて容量が大きいという特徴をもつ．

間相は結晶中の分子が配向を保ったまま位置の秩序を失ったような状態であり（図3・7），外見上は白濁した液体であるが，偏光顕微鏡で観察すると独特の光学組織（テクスチャー）を示す．中間相には，層構造をもっている“スメクチック相”と位置の秩序を完全に失った“ネマチック相（N）”がある．スメクチック相はさらに，液晶分子の長軸と相平面の法線が平行なスメクチック A（S_A）相，長軸が法線から傾いたスメクチック C（S_C）相などに分けられる．

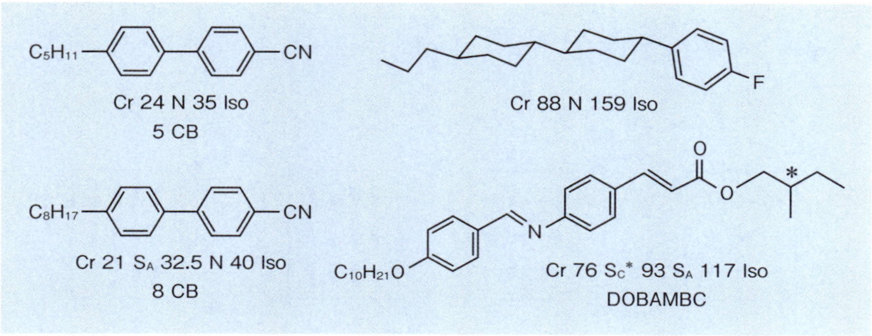

図3・6　**サーモトロピック液晶分子の例**　S_C^*：キラルスメクチック C 相
Cr，Iso については図3・7参照．

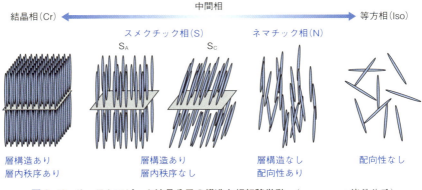

図3・7 サーモトロピック液晶分子の構造と相転移挙動 （▬▬▬：液晶分子）

液晶ディスプレイ（liquid crystal display, LCD）は，液晶分子の配向分極を動作原理とする表示素子であり，直流電場を印加すると双極子モーメントが電場の方向に添うように液晶分子が向きを変える（コラム参照）．

3・4・4 強誘電材料

ある種の材料では，外部電場がない状態でも双極子の配向秩序が存在し，巨視的な分極が観察される．これを**自発分極**（spontaneous polarization）という．自発分極を示す材料のうち，分極と反対向きにある程度強い電場をかけたときに，分極の向きが反転するようなものを**強誘電体**（ferroelectrics），そのような性質を**強誘電性**（ferroelectricity）という（図3・8）．さらに，外部電場を除いた後でも保持されている分極を"残留分極"という（図3・11参照）．

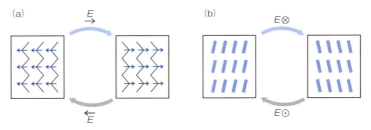

図3・8 強誘電材料の分極反転 (a) 高分子強誘電材料，(b) 液晶の S_C^* 相．E は電場の方向で，⊗は紙面手前から向こう，⊙はその逆の方向を表す．

液晶ディスプレイの動作原理

　液晶ディスプレイ（LCD）は現在，パソコンのモニターやテレビなどに使われる薄型ディスプレイの主流となっている．図 3・9 には TN 型とよばれる最もシンプルな液晶ディスプレイの画素の構造を示した．互いに直交した方向をもつ配向膜を貼付けた透明電極で液晶分子をはさみ，さらにその外側をそれぞれの配向膜と同じ方向性をもつ偏光フィルターで覆ったものである．棒状の構造をもつ液晶分子には配向膜で規定された方向を向いて並ぶ性質がある．配向膜の方向を上下で 90°ねじると，それに従って液晶も 90°ねじれて並ぶ．

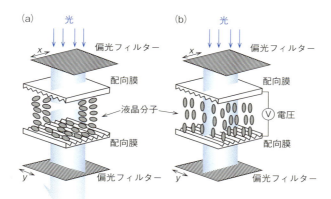

図 3・9　TN 型液晶ディスプレイの動作原理
　(a) 電場のないとき，(b) 電場が加えられたとき

　光（電磁波）は横波であり，進行方向に垂直な面内で振動している．光源から出た光はいろいろな振動面をもった電磁波の集まりであるが，それが偏光フィルターを通ると，特定の振動面（図の x 方向）をもった光のみが透過する．この直線偏光が 90°ねじれた液晶の中を通ると，その振動面も 90°ねじれる．その後，下側にある y 方向の偏光を通過させる偏光フィルターを経て，観察者である私たちの目に認識される．

　ここで電場をかけると，液晶分子が長軸を電極の法線方向に向けて配向する．そうなると上部の偏光フィルターを通ってきた光の振動面は回転せず，下部の偏光フィルターを通過できない．このため，私たちには黒く認識される．

　フルカラーの LCD は，この動作原理に立脚し，発色法や駆動法などの数多くの要素技術を巧みに組合わせてつくられている．

強誘電性を示す有機化合物として，低分子では液晶化合物である DOBAMBC（図 3・6 参照）の S_C^* 相などが，高分子ではポリフッ化ビニリデン（PVDF）の β 型結晶（図 3・10a）やフッ化ビニリデン/トリフルオロエチレン共重合体（VDF/TrFE）などが知られている．

ポリフッ化ビニリデン（PVDF）は結晶部分と非晶部分を併せもつ半結晶性高分子である．この材料が分極をもつためには，結晶部分を構成する分子鎖が分子内および分子間で互いに打ち消すことなく双極子の方向をそろえていること，そして，結晶間でも分極の方向がそろっていることが必要である．合成直後の PVDF は結晶軸のランダムな配向のために巨視的な分極をもたない．また，溶融結晶化によって得られるものは α 型の結晶（図 3・10b 参照）であり，隣接カラム間で双極子が逆方向を向いていて互いに打ち消し合うため，やはり巨視的な分極はない（反強誘電性）．β 型の PVDF 結晶は，α 型結晶フィルムを一軸延伸するか，融点以下の高温で高電場を印加し，そのまま温度を徐々に下げていく**ポーリング**（poling）という処理をすることによってはじめて得られる．β 型結晶状態では，PVDF はトランス-ジグザグ型の主鎖が CF_2 部分のつくる大きな双極子モーメントの方向を平行にして並んでいる．

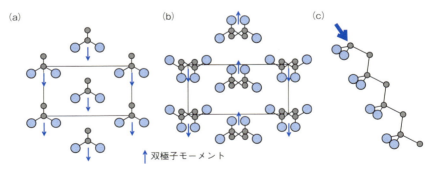

図 3・10 ポリフッ化ビニリデンの結晶格子 （a）β 型結晶，（b）α 型結晶，（c）β 型結晶中での PVDF の分子鎖のコンホメーション．簡単のため水素は省略してある．（a）の図は，（c）の分子を矢印の方向から見たもの．

強誘電体について，外部電場に対する分極の変化を測定すると図 3・11 のようなヒステリシス曲線が得られる．この材料は，外部電場の向きで分極の方向が制御できるという性質と，電場を除いても分極が残るというメモリー性を兼ね備えており，

表示材料や薄膜メモリー材料としての応用が検討されている．

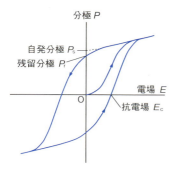

図 3・11 強誘電性材料における P-E ヒステリシス 自発分極と残留分極については 3・4・4 節参照．抗電場とは分極の反転が起こる電場の強さのことである．

3・4・5 圧電および焦電材料

誘電材料の分極の変化は，材料によっては電場のみでなく応力や熱（温度変化）といった物理的刺激でも誘起される．これを誘電結合効果といい，圧電性と焦電性の 2 種類がある．

a. 圧 電 性

医療の現場において，体の外からなぞるだけで内臓や胎児の状態がわかる超音波診断法がある．これは，外から体内に向けて発した超音波の反射（エコー）を捕えるものである．この診断装置で超音波を発したり，捕えたりする探触子に圧電性高分子材料が用いられる（図 3・13 参照）．

圧電性（piezoelectricity）とは，固体に力や歪みを加えるとそれに比例した分極が現れ，逆に電場を与えると応力や歪みが生じる性質をいう．**圧電材料**（piezoelectric material）は，その性質を利用して，力学的エネルギーと電気エネルギーの相互変換を行う材料である．圧電性高分子材料は，分子内や分子間で双極子モーメントの方向がそろっていることに起因する巨視的な分極をもっており，それが外力に連動して変化することで電位差を生じる（図 3・12）．

圧電性を表す物理定数には，物質に電圧をかけたときに誘起する歪みを表す**圧電 d 定数**（単位 C N^{-1}），物質に応力を加えたときに誘起する電圧を表す**圧電 g 定数**（単位 V m N^{-1}）などがある．圧電性高分子材料の d 定数は無機材料と比べて小さいが，g 定数は大きい（表 3・2）．すなわち，圧電性高分子材料は小さな変位を大きな電圧変化として取出すことができるため，センサー材料としてすぐれている．また，一般に高分子材料の音響インピーダンス（媒質中の音速とその媒質の密度の積）

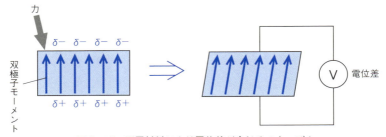

図 3・12 圧電材料により電位差が生じるメカニズム

表 3・2 圧電・焦電材料の物理定数

	β-PVDF $-(CH_2CF_2)_n-$	VDF/TrFE (75/25)*1	TGS*2	PZT-4 PbZr$_x$Ti$_y$O$_3$	BaTiO$_3$
密度 (g cm^{-3})	1.78	1.88	1.69	7.6	5.7
比誘電率 $\varepsilon_r = \varepsilon/\varepsilon_0$	8	10	38	1200	1700
誘電損失 tan δ	0.25	0.14		0.004	0.005
圧電 d 定数 (pC N^{-1})	20	10		180	190
圧電 g 定数 (V m N^{-1})	180	110		10	5
弾性率 (GPa)	11.3	9.1		81	110
音響インピーダンス (10^6 kg m^{-2} s^{-1})	4.02	4.51		34	14
定積比熱 C_V (J cm^{-3} K^{-1})	2.4	3.8	2.4	3.0	
焦電率 p (μC m^{-2} K^{-1})	40	20	400	370	200
最高使用温度 (℃)	120	90	49	328	120

*1 $-(CH_2CF_2)_{0.75x}-(CHFCF_2)_{0.25x}-$
*2 グリシンの 1/3 硫酸塩

は水の固有音響インピーダンス 1.53×10^6 kg m^{-2} s^{-1} に近い。このことは、これらの材料と水の接触面における音波の伝播の損失が少ないことを意味する。生体は多量の水分を含んでいるため、高分子材料と生体試料との間でも同様のことがいえる。図 3・13 に示すような超音波診断装置の素子として圧電性高分子材料が用いられるのは、これらの理由による。

圧電性高分子材料は、上記のほかにも、無機材料と比較して軽量、薄膜化や大面積化が容易、屈曲性があって衝撃に強いなどの長所をもつ。センサーとしては血圧計、脈拍計、マイクロホン、加速度センサー、衝撃センサー、地震計、タッチセンサーなどに用いられる。逆に電気エネルギーを力学エネルギーに変えるアクチュ

3・4 誘電材料

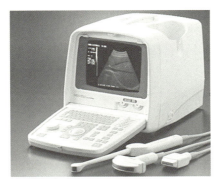

図 3・13 **超音波診断装置** 探触子の先端部分に圧電材料が用いられている．写真は本多電子株式会社提供

エータ（5 章コラム参照）としての用途には，補聴器，高音用スピーカーなどがある．

大きな圧電性を示す高分子材料には，強誘電体の項で述べた β 型 PVDF，VDF/TrFE のほか，シアン化ビニリデン/酢酸ビニル共重合体（VDCN/VAc）がある．これらの構造に共通するのは，次の 2 点である．

① 電気陰性度の大きなフッ素原子や強い電子求引基であるシアノ基などによって，分子鎖に垂直な方向に大きな永久双極子モーメントをもつ
② その双極子モーメントが互いに打ち消し合うことのないように高分子鎖が配向した状態をとることができ，その状態を安定に保てる

PVDF と VDF/TrFE は，半結晶性高分子の結晶部分の双極子モーメントをポーリングによってそろえたものである．一方，VDCN/VAc は非晶質ながらも強誘電性であり，T_g が高いので高温下で外部電場によって引き起こされた配向分極を室温で保持することができるという性質を利用したものである．

b. 焦 電 性

手洗い場で手を水道の蛇口にかざすだけで自動的に水が出てきたり，夜間に家の前を通りかかると自動的に門灯がついたりするのは誰しも経験があるだろう．これらは，ヒトの出している熱（赤外線）を検知してスイッチをいれる赤外線センサーによって稼動している．赤外線センサーにはいろいろなタイプがあるが，そのなかには焦電性材料が使われているものもある．

焦電性（pyroelectricity）とは，熱エネルギーと電気エネルギーの相互変換を行う

性質をいう．自発分極をもつ化合物を加熱すると，構成原子の平衡位置がずれて分極が変化する（図3・14）．この変化を電圧として取出すのが**焦電材料**（pyroelectric material）である．出力電圧 V(V) は，

$$V = \frac{pW}{C_V \varepsilon A} \tag{3・11}$$

で表される．ここで，p($C\,m^{-2}\,K^{-1}$) は**焦電率**とよばれ，温度変化に対する分極の大きさの変化の度合いを表す．W(J) は吸収した赤外線のエネルギー，C_V($J\,K^{-1}\,m^{-3}$) は定積比熱，ε($F\,m^{-1}$) は誘電率，A(m^2) は電極面積である．$p/(C_V\varepsilon)$ を焦電材料の性能指数といい，この値が大きいほど効果的に熱エネルギーを電気エネルギーに変換できる．

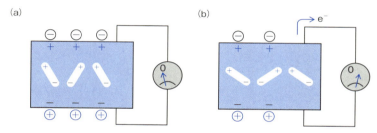

図 3・14　**焦電性の原理**　(a) 熱を加える前には自発分極は空気中の浮遊電荷で打ち消され，材料は電気的に中性となっている．(b) 熱を加えると，結晶中の分子が向きを変えるため自発分極が変化して電位差が生じる．

α-アミノ酸のなかで最も単純な構造をもつグリシン NH_2CH_2COOH の 1/3 硫酸塩（略称 TGS）の単結晶は顕著な焦電性を示し（表3・2），赤外線センサーに用いられている．セキュリティーや省エネルギーを志向した人感センサー以外に，火災検知器などにも用途がある．前項までで述べた PVDF ならびに VDF/TrFE は焦電性を示す材料でもある．高分子材料は大面積化が容易であることから，大口径パルスレーザー用のカロリメーターに用いられる．なお，高分子材料の焦電性は，無機材料や単結晶とは異なり，材料が熱膨張することで生じる圧電分極が主要因である．

3・4・6　固体構造の対称性と誘電結合効果

ある固体が誘電結合効果を示すかどうかは，その構造の対称性によって決まる．誘電体には次式の関係がある．これによると，強誘電性材料は必ず圧電性と焦電性

を示すことがわかる.

> すべての誘電体 ⊃ 圧電体（対称心がない）⊃ 焦電体（自発分極がある）
> ⊃ 強誘電体（分極反転が可能）

3・5 導 電 材 料

導電材料（conductive material）とは電気を通す材料のことであるが，その電気伝導率についての明確な定義はない．おおむね，半導体の最低値である $10^{-9}\,\mathrm{S\,cm^{-1}}$ 以上の電気伝導率を示す材料と考えればよい.

電気伝導率 σ とキャリヤの性質に関して，以下の式がある.

$$\sigma = ne\mu \tag{3・12}$$

$$\mu = \frac{e\tau}{m^*} \tag{3・13}$$

キャリヤに関する物性値 n, e, μ, τ, m^* はそれぞれ，密度（$\mathrm{cm^{-3}}$），電荷の絶対値（C），移動度（$\mathrm{cm^2\,V^{-1}\,s^{-1}}$），緩和時間（s），有効質量（g）を表す.

有機導電材料は，キャリヤの種類に応じて電子伝導性材料とイオン伝導性材料に大別される.

3・5・1 電子伝導性材料

電子ないしは正孔がキャリヤとなるのが**電子伝導性材料**（electron-conducting material）である．(3・13)式によると，有効質量が小さい電子には高いキャリヤ移動度，つまり高い導電性が期待できる.

絶縁材料の項で述べたように，ほとんどの有機化合物は絶縁体であって，電子伝導性を示す化合物は例外的である．そのような性質を示すためには，少なくとも一次元的に連なった π 電子系をもっていることが必要である．π 電子系の連なり方には二つの様式がある．一つは，ポリアセチレンなどの π 共役系高分子に見られる横への連なりであり，もう一つは電荷移動錯体のテトラシアノキノジメタン（TCNQ）-テトラチアフルバレン（TTF）結晶などで見られる縦への連なりである（コラム参照）．前者の π 共役系高分子は，主として分子鎖に沿って電子伝導が起こるため固体状態での構造に制限はない．しかし，後者は低分子化合物の分子間での軌道の重なりに依存するので，電子移動が可能な配列をした結晶形をとる必要があり，その制御は容易ではない．このため，材料としてはもっぱら π 共役系導電性高分子が用いられる.

電 荷 移 動 錯 体

電子を放出するドナー(D)分子（例：TTF）と電子を受取るアクセプター(A)分子（例：TCNQ）の間の電荷移動相互作用により生じる錯体を**電荷移動錯体**（charge transfer complex, CT 錯体）という．TTF-TCNQ 錯体結晶は，広い温度範囲で金属的電気伝導性を示す（電気伝導率は室温で $5\times10^2\,\mathrm{S\,cm^{-1}}$，59 K では $1\times10^4\,\mathrm{S\,cm^{-1}}$）．

この錯体の結晶構造は，D 分子と A 分子が交互に重なり合っているのではなくて，D 分子だけが重なり合った列と A 分子だけの列とが隣接して存在するという特徴をもっており，そのような構造が電気伝導性を示すのに必要であることが知られている（図 3・15）．CT 錯体結晶の電気伝導性は金属様であって温度を下げると増大していくが，冷却を続けるとある温度で急に減少に転じる．これは，その温度を境にして，結晶中で一次元的に重なり合っていた D ないしは A の列内で，2 分子ずつがペアをつくるような再配列が起こるためである．これを**パイエルス転移**（Peierls transition）という．この現象は，対称性の低下によって系が安定化するという点で遷移金属錯体などにおける Jahn-Teller 効果に似ている．

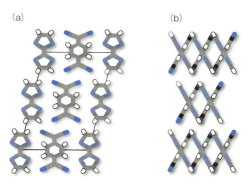

図 3・15　TTF-TCNQ 錯体の結晶構造　(a) b 軸方向から見たもの，(b) c 軸方向から見たもの

3·5 導電材料

π共役系導電性高分子

　ポリアセチレン（PA）に代表される，長く連なったπ電子系をもつ高分子である．ポリアニリン（PAn）のように，π電子系と共役可能な非共有電子対が含まれるものもある．表3・3に導電性高分子の例を示す．π共役系高分子単独の電気伝導性はきわめて低く，**ドーピング**（doping）とよばれる操作でキャリヤとなる電子あるいはホール（正孔）を生成させることにより，はじめて高い電気伝導性を示すようになる．ドーピングには，"ドーパント"とよばれる外来物質との間で電子の授受を行う方法のほか，電気化学的に酸化ないしは還元を行う方法もある．π共役系高分子は電子が豊富であるため，ほとんどの場合電子受容体によるドーピングが行われる．PAの構造式は，単結合と二重結合の結合交替で描かれる（図3・16a）．もしもこれらの結合がベンゼン様の共鳴構造をとるのであれば，各々の炭素上に1個のπ電子が存在するために連続的なバンド構造が形成され，金属的電気伝導性が期待される

表3・3　導電性高分子

高分子	構　造	ドーパント	電気伝導率 / $\mathrm{S\,cm^{-1}}$
ポリアセチレン（PA）		I_2	$1\sim4\times10^4$
ポリパラフェニレン（PPP）		AsF_5	100
ポリフェニレンビニレン（PPV）		AsF_5	2800
ポリピロール（PPy）		ClO_4^-	1000
ポリチオフェン（PT）		ClO_4^-	100
ポリアニリン（PAn）	*	HCl	5
PEDOT：PSS		ポリスチレンスルホン酸	$0.2\sim1$

82   3. 電気・電子機能材料

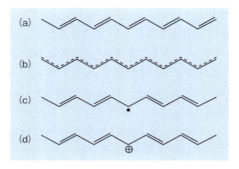

図3・16 ポリアセチレンの電子状態 (a) 結合交替構造, (b) 完全共役構造, (c) 中性ソリトン, (d) 正荷電ソリトン

(図3・16b). ところが実際には, 対称性の低い結合交替構造のほうが安定であるため, バンド構造に不連続性が生じて絶縁体になってしまう. これがパイエルス転移であり, このためトランス型 PA の電気伝導率は 10^{-5} S cm^{-1} にとどまる.

 トランス型 PA の結合交替構造は厳密なものではなく, 部分的に断ち切れて, 炭素ラジカルをはさんで両側に π 共役系が延びた箇所 (図3・16c) が存在する. そのような部分構造を**中性ソリトン**という. 中性ソリトンは電荷をもたないため電気伝導性への寄与はない. ここに微量のヨウ素をドーピングすることにより, 10^4 S cm^{-1} のオーダーへと, 飛躍的に電気伝導率が増大する. これは, PAからドーパントであるヨウ素へと電子が移動して, キャリヤとなる**荷電ソリトン** (この場合, 正荷電ソリトン, 図3・16(d)) が生じたためである.

 上記の内容は理想的な一次元結晶を仮定した分子鎖内の伝導機構であり, 実際の導電材料はこのような理想的な構造にはほど遠いため, 観察される電気伝導性の説明としては不十分である. そこで, 鎖間の伝導はホッピング機構で説明されている. ホッピングとは, 直接の結合のない分子間で, 分子軌道の空間的な重なりを通じてキャリヤの授受が行われる過程を指す.

 PA はきわめて高い電気伝導性を示すものの, 酸素, 水分などの環境による劣化を非常に受けやすく実用的ではない. 空気中での耐酸化安定性が良好なポリチオフェン (PT), ポリピロール (PPy), PAn, ポリフェニレンビニレン (PPV) などが導電材料として用いられる. また, 一般に π 共役系高分子は低い内部エネルギーのために不溶・不融であって, このことは, 材料に必要とされる成形性, 加工性の観点からは好ましくない. そこで, 置換基を導入して可溶化する方法 (PT, PPV) や,

可溶性前駆体を用いる方法（PPV）が検討されている．

PPyやポリ(3,4-エチレンジオキシ)チオフェン（PEDOT）は，はんだ使用時の高温に耐えるため，電解コンデンサの陰極材料として用いられる．置換PTの一つであるPEDOTは，機械特性，酸化安定性，低劣化性などの点で他の複素芳香環ポリマーよりもすぐれている．

軽量であることや塗布などの湿式プロセスが可能であることから，帯電防止や電磁シールド用の塗料やコーティング剤としてPPy，PEDOT:PSS（酸化型PEDOTとポリ(スチレンスルホン酸)の塩），スルホン化PAnなどが実用化されている．スルホン化PAnは，高分子側鎖にスルホ基をもっており，それがドーパントの役割を果たすため，外部からドーピングを行う必要がない．このようなものを**自己ドープ型高分子**（self-doped polymer）とよび，低分子ドーパントが材料中からもれ出ることがないために，長期にわたって安定した電気伝導性を示すという特長がある．

電子伝導性有機材料は一般に，電気化学的なドーピング/脱ドーピングを可逆的に行うことができる．この特性に着目して，PAnやポリアセン（フェノール樹脂を空気を断って熱処理して得られる縮合環芳香族化合物の混合物で，グラファイト様の平面構造をもつ）が，軽量性が必要なモバイル機器用二次電池（充放電可能な電池）の電極に用いられている．また，PPyがドーピング/脱ドーピング時に体積変化を引き起こすことから，アクチュエータ（電気刺激を運動に変換する素子）として人工筋肉への応用などが検討されている．

ポリアセチレンとノーベル賞

2000年のノーベル化学賞は，PAに関する研究で，白川英樹，A. G. MacDiarmid，A. J. Heeger の三博士に与えられた．白川博士の業績で最も大きいのは，それまでは不溶・不融の黒色粉末としてしか得られなかったPAを，合成時の触媒の量を著しく増やすことによって，フィルムで得ることに成功した，ということである．その後ほどなくして，ヨウ素のドーピングによってPA膜の電気伝導性が格段に向上することが三博士の共同研究の成果として発表され，それをきっかけとして，導電性高分子に関する研究が花開いた．

カーボンナノチューブとグラフェン

カーボンナノチューブ（carbon nanotube，CNT）は，炭素でできた直径がナノメートルオーダーの中空のチューブのことであり，1991年にNECの飯島によってはじめて報告された．何重にもチューブが重なった多層CNT（MWNT）と，一つのチューブのみからなる単層CNT（SWNT）がある．CNTは，グラファイト棒を原料としたアーク放電法やレーザー蒸発法のほか，有機化合物の気体を熱分解して得た炭素原子を用いる化学的気相成長法によっても得られる．

SWNTは，グラフェン（グラファイトの構成成分で，sp^2混成軌道をもった炭素6員環が平面上に敷き詰められたもの，後述）を筒状に巻いた構造をしていて（図3・17），その直径はおおむね0.8〜1.4 nmであり，直径やらせん度（グラフェンシートを筒にするときのずらし具合）に応じて金属的ないしは半導体的な電気伝導性を示す．

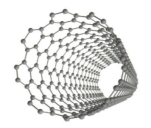

図3・17　SWNTの構造

SWNTは，単電子トランジスタへの適用が試みられているほか，高感度センサーへの応用も期待されている．一方で，近年配向を制御してMWNTを作製する方法が開発され，これを電界放出ディスプレイへと応用することが検討されている．

CNTは，電子物性以外にも低密度，高強度，高弾性，高熱伝導性，高耐熱性など多くのすぐれた特徴をもっており，上記以外にも電極材料，原子間力顕微鏡の探針，宇宙航空材料などへの使用が視野に入れられている．

グラフェン（graphene）は炭素の単原子層シートである．2004年にGeimとNovoselovがグラファイトからのはく離により初めてグラフェンを単離し，物性測定を行った．彼らはその業績により2010年のノーベル物理学賞を受賞している．グラフェンは熱伝導性，機械的強度がダイヤモンドよりも高く，また，シリコンよりも2桁上のキャリヤ移動度を示すので，超高速電界効果トランジスタへの応用が検討されている．

3・5・2 イオン伝導性材料
a. リチウムイオン伝導材料

　エネルギー密度の高い二次電池としてリチウムイオンポリマーバッテリーが，携帯機器を中心に普及している．"リチウムイオンポリマーバッテリー"とは，リチウムイオンをキャリヤとした電解質をもつ二次電池のうち，高分子固体電解質を使用しているものを指す（図3・18）．高分子固体電解質とは，塩が溶けたポリマーでイオン伝導性を示すものの総称である．塩とポリマーが分子レベルで相溶するため，外見上は透明である．高分子固体電解質には，軽量，形状自由度があって成形が容易，液漏れしにくいなどの特長がある．

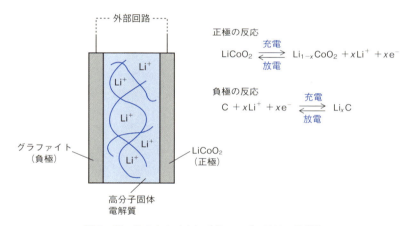

図3・18　リチウムイオンポリマーバッテリーの**構造**

　ところで，電解質のように，媒体中をイオンが移動することにより電気伝導性を示す材料を，**イオン伝導性材料**（ion-conducting material）という．リチウムイオン二次電池用のイオン伝導性材料には，リチウム塩を溶かし，かつその塩を解離させられること，さらに実用的な電気伝導率を与える速度でリチウムイオンを移動させられることが求められる．

　リチウムイオン伝導性をもつ高分子固体電解質には，リチウム塩が溶けた有機溶媒（例：プロピレンカーボネート）を架橋ポリアクリロニトリルなどの高分子マトリックスに浸潤させたゲル電解質と，有機溶媒を一切使わずにリチウム塩とガラス転移温度 T_g の低い高分子のみからなる真性高分子固体電解質の2種類がある．実

用化されているのはほとんどが前者であり，それらは電池用電解質に必要とされる $10^{-3}\,\mathrm{S\,cm^{-1}}$ オーダーの電気伝導率を示す．ただし，ゲル電解質では，伝導性にかかわっているのはリチウム塩の溶液であって，高分子は単なる入れ物の役目をしているにすぎず，有機機能材料という立場からはむしろ真性高分子固体電解質のほうが興味深い．

真性高分子固体電解質で報告のあるもののほとんどは，ポリエチレンオキシドないしはそのブロック/グラフト共重合体を用いたものである（表3・4）．これらは，① エチレンジオキシ構造（－OCH$_2$CH$_2$O－）などに由来する酸素原子4個が配位してリチウムイオンを安定化できるので，塩の解離が促進される．② T_g の低い高分子を用いており，またLi－O の配位結合が適度に切れやすいため，セグメント運動に伴って配位酸素原子の交換がつぎつぎと起こってリチウムイオンを移動させるという特徴がある．しかしながら，その電気伝導率は最大でも $10^{-4}\,\mathrm{S\,cm^{-1}}$ のオーダーであり，ゲル電解質と比べて1桁低い．これは，高分子固体のセグメント運動の粘性抵抗が低分子液体と比較して大きいためである．ただし，この材料では温度上昇に伴いイオンの移動度が上がるし，液漏れの心配がないことなどから，有機溶媒が使用できないような高温で作動する二次電池としての可能性をもっている．

表3・4　イオン伝導性高分子

高 分 子	電解質	電解質濃度*	温度（℃）	電気伝導率 $\dfrac{}{\mathrm{S\,cm^{-1}}}$
$-\!\!+\!\!(\mathrm{CH_2CH_2O})_{n}\!\!-$	LiCF$_3$SO$_3$	0.05	65	3×10^{-5}
$-\!\!+\!\!(\mathrm{OCH_2CH_2O-CO-CH_2CH_2-CO})_{n}\!\!-$	LiClO$_4$	0.12	90	1×10^{-5}
$-\!\!\left(\!\!\begin{array}{c}\mathrm{CH_3}\\ \mid\\ \mathrm{Si-O}\!\!+\!\!(\mathrm{CH_2CH_2O})_4\!\!-\\ \mid\\ \mathrm{CH_3}\end{array}\!\!\right)_{n}\!\!-$	LiClO$_4$	0.03	25	1.5×10^{-4}

＊　高分子繰返し単位当たりの電解質分子数

最近，リチウムイオンバッテリーや電気二重層キャパシタ（p.71のコラム参照）の電解質用途として常温で液体状態のイオン性有機化合物，**イオン液体**（ionic liquid）が脚光を浴びている．イオン液体の多くは，有機カチオンと求核性のない無機アニオンからできていて，高い極性，難揮発性，難燃性などの性質があり，広い温度範囲で安定な特性を示すことが期待されている．この物質はまた，環境に配慮

3・5 導電材料

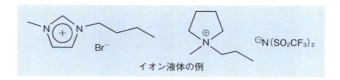

イオン液体の例

した回収可能な反応溶媒としても注目されている．

b. プロトン伝導材料

環境に配慮した次世代の電池として燃料電池が注目されており，電極での反応熱をも有効に利用するコジェネレーション（同時利用）も含め，実用化に向け多くの研究がなされている．燃料電池の作動原理は次のようなものである．水素分子を電極表面上の触媒によってプロトンと電子に分解すると，電子は電極から外部回路を通って（電流の発生），プロトンは固体電解質中を通ってそれぞれ対極に移動し，そこで酸素と反応して水ができる（熱の発生）．水素ガスそのものを用いる以外に，メタノールや炭化水素の改質によって得られる水素を供給する方法もある．無機電解質を用いた燃料電池では最も作動温度の低いリン酸型でも 200 ℃ 以上の温度を必要とするのに対して，図 3・19 に示すような高分子固体電解質を用いれば室温から 100 ℃ 程度と比較的低温での動作が可能となる．高分子固体電解質中のプロトンの移動には水分子の介在が必要であり，材料は湿潤状態で用いられる．このため，固

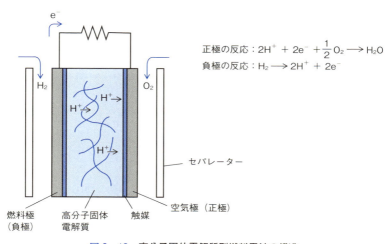

正極の反応：$2H^+ + 2e^- + \frac{1}{2}O_2 \longrightarrow H_2O$
負極の反応：$H_2 \longrightarrow 2H^+ + 2e^-$

図 3・19　高分子固体電解質型燃料電池の構造

88　　　　　　　　　　　　　　3. 電気・電子機能材料

体電解質材料には高い耐酸性が求められる．この条件を満たすものとして当初ペルフルオロスルホン酸系の樹脂が用いられてきたが，用途の拡大に伴い，低メタノール透過性，高耐熱性なども要求されるようになってきている．最近では，スルホン化ポリエーテルエーテルケトンなどのスルホン化芳香族炭化水素系樹脂やリン酸をドープしたポリベンズイミダゾールなどの使用が検討されている．

スルホン化ポリエーテルエーテルケトン　　　　　　ポリベンズイミダゾール

導 電 性 ゴ ム

　電気を通す高分子材料として早くから実用化されているものに，導電性ゴムがある．これは，電気伝導性をもつカーボンブラックや金属の微粒子を練り込んだゴムのことであり，ゴムは微粒子を分散させるマトリックスの機能をもつ．常態で電気伝導性を示すものと，感圧導電性（加圧下でのみ電気伝導性を示す性質）をもつものとがある．導電成分として金属微粒子をもつものは応答がデジタル的であり，カーボンブラックを分散させたものはアナログ的であるという特徴がある．導電性ゴムの用途には，帯電除去シート，電卓やパソコンのキーボード，複写機のゴムローラー，通信電子機器のゴムパッキンなどがある．

3・5・3　有 機 半 導 体

　2章で述べた有機光導電材料は，光エネルギーで電子および正孔のキャリヤ対を発生させる有機半導体化合物が用いられる．

　それらのほかに，半導体性を示す有機化合物を薄膜状態で動作可能な**有機電界効果トランジスタ**（organic field effect transistor, OFET）へと応用する研究開発が，現在盛んに進められている（図3・20）．有機半導体材料としては，ポリ（またはオリゴ）チオフェン，ペンタセンなどホール輸送能をもつp型のものが主として用いら

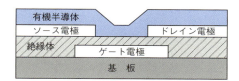 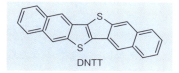

図 3・20　有機電界効果トランジスタおよび DNTT の構造

れ，最近では DNTT のようなチエノアセン類が幅広く利用されている．また，CNT やグラフェンを用いた FET の研究も行われている．ゲート電圧をかけると有機半導体の絶縁体に接した部分にキャリヤが発生してソース/ドレイン間に電流が流れる．有機電界効果トランジスタはアモルファスシリコンに匹敵する $0.1 \sim 1\,\mathrm{cm^2\,V^{-1}\,s^{-1}}$ オーダーのキャリヤ移動度を示し，大面積化が比較的容易である．高分子フィルムなど可とう性のある基板上に素子を形成すれば「曲げられるトランジスタ」ができるなど（図 3・21），無機材料を用いた素子にはない特徴をもつ．OFET はフラットパネルディスプレイの駆動素子のほか，感圧ゴムと組合わせて圧力センサー（口絵参照）とすることや，有機 pn 接合を取入れることで光センサーとしてシート型スキャナへと応用することなどが検討されている．また，ゲート電極のみを外部に取出して延長ゲートとし，その表面に分子認識素子を結合させることで化学センサーやバイオセンサーへと応用できることも明らかになってきている．

図 3・21　極薄の高性能有機トランジスタ集積回路　写真は東京大学染谷隆夫教授提供

有機超伝導体と有機磁性体

　材料としての利用にはまだ程遠いものの，興味ある物性を示す物質群を紹介しておく．

　金属の電気抵抗値は温度を下げていくと徐々に減少するが，その種類によってはある温度で突然電気抵抗が 0 になる．このような状態が**超伝導**（superconductivity）であり，超伝導を示す温度 T_c を**臨界温度**（critical temperature）という．有機化合物にも超伝導状態を示すものがある．有機超伝導体の例として（TMTSF)$_2$ClO$_4$（$T_c = 1.4$ K）やアルカリ金属をドープした C$_{60}$（K$_3$C$_{60}$ で $T_c = 19.6$ K）があげられる（C$_{60}$ の構造は図 1・4 および図 2・26 参照）．いずれも多次元の伝導性を示すことを特徴とする．たとえば，(TMTSF)$_2$ClO$_4$ の結晶では重なった TMTSF 分子間での π 軌道の重なりのほかに，分子平面内の隣接分子との軌道の重なりもあるため，平面内での伝導性もある．また，サッカーボール型の C$_{60}$ はあらゆる方向に π 軌道が張り出しており，任意の方向での軌道の重なりが可能である．

TMTSF　　　　ガルビノキシル

　電子はスピン運動によって磁気モーメントを発生している．有機化合物の磁気モーメントを巨視的にそろえることができれば，外部磁場がなくても自発磁化により磁性を示す**有機強磁性体**（有機磁石）となる．通常の有機化合物は偶数個の電子からなっており，各分子軌道を占めている逆平行のスピンをもった 2 電子が互いの磁気モーメントを相殺しているため，磁性を示さない．フリーラジカル種は半占軌道をもつので磁気モーメントが 0 でないが，一般に化学的に不安定であって，分子間で結合をつくると磁気モーメントが消失してしまう．結合ができてしまわないような分子設計を施すことで，磁性をもつ可能性がでてくる．たとえばガルビノキシルの結晶で強磁性相互作用（分子間でスピンを同じ向きにそろえようとする相互作用）が観察されている．

4

界面・表面機能材料

　界面（interface）とは，ある均一な液体や固体の相が他の均一な相と接している境界のことである．この"他の均一な相"が気体もしくは真空であるとき，その界面を特に**表面**（surface）という．材料が外界と接するのは，その界面・表面であることから，界面・表面の特性は，材料そのものの特性・機能を支配する重要な要因となる．このため，材料自身の界面・表面特性を改善するだけでなく，界面や表面に働きかけて機能する材料が数多く開発されている．本章では，私たちにとって身近な存在である界面活性剤や接着剤，それに塗料などを取上げて，その特性や機能を説明する．

4・1　界面・表面に関する基礎的な事項

　界面や表面の特性を理解するためには，まず界面とは何かということを理解しておく必要がある．理想気体のように分子間相互作用がなく凝縮しない場合は，複数の成分を混ぜ合わせると，乱雑さ（エントロピー）が増大する方向に自発的に変化する，つまり混合して均一となる．しかし，分子間相互作用が働き凝縮相となる実在の分子では，同一種分子間の相互作用が異種分子間の相互作用よりはるかに強い場合には，混合するよりもそれぞれが相分離して，同一種同士の相互作用で安定化するほうが有利となる．このとき，相分離した二つの相の境界が"界面"である．界面近傍の分子は，周囲を取囲む同一種分子の総数が内部より少ないため，同一種分子間の相互作用で安定化されている内部の分子より自由エネルギー的に不利な状態にある（図4・1）．つまり内部の分子と比べて過剰の自由エネルギーをもつことになり，これを**界面自由エネルギー**（interfacial free energy）という．この界面自由

エネルギーを低下させるために,界面はできる限り小さくなろうとする.これが**界面張力**(interface tension)であり,単位界面積当たりの界面自由エネルギーとなる.気体との界面の場合は**表面張力**(surface tension)という.

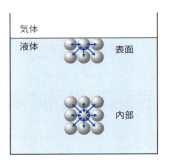

図4・1 液体分子の分子間力と表面張力

界面自由エネルギーは,分子間相互作用による安定化が界面近傍で小さくなることに起因する.このため,相分離する二つの成分それぞれの化学構造に類似した構造を一つの分子中にあわせもつものがあれば,界面に並ぶことにより,自由エネルギー的に不利な状態を緩和できる.このように界面自由エネルギーを低下させる物質を**界面活性剤**(surface active agent, surfactant)という.私たちになじみの深い水

表面に関する熱力学的な取扱い

本文中での説明は直感的にわかりやすいが,いささか厳密さに欠ける.そこで,一成分系で取扱いが簡単な表面について,熱力学的な取扱いに基づく定義をしておく.表面張力 γ に抗して表面積を dA だけ増加させるときの仕事は γdA なので,表面のヘルムホルツ自由エネルギー変化 dF^σ は,

$$dF^\sigma = -S^\sigma dT - PdV + \gamma dA \quad (4\cdot1)$$

と表される.温度,体積一定の場合を仮定すると,γ は,

$$\gamma = \left(\frac{\partial F^\sigma}{\partial A}\right)_{T,V} \quad (4\cdot2)$$

と記述できる.この式は,表面張力が単位面積当たりの表面自由エネルギーであることを表現しており,本質的に上記の分子論的扱いから導出されたものと同じである.

と油を例にとれば，親水基と疎水基を一分子中にあわせもつ，**両親媒性**（amphiphilic）の物質が界面活性剤ということになる．

4・2 界面活性剤

界面活性剤は，界面・表面の特性を大きく変化させることができるため，それ自身が洗剤などに利用されるだけでなく，エマルションやクリームなどの形成，相溶性の向上，潤滑性や帯電防止性のような材料の機能特性向上のための添加剤，染色の際の補助剤などとして広く使用されており，有機・高分子材料の機能向上に重要な役割をしている．まず，界面活性剤についての基礎的な事項を整理しておこう．

4・2・1 界面活性剤の構造と種類

界面活性剤分子にはいろいろな種類があるが，いずれも図4・2に示したような共通の構造的特徴をもつ．すなわち，何らかの親水性基と疎水性基（ほとんどの場合長鎖アルキル基）がつながってできている．親水性基はイオン性でも，そうでなくてもよく，その構造に応じて表4・1に示した4種類に分けられる．石けん（セッケン）は，油（脂肪）を灰（アルカリ）で加水分解（けん化）してつくり出されたものであり，長鎖脂肪酸のアルカリ塩からなる陰イオン界面活性剤である（コラム参照）．同じ種類に属する界面活性剤でも，分子構造が変わると親水性と疎水性のバランスが変化し，それに応じて物性も変わる．

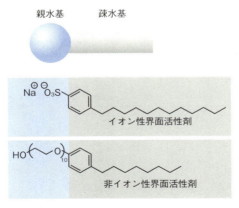

図4・2　界面活性剤分子の構造

94

表 4・1　界面活性剤の分類

種　類	特　徴	化　合　物	用　途
陰イオン(アニオン)界面活性剤	水中で解離したときに陰イオンとなる	セッケン(脂肪酸ナトリウム) $RCOO^-Na^+$	身体洗浄
		モノアルキル硫酸塩 $ROSO_3^-M^+$	シャンプー、歯磨き
		アルキルポリオキシエチレン硫酸塩 $RO(CH_2CH_2O)_mSO_3^-M^+$	衣料・食器用洗剤
		アルキルベンゼンスルホン酸塩 $RR'CHC_6H_5SO_3^-M^+$	衣料・食器用洗剤、工業用洗剤
		α-オレフィンスルホン酸塩 $RCH=CHCH_2SO_3^-M^+$ と $RCH(OH)CH_2CH_2SO_3^-M^+$ の混合物	衣料・食器用洗剤
		モノアルキルリン酸塩 $ROPO(OH)O^-M^+$	洗顔料、ボディーシャンプー
陽イオン(カチオン)界面活性剤	水中で解離したときに陽イオンとなる	アルキルトリメチルアンモニウム塩 $RN^+(CH_3)_3X^-$	ヘアーリンス、耐電防止
		ジアルキルジメチルアンモニウム塩 $RR'N^+(CH_3)_2X^-$	衣料用柔軟剤
		アルキルベンジルジメチルアンモニウム塩(ベンザルコニウム塩) $RN^+(CH_2Ph)(CH_3)_2X^-$	殺菌、消毒
両性界面活性剤	溶液の pH に応じて、陽イオン、陰イオン、両性イオンとなる	アルキルジメチルアミンオキシド $R(CH_3)_2NO$	台所用洗剤、シャンプー
		アルキルカルボキシベタイン $R(CH_3)_2N^+CH_2COO^-$	台所用洗剤、シャンプー
		ホスファチジルコリン(レシチン) $RCOOCH_2CH(OCOR')CH_2OPO^-(=O)-(OCH_2CH_2N^+(CH_3)_3)$	食品添加物(大豆由来)
非イオン性界面活性剤	親水部が非電解質	ポリオキシエチレンアルキルエーテル $RO(CH_2CH_2O)_mH$	乳化剤(医薬、農薬、化粧品)
		脂肪酸ソルビタンエステル*	乳化剤(食品添加物)
		アルキルポリグルコシド	台所用洗剤、シャンプー
		脂肪酸ジエタノールアミド $RCON(CH_2CH_2OH)_2$	シャンプー
		アルキルモノグリセリルエーテル $ROCH_2CH(OH)CH_2OH$	化粧品

*　ソルビタンはグルコースに対応する糖アルコールであるソルビット(1,2,3,4,5,6-ヘキサンヘキサオール)の脱水環化生成物。複数のヒドロキシ基と1ないし2のエーテル結合をもつ。

石けんの歴史

古代，人は粘土や灰（藁灰や木灰）を水に浸して上澄みをすくった灰汁，植物の油で洗濯をしていたが，メソポタミア文明を築いたといわれているシュメール人は，紀元前3000年ころの記録粘土板にあるように木灰にさまざまな油を混ぜて煮たものを塗り薬や布の漂白洗浄に使用していたようである．また古代ローマの初めのころ，サポーの神殿では，羊を焼いて神の供物とする風習があった．このとき，したたり落ちた油（脂肪）が燃料の木の灰に染み込み自然に石けんのようなものが得られている．この"汚れを落とす土"は，汚れをよく落とし，洗濯ものが白く仕上がるとして珍重された．石けん（soap）の語源は，この"サポーの丘"に由来しているといわれている．

石けんづくりは，スペインやイタリアで始まり，8世紀ごろには家内工業として定着した．このころの石けんは動物性脂肪と木灰からつくった軟石けんである．12世紀ころから，地中海沿岸のオリーブ油と海藻灰を原料とした，硬石けんが製造され始め，欧州に広がった．16世紀に入り，イタリア，スペインやフランスが石けん製造の中心地となった．

日本では，洗濯に灰汁などが使われていたが，戦国時代末期にポルトガルから石けんがもたらされた．当時，石けんは貴重品で，大名などの限られた人たちが使っていた．庶民は相変わらず，灰汁を使って洗濯したり，小豆や大豆の粉に香料を入れた洗い粉，ぬか袋，軽石などで身体を洗っていた．

欧州では18世紀末の産業革命によって，石けんの製造に欠かせないアルカリ剤を，安く大量に製造する方法が発明され，石けんは庶民に広く普及した．医学の進歩ともあいまって，当時流行していた皮膚病や多くの伝染病を減少させ，人々の平均寿命を伸ばすことに貢献した．

1873年（明治6年），堤磯右衛門により創業された堤石鹸製造所が日本で初めて，洗濯石けん，翌年には化粧石けんを発売した．さらに1890年（明治23年），長瀬富郎（花王の創業者）により国内初の銘柄石けんが発売された．明治後半になって価格も下がり，庶民も洗顔や入浴，洗濯などに石けんを使用するようになった．

4・2・2 水中での界面活性剤の挙動

水に界面活性剤を加えていくとどうなるだろうか．その量が少ないうちは，疎水基を空気側に向けて水面に集まる．そのうちに水面全部が覆われると，水中で疎水

性相互作用によって互いの疎水基同士が近づいた集合体を形成するようになり，さらに濃度が増すと疎水基を内側に向けた球状の集合体を形成する（図 4・3）．これを**ミセル**（micelle）といい，ミセルが形成されるようになる濃度を**臨界ミセル濃度**（critical micelle concentration, cmc）という．cmc は界面活性剤の特徴を示す重要な数値であり，この値を境にして，洗浄力，表面張力，油の溶解度などの界面活性剤の物性値が大きく変化する（図 4・4）．ミセルは数十ないし百数十の界面活性剤分子からなっていて，大きさは数 nm 程度であり，その溶液は見かけ上は均一である．界面活性剤の濃度が cmc を超えてさらに増えても，ミセルの大きさは変わらずにその数が増えていく．

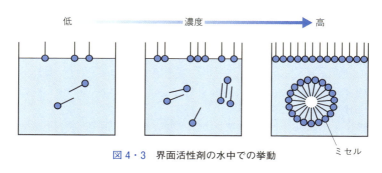

図 4・3　界面活性剤の水中での挙動

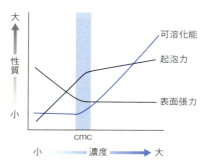

図 4・4　界面活性剤の濃度と物性の関係

　cmc をはるかに超えた高濃度領域（20 % 以上）に達すると，溶液に白濁が認められ，全体がゲル状の様相を呈するようになる．これは，それまで球状ミセルの形態をとっていた界面活性剤分子が，濃度上昇によって棒状，さらには層状のミセルを形成するようになったことを表している（図 4・5）．棒状や層状のミセルは構造に

異方性があり，そのために屈折率にも異方性が生じて，巨視的には白濁として観察される．また，これらのミセルは，ある程度の方向秩序性をもった集合体を形成する．その集合体はリオトロピック液晶（3・4・3b 参照）とよばれ，偏光顕微鏡で観察すると独特のテクスチュアを示す．

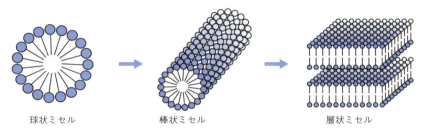

図 4・5　界面活性剤の集合体

なお，界面活性剤が機能するには適正な温度範囲がある．イオン性の界面活性剤は，ある温度以下では水に溶けず界面活性剤としての性質を示さない．これは，疎水性のアルキル基部分が結晶化して，水中でほぐれにくくなってしまうためで，その温度を**クラフト点**（Kraft point）という．一方，非イオン性の界面活性剤では逆に，ある温度以上になると水に溶けなくなって溶液が白濁する．その温度は**曇り点**（cloud point）とよばれる．非イオン性界面活性剤の水溶性はエーテル酸素と水の間の水素結合に由来するが，温度が上がると熱運動によって水素結合が切れてしまい，溶解性が失われるためである．

4・2・3　界面活性剤の働き

これまでに水と界面活性剤の混合物の挙動を見てきたが，そこに油や固体が存在すると，界面活性剤の種々の機能が発現する．

a. 乳　化

水と油を混ぜて振ると，一時的には混ざるものの，すぐに元どおりに分離する．しかし，界面活性剤が存在すると，白く濁ったようになって混ざり，元には戻らない．界面活性剤が液/液界面に作用して起こるこの現象を**乳化**（emulsification）といい，乳化により得られた巨視的に均一な混合物を**エマルション**（emulsion）という．エマルションには，油滴が水中に分散した O/W 型（oil in water，例：マヨネーズ，牛乳）とその逆の W/O 型（water in oil，例：バター，マーガリン）がある（図

4・6a, b). エマルションでは，界面活性剤が疎水基を油側，親水基を水側に向けてミセルを形成していて，その内部に油または水が取込まれている．さらに O/W 型を油に乳化させた O/W/O 型（図 4・6c），その逆の W/O/W 型の二重エマルションも知られている．乳化は，食品工業以外では化粧品，農薬，乳化重合（懸濁重合，逆懸濁重合），アスファルトなどに関連がある．

エマルションのようにある媒体に微粒子が分散している系を**コロイド**（colloid）という．エマルションは液/液コロイドの一つである．

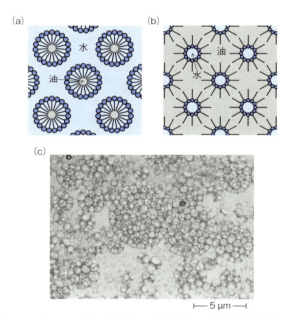

図 4・6　エマルション　(a) O/W 型（水中油滴），(b) W/O 型（油中水滴），(c) O/W/O 型の光学顕微鏡像．写真は花王株式会社提供

b. 可 溶 化

液/液コロイドにおいて被分散液体ないしは固体が少量の場合，それらを取込んでできるミセルの大きさはきわめて小さく，溶液は外見上無色透明に見える．これを**可溶化**（solubilization）という．ポリスチレンの懸濁重合においては，重合はもっぱら可溶化されたミセル内で進行し，モノマーがなくなるとエマルションから補給

が行われて，さらに重合が進むことが明らかになっている．

c. 分　散

　液/液コロイドをつくる乳化・可溶化に対し，固/液コロイドをつくる現象が**分散**（dispersion）である．たとえば，すすなどの固体の粒子を水に入れて振ってもまったく溶けずに分離した状態になる．ところが，界面活性剤を入れて振ると，粒子のまわりに界面活性剤の分子が吸着して，水の中に散らばって安定になる．これは，コロイド表面に存在する電荷の反発による．インク，口紅，セメント，磁気記録材料，コーヒー用粉末クリームなどは，分散を利用したものである．

d. 凝　集

　分散の反対で固体粒子を集めるのが**凝集**（flocculation）である．微粒子が分散するのは，その表面の負電荷による反発であることが多い．このため，それを打ち消すカチオン性ポリマーや硫酸アルミニウムなどの多価金属塩が用いられる．上下水の処理が主な用途であり，サイズの大きな凝集体を形成する高分子量のポリマーが用いられる．一方，医療の現場で診断薬としてポリスチレンなどの"ラテックス"がしばしば使われる．ラテックスとは水中に分散したコロイド様のポリマー微粒子である．その表面に抗原や抗体をあらかじめ結合させておき，被検物中に対象となる抗体ないしは抗原がある場合に，それらと結合して微粒子が凝集，可視化することを利用している．

e. 起　泡

　起泡（foaming）とは，泡をたてる性質を指す．泡ができるのは，気/液界面への界面活性剤の作用による．ただしそれは，界面活性剤により表面張力が低下して泡ができたときの表面積の増大を受け入れられるようになったため，という単純な理由によるものではない．このことは，表面張力の小さな有機溶剤が発泡性を示さない事実を考えれば明らかである．

　泡は，気体を薄い液膜で包んだものである．液膜の両面に界面活性剤が親水基を内に向けて配列しており，その合間を芯液（水）が満たしている．泡には，単一泡沫とそれが集合してできる泡沫塊（単に泡沫ともいう）の2種類がある．泡沫を構成する泡は，平面の薄膜よりなる多角多面体であり，泡同士の接点は必ず3交点となっている（図4・7）．"プラトー境界"とよばれるこの交点に液膜中の芯液が毛管現象と同様の機構で吸い取られ，液膜の厚みは時間を追って薄くなる．光の干渉によって生じる泡の色が時間とともに変化していくのは，このことを反映している．イオン性の界面活性剤が存在する場合，液膜がどんどん薄くなっていくと，イオン

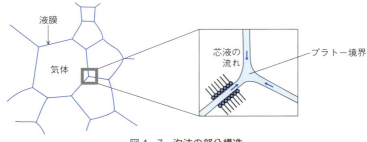

図 4・7 泡沫の部分構造

基同士の静電反発のために,それ以上膜が薄くなることに対して抵抗を示すようになる.これが,界面活性剤の溶液が泡立つ理由である.起泡性は,洗顔フォーム,シャンプー,アイスクリーム,消火剤などに応用されている.

f. 消　泡

起泡の逆で,泡を消すのが**消泡**(antifoaming)である.泡が出ることが問題になる発酵工業や排水処理で消泡剤を用いる.上に述べたように,起泡は界面活性剤のイオン間の反発に基づいているので,それを阻害すればよい.一つの方法は,高級アルコールや脂肪酸エステルといった水にあまり溶けない非イオン性の両親媒性化合物を加えることである.そのような化合物は可溶性のイオン性界面活性剤を押しのけて気/液界面に集まり,しかも静電反発力を示さないため,芯液の減少を食い止められずに破泡に至る.また,エタノールなど水によく混じる有機溶剤を水と同程度の量を加えるという方法もあるが,それは界面活性剤を溶かして表面から取去る作用によるといわれている.

g. ぬれの促進

固体表面に液体が付着したときの**ぬれ**(wetting)を考えよう(図 4・8).液体の表面張力 γ_{LV},固/液の界面張力 γ_{SL},および固体の表面張力 γ_{SV} がつり合った状態では,

$$\gamma_{SV} = \gamma_{SL} + \gamma_{LV} \cos\theta \tag{4・3}$$

が成立する(Young-Dupre の式).図に示すように,θ は固体と液体の接点における液体表面の接線と固体表面とのなす角度であり,**接触角**(contact angle)という.θ は 0°から 180°までの値をとるが,液滴は,θ が 0°に近いほどぬれが良く,固体表面で広がる(液滴が水の場合,その固体を"親水性"という)が,180°に近いほどぬれが悪く,はじかれやすくなる("撥水性"という).特に,θ がほぼ 0°の場合を"超親水性",150°を超える場合を"超撥水性"とよぶこともある.

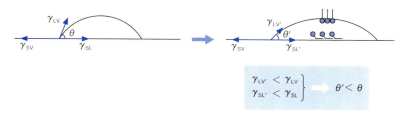

図 4・8　界面活性剤によるぬれ性の向上

液滴に界面活性剤が混じると，まず気/液界面に作用して表面張力 γ_{LV} を低下させる．さらに，固体との界面では固体側に疎水基を向けて界面活性剤が並び，界面張力 γ_{SL} も低下する．その結果，γ_{SV} によって水滴が引っ張られて θ が小さくなる，すなわちぬれ性が向上する（図 4・8）．

4・2・4　分散剤，乳化剤としての界面活性剤

前節で述べたように，界面活性剤はさまざまな機能をもっており，これらの機能を単独あるいは複合的に利用して，有機・高分子材料の機能向上が図られている．界面活性剤はさまざまな働きをする．そのため用途も多様であるが，ここでは具体的な例として分散剤，乳化剤を紹介する．

a. 分散剤：インクジェットプリンター用顔料インク

顔料インクは，非水溶性の顔料を分散剤によって水に分散させたものであり，染料インクと比較して耐水性，耐光性にすぐれるという長所があって，これまでは主として水性グラビアインクなどに用いられてきた．現在では，従来染料インクが使われてきたインクジェットプリンター用インクの分野でも，顔料インクが実用化されている．顔料インクの分散剤は，直径 100 nm 程度の顔料の一次粒子を安定に存在させなければならない．顔料が凝集してしまうと，プリンターヘッドのノズルを詰まらせてしまうばかりでなく，顔料の色相や光沢にも悪影響を及ぼすためである．分散剤はまた，顔料の粒子および紙の繊維に対して良好なぬれ性を示す必要がある．これらの要請を満たすものとして，両親媒性の高分子が用いられる．

b. 乳化剤：化粧品のクリーム

エマルションの形成に用いられる乳化剤は，材料に適度な流動性を与え，また，油分が合一して大きな油滴が生成するのを防ぐ．化粧クリームは，水，皮膚に与える油分，それに乳化剤を主成分とするエマルションであり，O/W 型，W/O 型の両

102 　　　　　　　　　　　4. 界面・表面機能材料

方のタイプがあるほか，最近では W/O/W 型，O/W/O 型なども市販されている
（図 4・6 参照）．

　化粧クリームには，平時は固体だが皮膚に塗るときには滑らかに広がるという性
質が求められる．クリームのエマルションは，分散粒子間にある程度の相互作用が
働いており，このためにクリームは固体状態にある．これを，皮膚に塗るときのよ
うに一定以上のせん断速度を与えると，粒子間の相互作用が断ち切られて流動性を
帯びる（チキソトロピック性）．また，いったん流動化すると分散粒子が再凝集する
までにある程度の時間が必要であるために，すぐには固まらない．化粧クリーム用
乳化剤には，上のようなエマルションを与えること以外にも，皮膚への低刺激性，
無毒性，色やにおいが少なく化学変化しにくいといった特性が求められる．それら

日焼け止め（サンスクリーン）

　皮膚に塗ることで日焼けから守るサンスクリーンは，表面機能材料の一つとい
える．地表に届く太陽光線には 290 〜 400 nm の波長領域の紫外線が含まれてお
り，これは波長 290 〜 320 nm の UVB と 320 〜 400 nm の UVA に分けられる．
UVB は皮膚が赤くなる日焼け（サンバーン）や黒化（サンタン）の原因になり，
長期間浴び続けると皮膚がんにもつながる．UVA は穏やかに作用するが，皮膚
の深部まで到達し，長期的にはしわやたるみなどの光老化の原因になると考えら
れている．これらの影響を防ぐために用いる日焼け止めは，"紫外線吸収剤" お
よび "紫外線散乱剤" の働きにより紫外線を防御する．紫外線吸収剤は主に有機
化合物であり，一例を図 4・9 に示す．紫外線散乱剤には無機顔料（酸化チタン，
酸化亜鉛，酸化鉄など）が主として用いられる．

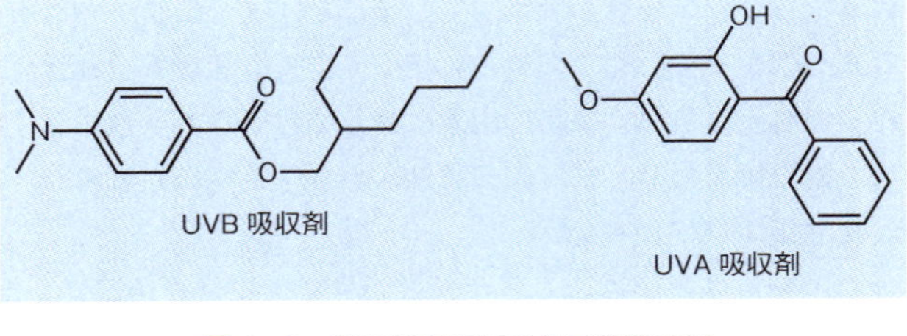

図 4・9　紫外線吸収剤の分子構造の例

を満たす界面活性剤として，いずれも非イオン性のアルキルポリオキシエチレンエーテル，脂肪酸ポリオキシエチレンソルビタンエステル，脂肪酸グリセロールエステル，ショ糖エステルなどが用いられる．

4・2・5　表面処理剤としての界面活性剤

気/固界面で機能する界面活性剤は，以下のような特性を表面に付与する表面処理剤として用いられている．

a. 撥 水 剤

元来，親水性であるガラスや繊維の表面に付着させて，水をはじくようにする，つまり水との接触角を大きくする物質のことをいい，親水表面に作用してその表面エネルギーを下げる働きをする．この目的では，フッ素系ないしはシリコーン系の界面活性剤が使われる．撥水剤は，繊維，皮革，ガラス，自動車のボディー，化粧品（ファンデーション用粉体）などに用いられる．

b. 防曇剤・展着剤

自動車のウィンドウガラスが曇ると運転上危険であるし，農業用のビニールハウスが曇ると太陽光を散乱させてしまい植物の成長に影響を及ぼす．これらの曇り現象は，表面に微小な水滴が無数にできることによる．防曇剤はそのような水滴が生じないようにする役目をもつ．

一方，植物に対して葉の表面から吸収される農薬を散布する際に，葉の表面の材質や形状の影響で，薬剤を含む水溶液が葉をぬらさずにそのまま液滴となって落下してしまうことがある．そのようなことを避けるために，展着剤が用いられる．

防曇剤も展着剤も，プラスチックや植物の葉のように本来表面エネルギーが低い表面か，ウィンドウガラスのように有機物の付着によって表面エネルギーが低下した表面に作用して，ぬれ性を向上させることを目的としている．

その働きは以下のようなものである．まず，界面活性剤が疎水基を固相側，親水基を気相側に向けて集合する．ここに水滴がくると，液/固界面の界面張力が低下するとともに，界面活性剤が一部水に溶けて気/液界面に集合し，表面張力も低下させる．その結果，水滴が広がって接触角は $0°$ に近くなる．

ビニールハウスの防曇は，あらかじめ樹脂に練り込んでおいた非イオン系の界面活性剤（グリセリン モノ/ジステアレート）が表面に出てきて機能することを利用するものであり，展着剤は非イオン系（ポリアルキレングリコールアルキルエーテル）と陰イオン系の界面活性剤の混合物であって，散布する農薬に少量混ぜて用い

られる.

c. 潤滑剤

典型的な潤滑剤にヘアーリンス剤や衣類の柔軟剤がある. これらはいずれも長鎖アルキル基をもつ第四級アンモニウム塩で, その多くは分枝構造のアルキル基を 1 本, もしくは長鎖アルキル基を 2 本もつものである. 陰イオン系界面活性剤（シャンプーないしは洗濯洗剤）で洗った後の負に帯電している毛髪や衣類の表面に作用して, 毛髪や繊維同士が直接接触するのを妨げ, 摩擦を減らしているといわれている.

d. 帯電防止剤

ドアノブに触れた瞬間にパチッとくる冬場の静電気は誰しも経験するところである. これは, 帯電している人間がドアノブを触ったときに放電が起こるためであり, 帯電の原因は椅子から立ち上がったり, カーペットの上を歩いたりしたときの摩擦である. プラスチック製品の帯電を防ぐために, 樹脂の成形前に帯電防止剤を練り込んでおくという方法がとられる. 図 4・10 に示すように, 帯電防止剤はプラスチックの表面に親水基を空気側に出して薄い層をつくる. そこに空気中の水分が吸着してできる層の上を電荷が移動することで放電が促進され, 帯電を防止しているといわれている. 上で述べた衣類の柔軟剤も帯電防止作用を示す.

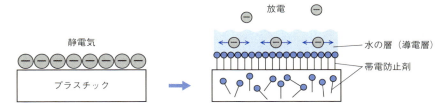

図 4・10　帯電防止剤の作用の仕方

e. 防錆剤

さび（錆）が生じるには水分の存在が不可欠である. そこで金属がさびるのを防ぐためには, 表面に疎水性の皮膜をつくればよい. その目的で脂肪族アミンおよびその塩などが用いられる.

f. 金属圧延油

金属を強い圧力で薄く引き延ばす際に, 金属ロールと引き延ばされる金属との間に生じる強い摩擦を和らげるものであり, 脂肪酸やそのエステル, 高級アルコール

などが使われる.

4・3　表面の親水性と撥水性

4・3・1　高分子材料表面の分子構造とぬれ性

　有機材料は，一般に疎水性の表面をもつものが多いが，その表面のぬれ性は，細胞培養用材料や生体適合性材料，撥水性材料などをはじめとして，その用途を決める大きな要素となる．このためには材料表面のぬれ特性を評価する必要がある．Zisman は，疎水性が比較的高い高分子材料の各種液体に対する表面ぬれ性に関して，液体の γ_{LV} と $\cos\theta$ の間に（図 4・8 参照），

$$\cos\theta = a - b\gamma_{LV} \tag{4・4}$$

という直線関係があることを実験的に見いだした．この直線と直線 $\cos\theta = 1$ との交点を γ_c として，これを**臨界表面張力**（critical surface tension）とよぶ．γ_c を用いて（4・4）式を書き換えると，

$$\cos\theta = 1 - b(\gamma_{LV} - \gamma_c) \tag{4・5}$$

となる．つまり，臨界表面張力 γ_c より大きな表面張力をもつ液体（$\gamma_{LV} > \gamma_c$）では，$\cos\theta < 1$ となるため $\theta > 0°$ となり液体は高分子材料表面に付着するが，臨界表面張力 γ_c より小さな表面張力をもつ液体（$\gamma_{LV} < \gamma_c$）では $\theta = 0°$ となり，完全にぬれることを意味する．表 4・2 にいくつかの高分子材料の臨界表面張力 γ_c を示す．γ_c は高分子表面の官能基と関係づけて整理できる．PTFE のように $-CF_2-$ 基をもつ含フッ素ポリマーは臨界表面張力が小さく，オクタンのような油にすらぬれない．このため，PTFE のような含フッ素樹脂は，水や油をはじく材料として，フライパンやアイロンなどの表面コート材料に使用されている．

表 4・2　臨界表面張力 γ_c と溶解度パラメーター δ

ポリマー	γ_c (dyn cm^{-1})	δ [(cal cm^{-3})$^{1/2}$]	主な官能基
ポリテトラフルオロエチレン（PTFE）	18.5	6.2	$-F$
ポリフッ化ビニリデン（PVDF）	25	11.3	$-F$
ポリエチレン（PE）	31	7.7〜8.4	なし
ポリスチレン（PS）	33	8.5〜9.3	$-Ph$
ポリビニルアルコール（PVA）	37	12.6〜14.2	$-OH$
ポリメタクリル酸メチル（PMMA）	39	9.1〜12.8	$-COOCH_3$
ポリ塩化ビニル（PVC）	39	9.4〜10.8	$-Cl$
ポリエチレンテレフタレート（PET）	43	9.7〜10.7	$-COO-$
ナイロン66	46	12.7	$-CONH-$

4・3・2 表面改質

高分子材料の表面官能基を変換して接する液体との相互作用を制御し，親液化や疎液化するという**表面改質**（surface modification）は，高分子素材のバルク特性に影響を与えることなく接着性や生体適合性などを向上させることができる．表4・3に高分子材料の表面を改質するための代表的な方法を示す．高分子表面は一般に疎水性なので，酸化反応で表面にヒドロキシ基やカルボキシ基などの極性基を導入して，親水性を向上させる方法が主となっている（図4・11）．一方，フッ素ガスを用

表4・3　高分子材料の表面改質法

処　理　法		性　質	活性種など
高エネルギー線処理	紫外線	親水性，表面硬化	紫外線
	放射線	親水性，表面硬化	電子線やγ線
プラズマ処理	コロナ放電	親水性，接着性	酸素ラジカル，オゾンなど
	グロー放電	親水性，接着性，疎水性	電子，ラジカル
オゾン処理		親水性，接着性	オゾンによる酸化
火炎処理		親水性，接着性	酸化炎中ラジカル
化学的処理	酸化剤処理	親水性，接着性	重クロム酸など
	表面グラフト重合	親水性，疎水性，接着性	各種モノマー
	表面コーティング	親水性，疎水性，接着性	各種ポリマー

図4・11　**プラズマ表面改質による親水化処理**　疎水性のパラフィルム表面を親水化し，処理時間別に接触角を評価した．写真はメイワフォーシス株式会社提供

東京化学同人 新刊とおすすめの書籍 Vol.17

邦訳10年ぶりの改訂！　大学化学への道案内に最適

アトキンス 一般化学（上・下） 第8版

P. Atkins ほか著／渡辺 正訳
B5判　カラー　定価各 3740円
上巻：320ページ　下巻：328ページ

"本物の化学力を養う"ための入門教科書

アトキンス氏が完成度を限界まで高めた決定版！大学化学への道案内に最適．高校化学の復習からはじまり，絶妙な全体構成で身近なものや現象にフォーカスしている．明快な図と写真，豊富な例題と復習問題付．

有機化学の基礎とともに生物学的経路への理解が深まる

マクマリー 有機化学
—生体反応へのアプローチ— 第3版

John McMurry 著
柴﨑正勝・岩澤伸治・大和田智彦・増野匡彦 監訳
B5変型判　カラー　960ページ　定価 9790円

生命科学系の諸学科を学ぶ学生に役立つことを目標に書かれた有機化学の教科書最新改訂版．有機化学の基礎概念，基礎知識をきわめて簡明かつ完璧に記述するとともに，研究者が日常研究室内で行っている反応とわれわれの生体内の反応がいかに類似しているかを，多数の実例をあげて明確に説明している．

おすすめの書籍

女性が科学の扉を開くとき
偏見と差別に対峙した六〇年
NSF（米国科学財団）長官を務めた科学者が語る

リタ・コルウェル，シャロン・バーチュ・マグレイン 著
大隅典子 監訳／古川奈々子 訳／定価 3520 円

科学界の差別と向き合った体験をとおして，男女問わず科学のために何ができるかを呼びかける．科学への情熱が眩しい一冊．

元 Google 開発者が語る，簡潔を是とする思考法
数学の美　情報を支える数理の世界

呉　軍 著／持橋大地 監訳／井上朋也 訳／定価 3960 円

Google 創業期から日中韓三ヵ国語の自然言語処理研究を主導した著者が，自身の専門である自然言語処理や情報検索を中心に，情報革新を生み出した数学について語る．開発者たちの素顔や思考法とともに紹介．

月刊誌【現代化学】の対談連載より書籍化 第1弾
桝 太一が聞く 科学の伝え方

桝 太一 著／定価 1320 円

サイエンスコミュニケーションとは何か？どんな解決すべき課題があるのか？桝先生と一緒に答えを探してみませんか？

科学探偵 シャーロック・ホームズ

J. オブライエン 著・日暮雅通 訳／定価 3080 円

世界で初めて犯人を科学捜査で追い詰めた男の物語．シャーロッキアンな科学の専門家が科学をキーワードにホームズの物語を読み解く．

新版 鳥はなぜ集まる？ 群れの行動生態学
科学のとびら 65

上田恵介 著／定価 1980 円

臨機応変に維持される鳥の群れの仕組みを，社会生物学の知見から鳥類学者が柔らかい語り口でひもとくよみもの．

いて直接あるいはプラズマ処理で表面のフッ素化を行うと，炭化水素の水素がフッ素に置換されて表面でのF/C比が1〜1.4程度まで上昇し，疎水性表面にすることができる．なおこのような表面処理では，表面の化学的な改質だけでなく，表面の微小な凹凸をつくり出すなど物理的な形状変化も同時に起こっており，接着性などの表面物性にはこのような物理的要因も大きく作用している．

このように表面の分子構造を直接変えるだけでなく，表面にバルク素材とは異なる物質の薄膜を形成させることによっても表面物性を変えることができる．それが表面コーティングであるが，その代表例は塗料であり，次節で述べる．

4・4 機能性塗料

塗料は最も身近な表面機能材料の一つである．**塗料**（paint, coating）とは，流動状態で素材表面に塗り広げられ，乾燥や硬化によって薄膜を形成することで素材を保護し，色彩や光沢などの美観を与えるもののことである．これに加えて，導電性，電波吸収，着氷防止，破瓶防止，防音，抗菌，耐熱・耐火などの作用をもつ塗料を称して**機能性塗料**（functional coating）という．外界と接する材料表面を覆うことで，素材の表面特性・機能を大幅に変えることができる．塗料は，顔料，添加剤，そして展色剤で構成される．展色剤はビヒクルともよばれ，樹脂，硬化剤，そして溶剤からなり，塗膜を形成する主成分である（表4・4）．添加剤には，顔料分散用の界面活性剤にはじまり，消泡剤，可塑剤，紫外線吸収剤，酸化防止剤，防さび剤などがあり，塗料の機能や特性の向上に役立っている．

塗料は，その用途に合わせてきわめて多種多様のものが開発されており，塗膜の主成分となる樹脂，塗装方法，用途に応じてそれぞれ分類されている．それらをすべて説明することは限られた紙面では困難であるため，ここでは，いくつかの特徴的な機能性塗料に的を絞って解説するにとどめる．

4・4・1 機能性塗料の主な種類
a. 耐熱塗料

代表的なものにシリコーン樹脂がある．この樹脂は$-R_2Si-O-$（Rは有機基）という繰返し構造をもっていて，無機物質と有機物質両方の性質を示し，高温時の耐酸化性にすぐれる．500℃以上の高温に耐えるものもあり，自動車などのエンジン周辺の部材や電子レンジ・オーブンなどの家電に用いられる．

ポリマーブラシによる表面改質

　高分子鎖の末端の一方が固体表面・界面に化学結合や吸着により固定化され、隣接する高分子鎖同士が接触するほど近接している高分子集合体を**表面グラフトポリマー**（surface graft polymer）または**ポリマーブラシ**（polymer brush）とよぶ（図 4・12）．ポリマーブラシは，材料表面に重合開始能をもつ化学種を植え込んでおき，これを起点としてモノマーの重合反応を行うことで得られる．この手法は"表面開始重合法"とよばれ，材料表面の重合開始基を起点として分子サイズの小さなモノマーが反応を繰返すことで高分子鎖が成長するため，単位面積当たりの高分子鎖数（グラフト密度）が比較的高くなる．概してグラフト密度が 0.1 chains/nm^2 以上の場合，ポリマーブラシ層の膜厚（乾燥状態）はポリマーの分子量と比例することが知られている．すなわち，ポリマーの分子量を制御することでブラシ層の膜厚を調整できるため，表面開始重合法は表面や界面の構造設計に有用である．

図 4・12　表面開始重合法によるポリマーブラシの作製

　種々の固体表面に固定化したポリマーブラシ薄膜は，高分子鎖が摩擦や洗浄に対して剥離しにくく改質効果を長期間保持することが可能であるため，その表面特性には古くから関心がもたれていた．ポリマーブラシは，高分子鎖の性質が直接表面に反映されるため材料表面の化学的特性を改質する方法として活用されることが多いが，最近では親水性ポリマーブラシが水中または湿潤条件下で低摩擦性を示すことから，環境にやさしい水潤滑や，大気中の水蒸気の吸着による自己潤滑特性が注目され，新たなトライボ表面として期待されている．双性イオンを側鎖に有するポリマーブラシは非常に親水性が高く，汚れや生物汚損物を付着しにくいので防汚性表面や医用材料として期待されている．また，カチオン性のポリマーブラシはバクテリア表面の陰イオンと強く相互作用するので抗菌性表面としての応用も可能である．

4・4 機能性塗料

表4・4 塗料に用いられる代表的な樹脂

樹脂名	化学構造の例	備考（特徴など）
アクリル樹脂	H, CH$_3$, COOR^1, COOR^2	耐候性，耐薬品性．エステル部分の構造を変えることでさまざまな物性のものができる
エポキシ樹脂	X = $-C_6H_4-C(CH_3)_2-C_6H_4-$, OH	密着性にすぐれ，強靱で耐溶剤性．硬化剤（例：ジアミン）が必要
ポリエステル樹脂	R^1, R^2	耐候性，機械的性質にすぐれる．架橋点としてグリセリンなど三官能性のモノマーを含む．原料に油脂を含むアルキド樹脂は，安価であるが耐候性に劣る
ポリウレタン樹脂	R^1, R^2	強靱で耐薬品性，耐油性にすぐれる．付着力強い．ポリオールを成分に含み，そこが架橋点となる．原料に油脂を含むアルキド樹脂は，安価であるが耐候性に劣る

b. 電気絶縁塗料

シリコーン樹脂製の塗料は高温での電気絶縁性にもすぐれる．変圧器，銅線，ガラス織布などの塗装に用いられる．

c. 耐火塗料

アクリル樹脂やアルキド樹脂（多価アルコール，二塩基酸，油脂から合成されるポリエステル）などのバインダーポリマーに，顔料のほかにリン酸アンモニウム，デンプンなどを添加したものであり，火災時の熱でリン酸アンモニウムが分解してアンモニアを放出することによる急激な発泡が起こって，塗膜の厚みが平時の25〜50倍にもなる．さらに残されたリン酸がデンプンの脱水反応を促進して炭化が起こり，耐熱・難燃性の炭化多孔体膜となることで，被塗物の変形や燃焼を防ぐ．

d. 抗菌・抗カビ塗料

抗菌活性のある物質を添加した塗料である．スルファミド類などの抗菌剤のほか，ゼオライトに銀や銅のイオンを含ませたものが用いられる．病院や学校など，公共

性のある施設の内装に用いられる．

e. 超撥水性塗料

表面エネルギーの著しく小さなフッ素樹脂を用いた塗料であり，水滴との接触角は150°以上にもなる．雪・氷の付着防止用途に用いられる．

f. 高耐候性塗料

フッ素樹脂塗料は，C－F結合の結合エネルギーが大きく，紫外線や酸素で分解しないことからすぐれた耐候性を示す．このため，メンテナンスフリーの橋梁や高層建築などの外装に用いられる．高価であるため用途は限定的である．

g. 親水性塗料

CH_3O－Si結合をもつシリコーン樹脂を屋外塗料に用いると，雨水の作用により塗膜表面で徐々に加水分解が進んでHO－Si結合に変わる．すると，塗膜が親水化して汚れが付きにくくなる．

h. 船底塗料

船底に水棲生物が張り付くと，航行時の摩擦抵抗が増し，燃費の低下につながる．これを防ぐ機能をもつ船底塗料として，1）塗膜から水棲生物の忌避物質が少しずつ溶け出る，2）塗膜が海水によってゆっくり加水分解され，親水性となることで表面が少しずつはがれる，これら二つの機能をあわせもったものが用いられる（図4・13）．忌避物質としては亜酸化銅や酸化亜鉛が，加水分解基としてはカルボン酸のシリルエステルが使われている．このほか，シリコーン系樹脂など低表面エネルギー材料を用いる塗料もある．

図4・13 試験片を用いた海棲生物の付着試験　左の二つが生物の忌避物質を塗布したもの，中央が市販の防汚塗料で処理したもの，右の二つが未処理のもの．写真は株式会社海洋バイオテクノロジー研究所提供

i. 電着塗料

これは塗料というよりも塗装技術に関するトピックであり、イオン性の塗料が電気泳動して被塗物に付着するという原理に基づいている。被塗物を陰極にしておくと、その界面では電気分解により水酸化物イオンが発生する。電気泳動で被塗物の近傍まできたカチオン性の塗料（アンモニウム塩）は局所的なpHにより脱プロトン化を起こしてアミンとなり、塗膜として析出する。自動車のボディーの塗装に用いられる（図4・14）。

j. 環境調和塗料

これまで塗料に用いられてきたトルエン、キシレン、酢酸エチルなどの揮発性有

図4・14　**自動車の電着塗装**　写真は関西ペイント株式会社提供

自己修復塗料

日用品の表面には、使い込むうちに擦り傷がついてしまう。これを防ぐのが自己修復塗料である。傷がつくのは、塗膜に加わった応力が高分子の架橋点に集中し、その力に耐えられなくなって一部の結合が切れてしまうことによる。もし架橋点が動滑車のように高分子鎖上を自在に動けたならば、応力の集中を回避して結合の切断を防ぎ、応力がなくなると元に戻ると期待される（5章p.128のコラムも参照のこと）。実際にそのような分子構造をもつ高分子材料が開発され、自己修復塗料としてスマートフォンなどに使用されている。

機化合物（VOC, volatile organic compounds）の大気中への排出規制が年々厳しくなり，また屋内では建材の塗料・接着剤由来のホルムアルデヒドや VOC に起因するシックハウス症候群が問題となっている．このような背景から，塗料の脱溶剤化に向けた取組みが精力的に行われており，溶剤（揮発分）を 30 ％以下に抑えたハイソリッド塗料のほか，水性塗料や粉体塗料が開発されている．

k. 水 性 塗 料

ほとんどがエマルション塗料であり，アクリル系や酢酸ビニル系などの樹脂が用いられる．溶剤型と比較してレオロジー性（物質の流動性や変形特性）にすぐれるが，耐候性や塗膜性能に劣る．多くは建築分野で用いられる．

l. 粉 体 塗 料

塗料の固体微粒子を噴霧後，焼成処理して塗膜を形成する．エポキシ系，アクリル系，ポリエステル系などがあり，塗装作業は専用室（ブース）内で行われる．ブースの下にたまった塗料をふるいにかけることで簡単に再使用できるという利点がある．

4・5 吸 着 剤

互いに混じり合わない二つの相の界面に，いずれかの相から物質が移動してきて界面で濃縮される現象を**吸着**（adsorption）という．吸着の駆動力は，界面自由エネルギーの低下である．**吸着剤**（adsorbent）は，材料の吸着現象を利用するものであり，代表的なものに脱臭剤などに使われている粒状活性炭がある．これは，ヤシ殻などの原料を 700〜800 ℃で空気を断って加熱した後，賦活とよばれる 1000 ℃前後の高温水蒸気による処理を経てつくられている．活性炭による脱臭は，活性炭表面ににおい物質（一般に低分子の有機化合物）が吸着されることを利用している．

加熱・賦活の処理をレーヨン，アクリル，フェノール系などの高分子繊維に施すと，活性炭素繊維が得られる．この繊維は加工性に富み，また，粒状活性炭よりも比表面積が大きくて吸着速度も速いという特長をもつ．コピー機やレーザープリンターなどのオゾン除去フィルター，自動車用エアコンの空気清浄フィルター，浄水器のカートリッジなどに用いられる．

活性炭はまた，固/液界面でも有機物を吸着する．この性質を血液中の毒性物質の吸着に利用したのが血液灌流法とよばれる血液浄化の一手法であり，薬物中毒の治療などに用いられる．粉末状の活性炭をつめたカラムに患者の血液ないしは血漿を通じて有害物質を吸着させる．血小板が吸着して血栓を形成したり活性炭微粉が

体内への拡散するのを防ぐため，吸着剤としてはセルロースやポリ(2-ヒドロキシエチルメタクリレート)などでマイクロカプセル化した活性炭が用いられる．活性炭以外に，イオン交換樹脂，多孔質樹脂なども臨床に用いられている．

血液灌流法は特定の化合物をターゲットにしたものではなく，もっぱら吸着剤と吸着質との間の分子間力に起因する可逆的な吸着（物理吸着）を利用したものである．

4・6 接 着 剤

接着（adhesion）は材料同士をつなぎ合わせる方法の一つであり，被着物表面に**接着剤**（adhesive）を作用させることにより行われる．一般的な接着剤には，以下のことが求められる．

① 流動する液体である
② 被着物を効果的にぬらす
③ 最終的に固化して内部の凝集力が向上する

これまでに述べた界面活性剤と異なり，強い凝集力が求められるため，接着剤としてはポリマーが適する．

4・6・1 接着の基礎

接着剤は，その目的に開発された特別な官能基をもつ化合物というわけではなく，むしろそのほとんどは汎用のポリマーであって，被着物との相性などによって適宜使い分けられる．接着剤は，製品として供されている形態，ないしは硬化反応の違いにより表 4・5 のように分類される．

接着の起こる仕組みは現在でも完全に解明されてはいないが，図 4・15 に示すように水素結合，酸塩基相互作用，ファン デル ワールス力（双極子間相互作用）など，

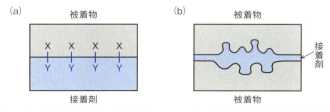

図 4・15 **接着の仕組み** (a) 分子レベルの相互作用，(b) 機械的な投錨効果

114   4. 界面・表面機能材料

表4・5 接着剤の分類

タイプ	形　態		例
溶剤揮散型	溶液型	有機溶剤型 水溶剤型	クロロプレン，ウレタン ポリビニルアルコール，デンプン
	水分散型 （ラテックス）		ポリ酢酸ビニル
化学反応型	一液型	熱硬化型 湿気硬化型	エポキシ，レゾール 2-シアノアクリル酸エステル， シリコーン
		嫌気硬化型	アクリル系オリゴマー＋ラジカル 　開始剤＋酸素
		紫外線硬化型	アクリル系オリゴマー＋光開始剤
	二液型	縮合反応型 付加反応型 ラジカル重合型	尿素樹脂 エポキシ，イソシアナート アクリル系オリゴマー
ホットメルト （熱溶融）型	ブロック，ペレット， 粉末，フィルム		ポリアミド，ポリエステル， ポリオレフィン
感圧型	再はく離型 永久接着型		ゴム，ポリアクリル酸エステル
再湿型		有機溶剤活性型 水活性型	にかわ デンプン，ポリビニルアルコール

　分子レベルで働く相互作用と，機械的な投錨効果（被着物の孔などに接着剤が入り込んで固まり，「引っかかり」ができること）の双方が主に関与しているといわれている．被着物がポリマーである場合には，界面での相互拡散も重要な役割を担っている．

　さて，接着は材料同士を接合させるための手段であるから，例外的な場合を除いては強い接着力をもつもののほうが好ましい．どのようなものが強い接着力を示すだろうか．

　接着剤と被着物の界面からそれぞれの成分を引きはがして元どおりに戻すような接着仕事 W_{SL} を考える．図4・16から，

$$W_{SL} = \gamma_{SV} + \gamma_{LV} - \gamma_{SL} \tag{4・6}$$

という関係があることがわかる．ここで，γ_{SV}，γ_{LV}，γ_{SL} はそれぞれ，接着剤蒸気に接した固体表面の表面エネルギー，接着剤の表面エネルギー，ならびに接着剤-被着物間の界面エネルギーである．これらのうち測定の可能なものは γ_{LV} のみであるた

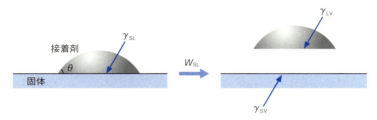

図 4・16　接着と界面張力

め，この式から直接 W_{SL} を見積もることは困難である．しかしながら，(4・3)式，(4・6)式より，接触角 θ を用いて，

$$W_{SL} = \gamma_{LV}(1 + \cos\theta) \tag{4・7}$$

と表すことができる．つまり，大きな接着仕事を得るには接着剤のぬれ性が良いことが条件となる．4・3・1節で述べたように，$\gamma_{LV} < \gamma_C$ の場合は，その液体が固体表面を完全にぬらすことを意味する．接着剤としては，そのような γ_{LV} をもつものを選べば良い．

溶解度パラメーターと接着性

　界面エネルギーとは別に，接着性の指標となる物性値として，**溶解度パラメーター**（solubility parameter）δ がある．これは，

$$\delta = \sqrt{\frac{E_n}{V}} \tag{4・8}$$

と定義される．E_n は物質の凝集エネルギー，V はモル分子容である．δ は溶質の溶解度を推定するのに有用なパラメーターであり，液体，ポリマー，金属固体などの広範囲にわたって実測が可能である．特にプラスチック同士の接着では，互いに近い δ 値をもつ接着剤と被着物の組合わせが好ましいことが知られている（表 4・2 参照）．

4・6・2　機能性接着剤

　接着剤の歴史は古く，多種多様のものが使われてきている．すべてを網羅するこ

116 4. 界面・表面機能材料

とは不可能なので，ここでは，特に何らかの機能をもった接着剤をいくつか紹介する．

a. 瞬間接着剤

α-シアノアクリル酸のエステル類であり，一般家庭用の汎用のものはエチルエステルである．被着物表面の吸着水や空気中の水分を開始剤にして重合が進行し（図4・17），秒単位で接着が起こる．種々の用途に用いられる．

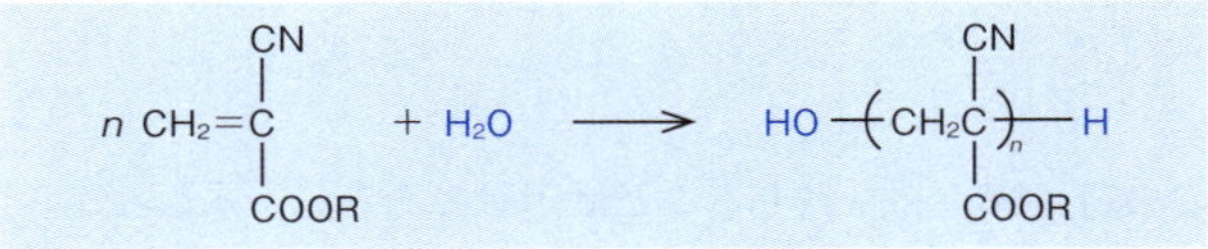

$$n\ \mathrm{CH_2=C} \begin{array}{c} \mathrm{CN} \\ | \\ | \\ \mathrm{COOR} \end{array} + \mathrm{H_2O} \longrightarrow \mathrm{HO} \begin{array}{c} \mathrm{CN} \\ | \\ \left(\mathrm{CH_2C}\right)_n \\ | \\ \mathrm{COOR} \end{array} \mathrm{H}$$

図4・17 シアノアクリル酸エステルの重合

b. アクリル系接着剤（第2世代アクリル系接着剤）

メタクリル酸メチル，メタクリル酸エステル系エラストマー，そしてレドックス型硬化剤を成分とする．2液系だが使用時に混合する必要はなく，一方の被着物に主剤，他方に硬化剤を塗って，それらを張り合わせるだけで良い．また，接着にかかる時間は数分程度と速硬化性である．さらに，防さびの目的で表面が油で処理されている鋼板を，そのまま接着できるという特長がある．

c. 嫌気性接着剤

ジオールのメタクリル酸ジエステルを主成分とし，硬化剤を含む一液系であるが，重合禁止剤として空気（酸素）を含んでいることを特徴とする．ゆるみ止めの目的でネジ孔にあらかじめ塗り込んでおいて，ネジを締めると，金属との接触面から空気が排除されて重合が進行する．溶け出した金属イオンが重合開始に関与していると考えられている．

d. 紫外線（UV）硬化型接着剤

UV照射によってラジカル重合が開始する接着剤である．アクリル系のモノマーおよびオリゴマー，それに光重合開始剤よりなる．接着面に紫外光が当たる必要があるため，被着物はもっぱらガラスや透明プラスチックに限られ，レンズや液晶セルなどの小型部品を工場のラインで接着する用途に適する．

e. ホットメルト接着剤

常温で固体の熱可塑性樹脂の熱溶融と冷却固化を利用した，溶剤や分散媒を用い

ない接着剤である．そのため，エネルギー，環境の面で他の接着剤よりもすぐれており，このことから，包装，製本，木工のほか，自動車，電気，建築の分野にも使用される．大きく分けて，ベースポリマーであるエチレン/ビニルアルコール共重合体に種々の添加剤を加えたコンパウンド型と，単独で使用されるポリエステル，ポリアミド，ポリウレタン系のものがある．

f. バイオ接着剤

海岸で，岩の上に張り付いているフジツボなどをはがそうとしても，そう簡単にはできない．これは，生物が接着剤を産生して，自らと岩とを強固に接着しているからである．このバイオ接着剤の成分はタンパク質であり，その構造は図 4・18 のようなものである．このタンパク質は，標準的な 20 種類のアミノ酸には含まれないヒドロキシプロリンやドーパといった構成成分をもつことを特徴としており，これらのアミノ酸が接着に大きくかかわっていると考えられている．

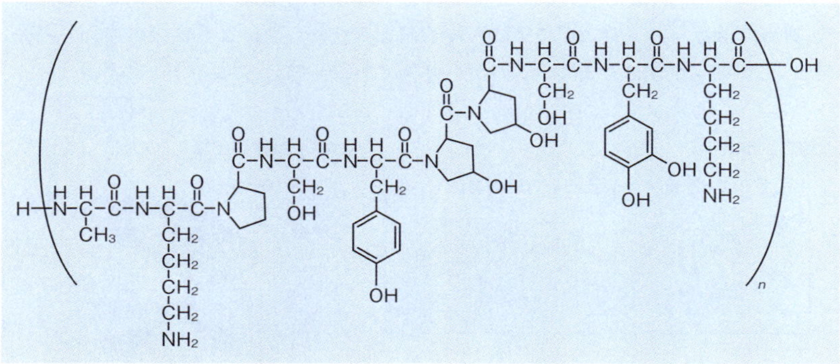

図 4・18　バイオ接着剤の化学構造

g. 解体性接着剤

近年，材料のリサイクルの見地などから，使用後にはがせる解体性接着剤が注目を集めている．液体有機化合物を内包したマイクロカプセルを分散させた接着剤では，使用後に加熱すると有機化合物が気化してマイクロカプセルが膨張し，接着力が低下してはがすことができる．また，ある種のイオン性化合物を混ぜ込んだ接着剤で金属同士を接着させたものでは，両側の金属に電場をかけると金属と接着剤の界面で電気化学反応が起こって接着力が低下し，わずかな力ではがれるようになるという．

自動車における接着技術

近年,自動車を取巻く環境は大きく変化しており,安全性,環境への配慮,快適さ,および利便性などが要求されている.これらの要求を満足する製品化が自動車業界では進んでおり,省エネのための軽量化や製品小型化のためのエレクトロニクス化が着実に進展している.これに伴い,自動車部品の材料は鉄などの金属材料から樹脂やアルミニウムに変わり,エレクトロニクス製品は小型・高密度実装化が進んでいる.

その結果,部品間の接合は従来の溶接,ろう付け,はんだなどの金属接合から,接着,樹脂溶着などの化学接合に変わりつつある.接着部品には被着体としてはポリブチレンテレフタレートなどのエンジニアリングプラスチックが,接着剤には主としてエポキシ系のものが使われている.一方,自動車部品は高い信頼性を要求されるため,高度の接着信頼性が必要である.高度の接着信頼性を確保するためには,初期の接着強度を向上し界面はく離から凝集破壊モードに変える接着性制御技術と,ストレス環境下でも接着接合が破壊しないように接着接合の寿命を向上させる寿命向上技術の二つが不可欠である.(資料提供 (株)デンソー)

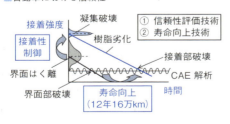

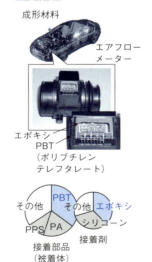

4・6・3 粘着剤

指圧程度の圧力で押さえるだけで接着できる接着剤を，特に**粘着剤**（pressure-sensitive adhesive）という．接着剤がポリマーの溶液や分散液であるのに対して，粘着剤はガラス転移温度が室温以下（おおむね－60～－40℃）の半固体状ポリマーそのものであり，溶剤を含んでいない．粘着剤としては天然ゴムおよび合成ゴム，アクリル系ポリマーなどが用いられる．粘着剤は，熱などのエネルギーなしに瞬間的にくっつけることができ，厚さが均一で，温度変化で発生する歪みを吸収でき，また比較的簡単にはがせるといった特長をもつ．その反面，接着力が小さい，温度依存性が大きい，シールや両面テープでははく離紙などの廃棄物が出る，という欠点がある．

粘着剤を用いた透明テープの構造を図4・19に示す．支持体にはプラスチックフィルムなどが用いられ，粘着剤との接着を強固にするため下塗り剤の層がある．ロール状のテープから必要な分だけを取出すには，a-d の粘着力は弱いことが要求される．また，いったん貼り付けたテープをきれいにはがすためには，b-c，c-d の間の接着（粘着）力がテープと被着物との間の粘着力よりも大きい必要がある．透明テープはこのような観点から材料設計がなされている．なお，支持体の両面に粘着剤の層をつくり，そのうち一方の面にはく離紙の層を設ければ両面テープとなる．

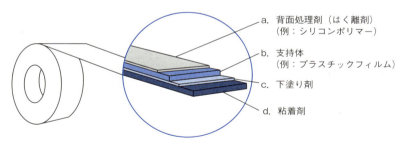

図4・19　透明粘着テープの構造

力学・強度機能材料

5

　高分子材料は長い分子鎖を有し，軽量である．そのため，他の材料には見られないすぐれた力学的特性を示し，私たちの身のまわりで数多く利用されている．本章では，種々の材料のなかで特徴的な力学的特性を示す有機・高分子材料について，その力学的特性を示す理由を構造や物性に基づいて解説し，さらに高分子材料の高性能力学的機能材料としての応用例についてふれる．

5・1　有機・高分子材料と他の材料との力学的性質の比較

　高分子材料，無機材料，金属を三大材料とよぶ．これらの材料の特徴を原子の結合様式から考えれば，高分子では共有結合，ファン デル ワールス力および水素結合，セラミックスは共有結合とイオン結合，金属は金属結合からなっている．一般にイオン結合，共有結合，金属結合における結合エネルギーは大きく，分子間力としてのファン デル ワールス力，水素結合のエネルギーは小さい．

　高分子を構成する結合と力学的性質のかかわりについては5・1・2節でふれる．

5・1・1　原子・分子配列による材料の分類

　上記の三つの材料のグループは，原則として原子・分子の配列により分類される．図5・1には，これらの材料の原子・分子配列を示す．また表5・1には金属，セラミックス，高分子材料の弾性率，引張り強度，破断伸びを示す．金属の原子はできるだけ密に原子を充填しようとする．図5・1(a) は面心立方晶を形成する金属に見られ，ABC，ABC，…のような規則的な繰返し配列を有している．このような原子の空間格子が一つの結晶を形成し，通常は方位がそれぞれ異なった結晶が集まって

多結晶体構造となる．金属の大部分は結晶であり，最密充填面で外力によって容易に転位の移動によるすべりが起こるので，延性にすぐれている．

一方，多くのセラミックスは金属–酸素結合から構成されている．たとえば SiO_2 の場合，Si 原子は各四面体の中心にあり，頂点に酸素原子が配置している．このような配列が規則的に三次元に配列すると，石英結晶になる．SiO_2 は不規則な網目状に配列することも可能であり，溶融状態から急冷すると，非晶質の石英ガラスとなる．普通のガラス（ソーダ石灰ガラス）には，さらに Na^+ イオンと Ca^{2+} イオンが含まれている（図 5・1b）．セラミックスは一般に高い弾性率と強度を示すが，伸びは小さく，靭性が低い．

高分子は C と H，O，N，S などの元素からなる巨大な分子鎖で構成されている．高分子では，原子の充填密度はきわめて小さい．分子鎖はモノマー（単量体）の繰返しで構成されている．気体状のモノマーであるエチレン C_2H_4 は重合により，共

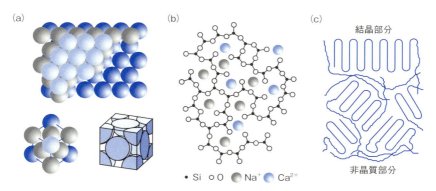

図 5・1 金属，セラミックス，高分子材料の原子・分子配列　(a) 金属結晶（立方最密充填），(b) 無機材料（ガラス），(c) 結晶性高分子

表 5・1 金属，セラミックス，高分子材料の弾性率，引張り強度，破断伸び

材　料	弾性率（GPa）	引張り強度（MPa）	破断伸び（％）
E-ガラス（無アルカリガラス）	70〜100	300〜400	1
Al_2O_3	250〜480	1000〜4000	0.1
CoCr 合金（Co 100, Cr 28, Ni 7）	225	735	10
ステンレス 304 鋼	140	705	64
ポリメタクリル酸メチル	2〜5	40〜80	5
ポリエチレン	0.4〜4	30〜50	100〜300
ゴ　ム	0.001〜0.1	5〜40	200〜1500

有結合を形成しポリエチレン（PE）となる．このような一般の鎖状ポリマーは，$n=10^3 \sim 10^5$ 個のモノマーがつながったものである．室温では，この鎖状構造はファン デル ワールス力により，不規則な非晶質または規則正しく配列した結晶が共存した高次組織を形成する（図 5・1c）．ゴム状の物質では，分子鎖が架橋されて三次元網目構造を形成する（図 5・2b 参照）．

5・1・2 材料の力学的性質の比較

　高分子の骨格を形成する主鎖は，共有結合で結ばれた原子からできている．共有結合が強力であることは，炭素原子同士が 4 本の共有結合で結ばれたダイヤモンドが結晶となり，高い硬度を示すことからも容易に推測できる．また，最も単純な主鎖からなるポリエチレンの結晶の分子軸方向の破断強度を試算すると 31 GPa となる．金属，セラミックス系で理想結晶に近い，鉄，アルミナのウイスカーの引張り強度はおよそ，その半分の値である．

　一方，高分子の分子鎖間の結合力は，主鎖と比較してはるかに弱い．ポリエチレンの結晶の分子軸に直角な方向の強度の試算例では 0.375 GPa であるから，強度の異方性値は 31/0.375＝82.7 となる．ポリエチレン結晶の弾性率の異方性を比較しても，ほぼ同様な相違がある．したがって外力を加えれば，分子の主鎖は優先的にその方向に配向しようとする．

　セラミックスは耐熱性，耐摩耗性，耐腐食性などの特性をもつ構造材料であるが，粒子焼結体であるため，粒界などの欠陥による脆性破壊が問題となる．強靭性を与えるためには，き裂先端における破壊エネルギーの増大を何らかの工夫で補うことになる．

　高分子材料の場合，温度，変形速度などの条件を整えれば，強靭性を発現させることができる．すなわち，変形過程では外力によって高分子鎖がマトリックス内で働く分子間力に打ち勝って引き出されてくる塑性変形プロセスがあり，その際に必要なエネルギーが強靭性に寄与する．分子間力の総和が主鎖の共有結合力を上まわると，分子鎖が切断されて脆性破壊が起こる．この特徴は，直鎖状高分子がその分子の主鎖方向に変形や応力によって配向している繊維になるとより明確になる．ガラス転移温度より高温では高分子鎖の形態（コンホメーション）の変化が容易になり，材料に適度に柔軟で強靭な性質を与える．ゴムが小さい力で非常に大きく変形し，弾性を示すのも，高分子のコンホメーション変化による．他の材料では，この性質を得ることは不可能である．

5・2 ゴム弾性

分子鎖間を共有結合で結合し，**三次元網目構造**（network structure）を形成する高分子は，ガラス転移温度 T_g 以上では"ゴム弾性"というきわめて特異な性質を示す．図5・2は（a）非晶性高分子，（b）架橋ゴム，（c）熱可塑性エラストマーの凝集構造を示す．ゴム状態では分子鎖が激しく運動しており，流動性を示さずゴム弾性を示すためには，架橋点の存在が必要不可欠である．架橋ゴムでは複数の分子鎖が共有結合により結合した部分が，熱可塑性エラストマーでは室温より高い T_g あるいは融点 T_m を有するハードセグメントドメインが，架橋点として働く．熱可塑性エラストマーについては5・2・3節を参照されたい．

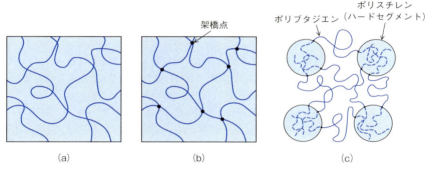

図5・2 ゴムと熱可塑性エラストマーの凝集構造 （a）非晶性高分子，（b）架橋ゴム，（c）熱可塑性エラストマー

5・2・1 ゴムの特徴

ゴムは次のような特徴を有している．

① 通常の固体ではその弾性率は 1～100 GPa であるが，ゴムは 1～10 MPa と非常に低い弾性率を示す．

② そのために弱い力でもよく伸び5～10倍にも変形するが，力を除くとただちに元の長さまで戻る．しかし，伸びきった状態では非常に大きな応力を示す．

③ 弾性率は絶対温度に比例する．

④ 急激（断熱的）に伸長すると温度が上昇し，その逆に圧縮すると温度が降下する．これを **Gough-Joule 効果**という．

⑤ 変形に際して体積変化がきわめて少ない．すなわち，縦方向と横方向におけ

る伸び・縮みの比を表す**ポアソン比***（Poisson ratio）が0.5に近い．

このようなゴム弾性を示す状態を**ゴム状態**（rubbery state）という．その性質は無機，金属およびガラス転移温度以下の高分子とは著しく異なっている．この相違はゴムの弾性が他の固体の弾性と本質的に異なったメカニズムで発現しているためである．

免震ゴム

免震の基本的な考え方は，① 建物と地震波が共振しないようにする，② 地震エネルギーが建物や内蔵物に伝わらないようにすることの2点である．免震ゴムでは，ゴムと鋼板を交互に何層も積層した積層ゴム支承（MRB）を，建物や橋梁を支える部分に設置する（図5・3）．ゴムの体積弾性率は高いので，垂直方向には建物を支えうるのに十分な硬さを，一方，ずり弾性率がきわめて低いので水平方向には地震時の建物の動きを緩やかな往復運動に変えうる軟らかさをもっている．免震ゴムを使った免震棟では，MRBの変形により，地震のときにはゆっくりと平行に揺れ，最大加速度が低下する．免震ゴムの有効性は阪神大震災の際に明らかにされている．最近では高層ビルや高架橋にも採用されている．

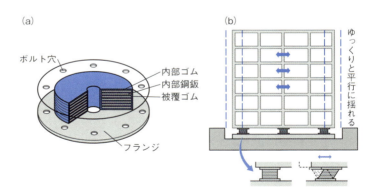

図5・3 免震ゴムの構造（a）と免震構造設計の建物の揺れ（b） 株式会社ブリヂストンのホームページより許可を得て転載

---

* ポアソン比は $\nu = \frac{1}{2}\left[1 - \frac{1}{2}\left(\frac{\partial V}{\partial \varepsilon}\right)\right]$ で定義され，体積変化のない（$(\partial V/\partial \varepsilon)=0$）の場合は1/2となる．

5・2・2 固体における弾性の発現機構とゴム弾性

図5・4に固体における弾性の発現機構を示す．金属や無機材料の弾性は主として変形による内部エネルギーの変化に起因する．すなわち，ある平衡位置近傍で振動している原子や分子に力をかけたとき，平衡位置が変位して原子間または分子間ポテンシャルエネルギーが変化することによって生じる．このような弾性を**エネルギー弾性**（energy elasticity）という（図5・4a）．ガラス状態の高分子や高分子結晶の弾性はエネルギー弾性である．

次に，ゴムの場合を考えてみよう．室温はゴムのガラス転移温度以上に当たるので，分子は激しい振動，すなわちミクロブラウン運動を行っている．その結果，分子鎖はいろいろな形態をとることができ，エントロピーが大きい状態になっている．図5・4(b)に示すように力をかけると分子が変形し，引き伸ばされる．そのために変形前の状態に比べて分子鎖の形態変化に制限が加えられ，エントロピーが減少する．このような弾性を**エントロピー弾性**（entropic elasticity）といい，**ゴム弾性**（rubber elasticity）はエントロピー弾性に起因する．ゴム弾性の発現に際して構造的に重要なことは，分子間に架橋（橋かけ）をすることである．架橋をしていないと，応力が分子間に十分伝達されず，流動が起こる．しかしながら，架橋密度を高くしすぎると分子が運動しにくくなり，ゴムの性質を示さなくなる．

大きく伸長した状態では架橋した部分に力がかかるようになる．このようなところでの弾性は，もはやエントロピー弾性というよりもエネルギー弾性の効果が大きくなり，急激に応力が増加する．

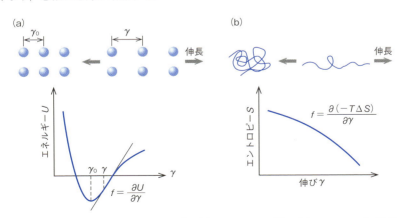

図5・4 **固体における弾性の発現機構** (a) エネルギー弾性，(b) エントロピー弾性

5・2・3 熱可塑性エラストマー

共有結合で架橋がなくてもゴムの性質を示す高分子として，スチレン/ブタジエン/スチレンのトリブロック共重合体（SBS）などが工業化されている．二つの成分は非相溶性であり，図5・2(c)のようなミクロ相分離構造を形成する．ポリスチレンのガラス転移温度は373 Kなので，常温ではポリブタジエン部分に対する架橋点としての役割を果たしている．しかし373 K以上では流動性を示すようになるので，成形加工が可能となる．このゴム状高分子が中心ブロックのトリブロック共重合体は典型的な**熱可塑性エラストマー**（thermoplastic elastomer）の例である．その他の熱可塑性エラストマーとしてはセグメント化ポリウレタン（図7・3参照）やセグメント化ポリエステルが実用化され，自動車，機械部品，工業資材，衣類などさまざまな用途に用いられている．

また，分子量が100万を超える直鎖状高分子もゴム弾性的な挙動を示す．これは分子量が大きいために分子鎖間でからみ合いが起こり，そのからみ合い部分が架橋点と同じ働きをしているためである．しかし，この架橋点は共有結合ではないので，長時間変形を保っておくと流動してしまい，応力が著しく低下する．

5・2・4 ゲ ル

ゲル（gel）は一般に三次元網目状に架橋された高分子の溶媒による膨潤体と定義される．水を溶媒とするものを**ハイドロゲル**（ヒドロゲル，hydrogel）とよぶ．架橋点は共有結合のみならず，水素結合，イオン結合，配位結合などの分子間力による結合がある．また，微結晶やからみ合い点が架橋点となる場合もある．図5・5はゲルの膨潤の様子の模式図である．三次元網目高分子を溶媒中に入れると，高分子

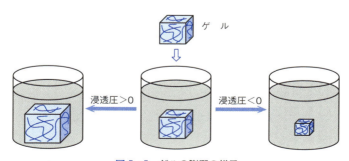

図5・5 ゲルの膨潤の様子

誘電エラストマーとアクチュエータへの応用

　誘電材料についてはすでに3・4節でふれたが，高分子ゲル（5・2・4節参照）のようなソフトマテリアルを利用したアクチュエータ材料も検討されている．高分子アクチュエータには，いくつかの駆動式がある．そのなかで温度駆動式は，イオン導電性高分子ゲルを利用したイオン性タイプのものと誘電ポリマーを利用した誘電性タイプのものに分類される．後者は，柔軟性電極から誘電ポリマー（柔軟誘電層）へ電圧を印加すると柔軟性電極に挟まれた誘電ポリマーの上下面に異なる符号の電荷が蓄積されることで発生するマクスウェル応力により変形するのでアクチュエータへの応用が期待される．

　ポリマーを誘電型高分子アクチュエータに利用する場合，長期間にわたる電圧の繰返し印加に耐える高絶縁性能と高変位を確保するため，低ヤング率・高誘電特性が必要とされる．一般にポリマーの比誘電率と体積固有抵抗は相反関係にあり，体積固有抵抗の高いポリマーの比誘電率は低くなる．このため，高抵抗・低比誘電率ポリマーを利用した場合，高電圧の印加がないと必要な変形が得られないという短所がある．

　最近では，ゴムの特徴である低弾性率，伸ばしても元に戻る復元性を活かし，セラミックスや樹脂系強誘電材料と比較して高変位な高分子アクチュエータに関する報告例（スマートラバーアクチュエータ，図5・6）もある．今後，低電圧駆動でも高変位が確保できる柔軟誘電ポリマーの開発が重要になる．誘電ポリマーはアクチュエータ以外にも発電やセンサーへの応用も期待される．

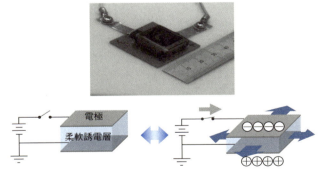

図5・6　スマートラバーを利用したオールゴムの誘電型高分子アクチュエータの写真およびその原理の模式図　住友理工株式会社提供

は溶媒の侵入により大きく膨潤する．体積膨張で表した膨潤の度合い（膨潤度）は数百倍に及ぶことがある．膨潤度は膨潤状態，乾燥状態におけるゲルの体積を V，V_0 とすると $Q=V/V_0$ で定義される．溶媒中に浸して十分に膨潤させたとき（平衡膨潤）の膨潤度 Q は，溶媒がゲル内に浸透しようとして網目を膨らませようとする力（溶媒力）とそれを抑える網目の弾性力とのつり合いにより決まる．したがって，高分子を溶解する能力の大きい溶媒を用いるほど大きく膨潤し，網目鎖密度（架橋密度）が高いほど膨潤度は低い．溶媒力の変化による膨潤度の変化は，希薄溶液中の1本の高分子鎖の膨張，収縮と類似の挙動である．良溶媒から貧溶媒へと溶媒を変えた場合は溶媒力の減少に伴い急激な収縮が起こる．ゲルの膨潤，収縮を起こす環境因子としては溶媒の溶媒力だけではなく，温度，pH，イオン組成，イオン強度，電場などがある．ハイドロゲルの場合，これらの因子を制御することにより自重の $10\sim1000$ 倍の水を含むものが得られる．ハイドロゲルはおむつ，生理用品などの日用品から，ソフトコンタクトレンズ，砂漠の緑化対策まで幅広く用いられている．最近ではさまざまな化学構造のゲルがDDS，センサー，アクチュエータなどの機能性材料として応用されている．

自 己 修 復 材 料

　生体の自己治癒力のような自己修復性機能をもつ材料を利用した工業製品や構造物では，安全性や信頼性が向上するため，近年，大きな注目を集めている．自己修復性には，凹んだ箇所が平坦に戻る，表面の傷が消える，き裂が再び連結する，欠損部を他の物質が埋めていきクラックを修復するものなどがある．

　高分子材料で自己修復性機能を付与する技術は物理的手法と化学的手法という大きな二つの手法に基づき開発が行われてきた．物理的手法では分子ネットワークの弾性力を利用する，すなわち材料が受けた損傷をできる限り弾性エネルギーに変換し，時間経過とともに元の状態へと修復する機構である．

　一方，化学的手法では可逆的な結合や分子間相互作用の解離・生成などを用いる．化学的手法はさらに二つに分けられる．一つは重合性のモノマーのクラック発生時のマイクロ容器からの放出・急速重合を利用したシステムである．高分子マトリックス中に重合可能なモノマー含有のカプセルあるいは微細な中空ガラス繊維製のマイクロ容器を導入し，き裂が生じた際にカプセル中の，あるいはマイクロ溶液中のモノマーがき裂に流れ込み，急速に重合して修復する．このシステムでは，比較的高強度な高分子材料に適用できる利点がある一方で，マイクロ容

コラム（つづき）
器による調製プロセスの複雑さ，修復回数の制限といった課題がある．

　もう一つのシステムは，可逆的な結合や相互作用を用いた分子システムである．たとえば，特定の環境下において選択的に解離する結合を高分子骨格中に組込み，損傷の際に優先的にこの結合が切断，その後再結合することで元の状態へと修復するという機構を用いる．可逆的な結合や相互作用の存在が材料の安定性低下へとつながる場合が多いため，高強度化が困難という課題はある．しかしながら，修復回数の制限がなく何度でも修復できるという特長をもっている．

　さらに，可逆的な結合あるいは相互作用によるアプローチは二つに分類できる．すなわち，超分子化学に基づくアプローチと動的共有結合化学を利用するアプローチである．前者は水素結合やイオン結合，ホスト-ゲスト相互作用に代表される非共有結合（分子間相互作用）を用いた方法であり，環境に応答してこれら相互作用のオン/オフ変換が可能である．後者では，共有結合でありながら外部環境に応じて超分子のように解離・結合の平衡状態となる動的共有結合を利用する（図 5・7）．さまざまな環境下で平衡状態となる動的共有結合が見いだされており，その多様性から超分子化学と同様に機能性材料の開発など幅広い応用が期待されている．また，動的共有結合を利用した自己修復材料も開発されている．これまでに高温下や紫外光・可視光照射下，酸触媒存在下で自己修復する材料に関する報告がなされている．最近，室温・空気中という温和な条件で自己修復する材料も報告されている．現在，高分子自己修復材料の大部分はガラス転移温度の低いゴム状材料やゲルであるが，今後は弾性率，強度の高いプラスチックでの自己修復性の実現が課題である．

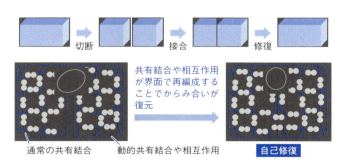

図 5・7　可逆的な結合や相互作用を用いた自己修復システム
　　　東京工業大学大塚英幸教授提供

5・3 高分子材料の力学的性質と粘弾性

高分子材料は，非常に硬くて脆いガラス状態のものから，引張り破断伸びが10〜500％もあり，延性を示す繊維やフィルム，さらに数百％の延伸・復元というゴム弾性を示すエラストマーまでさまざまである．それらの多様性は，分子鎖の一次構造はもとより，分子鎖の形成する高次構造（凝集状態）や分子鎖の熱運動状態の多様性に基づいている．

5・3・1 応力と歪みの関係

最もよく普及している力学的試験法は応力-歪み試験である．すなわち，試験片を一定速度で変形させながら，応力の変化を測定して，応力 σ と引張り歪み ε の値をプロットし，その関係を表したものが**応力-歪み曲線**（stress-strain curve）である．応力-歪み曲線は高分子の軟らかさや硬さ，脆性（脆さ），靭性（タフネス）などのさまざまな性質によって形状が異なる．この曲線の初期の傾きは引張り弾性率（E，ヤング率）に対応する．図5・8は種々の高分子材料と金属の応力-歪み曲線である．ポリメタクリル酸メチル（PMMA）のような硬く脆い高分子の場合，歪みの小さい領域で破壊を示す．硬く靭性のあるポリカーボネートや軟らかく靭性のあるポリエチレンは歪みが大きくなると応力が極大（降伏点）を示す．

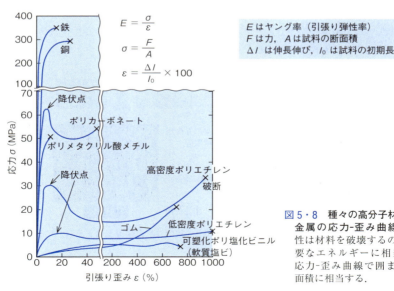

図5・8 種々の高分子材料と金属の応力-歪み曲線 靭性は材料を破壊するのに必要なエネルギーに相当し，応力-歪み曲線で囲まれた面積に相当する．

一方，ゴムやポリ塩化ビニルに可塑剤を加えた可塑化ポリ塩化ビニルは低い弾性率と大きな伸びを示す．このような変化は一つの高分子材料で温度を変化せたとき，あるいは歪み速度を広い範囲で変化させた場合に見られ，低い温度での挙動は大きな変形速度に対応しており，後述する粘弾性が現れている．

5・3・2 粘弾性の測定

高分子材料の力学的性質を考えるとき，金属材料とは異なった大きな特徴は，応力-歪み曲線やその他の物理的性質が，試料の温度と測定の速度に依存して著しく変化することである．これは，高分子が"粘弾性"をもっているためである．高分子の多くは弾性体と粘性体の中間の性質を示し，この性質を**粘弾性**（viscoelasticity）とよんでいる．高分子材料は一般に固体であるから，程度の差はあれ弾性をもつことは理解できる．しかし高分子材料には，粘性をもたなければ説明できない性質ももっている．

弾性体である固体の応力 σ が働いて，応力に比例する歪み γ が生じ，応力を取除くと歪みもゼロに戻る．これを弾性的変形（フック弾性）といい，比例係数 G が**せん断弾性率**（shear elastic modulus）である．

$$\sigma = G\gamma \tag{5・1}$$

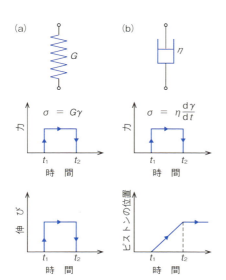

図5・9 力学モデルにおける弾性要素(a)と粘性要素(b)

この固体の弾性体としての性質を図5・9(a) の"バネ"で表す.
　一方, 粘性は液体の特性であり, 応力 σ に比例する一定の変形速度 $d\gamma/dt$ で変形し, 応力を取除いてもそのままの状態を保って元に戻らない.

$$\sigma = \eta \frac{d\gamma}{dt} \quad (5\cdot 2)$$

ここで比例係数 η が**粘性率**（viscosity coefficient）となる. この液体としての粘性体の性質を図5・9(b) の"ダッシュポット"で表す.

a. 静 的 粘 弾 性
　このバネとダッシュポットという二つの要素の組合わせで, 粘弾性体の変形を考える. 二つの要素の基本的な組合わせ方には, 図5・10に示す直列の**Maxwell モデル**と並列の**Voigt モデル**がある.

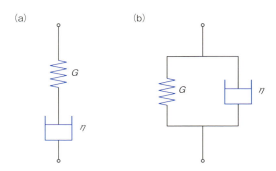

図5・10　Maxwell モデル（a）と Voigt モデル（b）

　ある瞬間に試料片に一定量の歪みを与え, 試料にかかる応力のその後の時間変化を調べる**応力緩和**（stress relaxation）測定はクリープの測定とともに, **静的粘弾性**試験法として知られている. クリープとは, 一定の応力を加え続けたとき, 歪みが時間とともに増大することを指す. 応力緩和は Maxwell モデルで, クリープ挙動は Voigt モデルで定性的に説明される. このとき一定の歪みを加えたときの応力変化より, 緩和弾性率は $G(t) = \sigma(t)/\gamma$ となる. 一方, 一定の応力を加えたときの歪みの変化より, クリープコンプライアンスは $J(t) = \gamma(t)/\sigma$ で与えられる.

b. 動 的 粘 弾 性
　一方, 正弦波形の歪み $\gamma(t) = \gamma_0 e^{-i\omega t}$（$\gamma_0$：歪み振幅, ω：角周波数）を与えて, 対

応する歪みあるいは応力を測定する試験法が，**動的粘弾性**（dynamic viscoelasticity）測定である．この場合の応力と歪みの比として定義されるせん断弾性率 G^* は複素数となり，その実数部 G' と虚数部 G'' は周波数 ω の関数であって，それぞれ貯蔵弾性率および損失弾性率とよばれる．

$$G^*(\omega) = G'(\omega) + iG''(\omega) \tag{5・3}$$

応力緩和とMaxwellモデル

いま Maxwell モデルに一定の歪みを加えたときの，バネとダッシュポットに加わる歪みをそれぞれ γ_1, γ_2 とすると，γ は次式で表される．

$$\gamma = \gamma_1 + \gamma_2 \tag{5・4}$$

このとき，γ_1, γ_2 を σ, G, η で表すと，

$$\frac{d\gamma}{dt} = \frac{1}{G}\frac{d\sigma}{dt} + \frac{\sigma}{\eta} \tag{5・5}$$

$t = 0$ で，一定の歪み γ_0 を与えた条件で微分方程式を解くと，

$$\sigma(t) = G\gamma_0 e^{-t/\tau} \tag{5・6}$$

のようになる．このときの応力の時間変化を図 5・11 に示す．変形を与えた瞬間はダッシュポットが動かず，バネが伸び，それに対応した力がバネに蓄えられるが，次第にダッシュポットが変形しはじめて力が減少していく．減少の速さは粘性と弾性の比，$\tau\,(=\eta/G)$ で決まる．τ は応力が初期の $1/e$ になる時間であり，**緩和時間**（relaxation time）とよばれる．

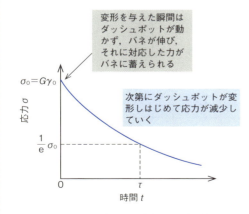

図 5・11 Maxwell モデルの応力緩和

$G'(\omega)$ は与えられた歪みによって蓄えられたエネルギーの尺度であり，$G(\omega)$ は粘性的な挙動により位相がずれ，エネルギーが散逸する割合の目安となる．また G'' と G' の比は，**力学的損失正接**（mechanical loss tangent）$\tan\delta\ (=G''/G')$ とよばれる．

c. 粘弾性の測定例

静的粘弾性測定の例として，ポリイソプレンの引張り緩和弾性率の温度依存性を図 5・12 に示す．低温側では 1 GPa 以上の高い緩和弾性率を示すが，ガラス転移領域では急激な応力緩和を示す．弾性率が 1 GPa（10^9 Pa）以上の領域をガラス状態，1～10 MPa（10^6～10^7 Pa）の領域をゴム状態とよぶ．

図 5・13 は非晶性高分子材料と結晶性高分子材料の G' および G'' の測定温度依存性の模式図である．非晶性高分子材料の場合，ガラス状態は低温，高周波数領域に観測され，高温，低周波数領域に流動域あるいはゴム状態が観測される．ガラス転移領域は α 緩和ともよばれ，弾性率は 3 桁あまり急激に低下する．この温度領域では主鎖のミクロブラウン運動が起こっている．一方，結晶性高分子の場合，α_a 緩和より高温で粘弾的になることが観測される．高分子材料は，温度が同じでも高い周波数を使った測定に対してはより硬く振舞い，同じ周波数（時間スケール）の測定では，温度の低いほうが硬くなる．このように，温度を上げることは周波数を低くすることに対応するという**時間-温度換算側**（time-temperature superposition

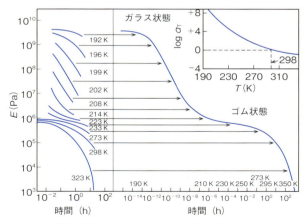

図 5・12　ポリイソプレンの種々の温度での引張り緩和弾性率の時間依存性と合成曲線

principle) は，非晶性高分子について，ガラス領域からゴム領域まで広い範囲で成立する．そのため，温度を液体窒素温度のような低温からガラス転移温度以上の高温まで変化させて G' や G'' を測定し，そのデータを，周波数軸に沿ってずらして重ね合わせることにより，非常に幅広い時間域にわたっての弾性率変化を知ることができる．図 5・12 のポリイソプレンの種々の温度での応力緩和曲線は基準温度 T_s (298 K) を中心に低温側のものを短時間側に，高温側のものを長時間側に移動させれば 1 本の曲線（合成曲線（マスター曲線））でつながることが推測できる．このような方法で，実際には測定できないような非常に長い時間の，高分子材料のクリープ変形の大きさを推定することも可能である．たとえば，測定温度 T において横方向に移動する大きさに対応する移動因子 a_T は，高分子の種類に依存せず，非晶性高分子の場合，

$$\log a_T = \frac{-C_1(T-T_s)}{C_2+T-T_s} \tag{5・7}$$

に従うことが知られており，発見者 Williams, Landel と Ferry の頭文字をとって **WLF 式**とよばれている．（ただし，$T_s=T_g$ の場合，$C_1=17.44$，$C_2=51.6$）

ガラス転移温度以下でも，ポリマー鎖中の側鎖や主鎖中の原子団の局所的な運動

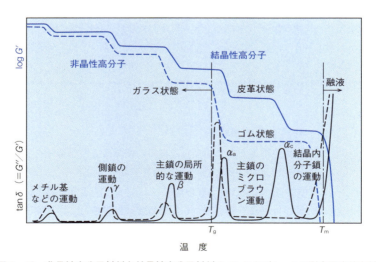

図 5・13 非晶性高分子材料と結晶性高分子材料の G' および $\tan\delta$ の測定温度依存性

は存在しているので, 貯蔵弾性率 G' の変化および tan δ のピークは, 図5・13に示すように, ガラス転移温度 T_g においてのみならず, それらの局所的な分子運動が凍結されていく温度に対応して順次現れる. これらの T_g より低い温度で現れる転移点のことを副ガラス転移とよび, 動的粘弾性の測定のみならず, 誘電緩和, NMRによっても観測することができる. tan δ (G'') の極大はエネルギーの吸収に対応するので, **力学的吸収** (mechanical absorption) とよばれる.

粘弾性——変形時間と変形速度に依存する力学的性質

　材料に変形を与えた場合, 分子の配置が平衡状態からずれると, 平衡状態に戻ろうとするために復元力が発生する. 完全弾性体や純粘性液体では, 分子の運動が速くて, 瞬時に平衡状態に戻る. コロイド粒子や高分子では熱運動が遅いために, 平衡状態に戻る時間が観測できる程度に長くなる.

　たとえば, 生ゴムは一見普通のゴムであるが, 静置しておくと低い周波数に対応するので液体状に振舞い流れて平らになる. また, スライム (ポリビニルアルコールをホウ酸で架橋したもの) やシリパテ (架橋していないシリコーンゴムに固体粒子を分散させたパテ状の物質) は, ゆっくり変形すると大きく伸びるが, 丸めて落とすときの衝撃は高い周波数に相当するので弾性的に反発する.

　これらの物質ではある固有の特性速度 (特性時間) を基準として, 粘性的, 弾性的な振舞いが見られる. このような粘弾性挙動は高分子材料の加工のみならず, 塗料, 印刷インク, 接着剤, 食品, 化粧品, 生体材料などさまざまな有機材料において重要な特性である.

5・3・3 高分子材料の耐衝撃性

　このような力学的緩和挙動や力学的吸収は材料の性質に大きな影響を及ぼす. **耐衝撃性** (impact strength) は実用上重要な力学的性質の一つである. 一般に PMMA や PS のような硬くて脆い材料は耐衝撃性が低く, PC などのように破壊に必要なエネルギーの大きい材料は耐衝撃性が高い. 衝撃強度は粘弾性と密接に関連し, 一般に使用温度より低温側に大きな力学的緩和を示す材料は高い耐衝撃性を示す. 図5・14は種々の高分子固体のアイゾッド衝撃強度と室温以下の低温で観測される分散の大きさ, すなわち tan δ を 0 K より 300 K まで積分した値 L の関係を示したも

のである.図から衝撃強度と低温分散の緩和の大きさの間には相関があることがわかる.ポリカーボネート(PC)はT_gが423 Kと高いにもかかわらずPSに比べて耐衝撃性にすぐれているのは,室温以下に,主鎖の局所的な運動に基づく大きな低温緩和が存在するためであると考えられる.すなわち,衝撃破壊時の外部からの衝撃エネルギーは,破面の形成にのみ消費されるのではなく,それらの一部は粘弾性緩和に対応するような内部摩擦でも消費され,低温緩和の大きい高分子では内部摩擦による衝撃エネルギーの吸収が大きいために衝撃強度が高くなる.

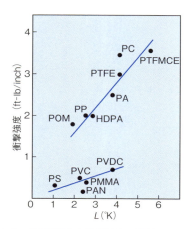

図 5・14 アイゾッド衝撃強度と粘弾性との関係 アイゾッド衝撃試験のハンマーの速さは2〜3 kHzに相当する.Lは$\tan\delta$を0 Kより300 Kまで積分したものである.衝撃強度はノッチの単位長さ当りの吸収エネルギーで表している.PTFMCE:ポリトリフルオロモノクロロエチレン.Y. Wada, T. Kasahara, *J. Appl. Polym. Sci.*, **11**, 1664 (1967).

5・4 高強度・高弾性率高分子

5・4・1 高強度・高弾性率繊維

繊維の基本的な引張り特性は破断強度(単に強度という),破断伸び,初期弾性率で表される.**高強度・高弾性率繊維**(high-strength, high-modulus fiber)は,ナイロン繊維のような通常の繊維よりもさらに倍以上強く,およそ10倍高い弾性率をもつ繊維である.具体的には,高強度・高弾性率繊維は「強度が2 GPa以上で,弾

性率が 100 GPa 程度以上の繊維」を指している．なお，通常の繊維（ポリエステル繊維やナイロン繊維など）の引張り特性は，強度が 0.3〜1.0 GPa，破断伸びが 15〜40 %，初期弾性率が 2〜10 GPa ぐらいである．

表 5・2 には，金属系，無機系，有機高分子系の高強度・高弾性率繊維の強度，弾性率を密度とともに示した（有機高分子系の化学構造については図 5・15 参照）．こ

表 5・2　金属系，無機系，有機高分子系の高強度・高弾性率繊維の強度，弾性率と密度

材　料	弾性率（GPa）	強度（GPa）	密度（g cm^{-3}）
金属繊維			
スチール繊維	200	2.8	7.85
アルミナ繊維	71	0.6	2.79
チタン合金繊維	106	1.2	4.58
ボロン繊維	400	3.5	2.60
無機繊維			
アルミナ繊維	250	2.5	4.01
炭化ケイ素繊維	196	2.9	2.55
ガラス繊維	73	2.1	2.54
有機繊維			
炭素繊維	392	2.4	1.81
PPTA 繊維	186	3.5	1.45
PBT 繊維	330	4.2	1.58
PBO 繊維	480	4.1	1.59
ポリエチレン繊維	232	6.2	0.96
ポリオキシメチレン繊維	58	2.0	1.41
ポリビニルアルコール繊維	121	5.1	1.30

PPTA：ポリ（p-フェニレンテレフタルアミド）
PBT：ポリ（p-フェニレンベンゾビスチアゾール）
PBO：ポリ（p-フェニレンベンゾビスオキサゾール）

れらのなかで，スチール繊維，アルミナ繊維，炭化ケイ素繊維，ガラス繊維，炭素繊維などの金属系・無機系の高強度・高弾性率繊維は，繊維強化金属，繊維強化セラミックス，繊維強化コンクリート，繊維強化炭素材料，繊維強化プラスチックなどの強化繊維として使われている．これらはスポーツ用品，産業用機材，自動車・車両・船舶から航空・宇宙にいたる輸送機内外の複合材料ないしは先端複合材料に必要不可欠なものとなっている．

5・4・2 高強度・高弾性率と分子構造

図 5・15 は代表的な有機高分子系の高強度・高弾性率繊維の化学構造である．剛直な分子鎖からなる芳香族系ポリマーの分子鎖は，高い弾性率を示すはずである．しかしながら，パラ系アラミド繊維のポリ(p-フェニレンテレフタルアミド)(PPTA) の理論弾性率はポリエチレンの場合よりもむしろ小さい．これは，分子鎖の断面積を考慮に入れていないためである．すなわち，細いポリエチレン鎖は太い PPTA 鎖よりも単位断面積に数多く分子鎖を束ねることができるためである．

以上のことから，高弾性率の繊維を得るには，
① 高分子鎖を構成する結合が強い
② 高分子鎖の立体配座が直線に近い
③ 高分子鎖の占有断面積が小さい

などの条件を満たす分子構造のポリマーが望ましいことがわかる．表 5・2 を見ると，ポリエチレンやパラ系アラミド繊維などがこれらの条件にかなっており，理論弾性率が高く，実際に到達した弾性率が理論値にかなり近づいている．

一方，繊維の強度は弾性率と異なって破断現象に対応し，分子鎖が伸びきったのちに切断する現象である．したがって，バネ定数のなかで最も大きい結合の伸縮のバネ定数 k と結合エネルギーが強度を支配する．すなわち，k と結合エネルギーが

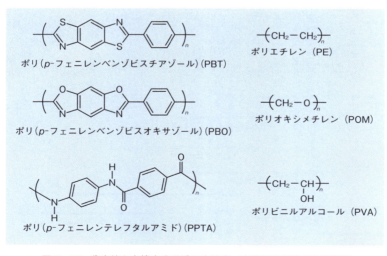

図 5・15 代表的な有機高分子系の高強度・高弾性率繊維の化学構造

大きい分子構造からなるポリマーほど高い強度を示す．しかし実際には，多くのポリマーが主鎖中に炭素-炭素単結合を含むので，繊維の理論強度は 20〜30 GPa の範囲にある．

5・5　ポリマーアロイと高分子複合材料

　高分子材料に要求される特性はその使用条件に応じて多岐にわたり，単一の高分子ではこの要求に応じられなくなってきている．そこで，2種以上の素材を混合して，物理的，化学的に異なる相を形成し，それによって実際の要求に応じることのできる機能や物性を有する材料が設計されている．このような材料を**ポリマーアロイ**（polymer alloy）あるいは**高分子複合材料**（polymer composite）という．図 5・16 は種々のポリマーアロイと高分子複合材料における構成成分の相の寸法を示したものである．異なった高分子の混合でつくられる**ポリマーブレンド**（polymer blend）や，ガラス繊維または炭素繊維と高分子の複合化によって軽くて強い複合材料がつくられ，航空機，ロケットなどの構造材料として注目されている．

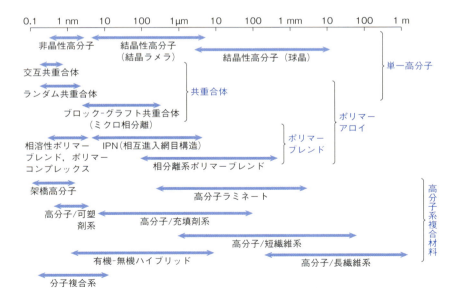

図 5・16　種々のポリマーアロイと高分子複合材料における構成成分の相の寸法

高強度・高弾性率繊維とその応用

高強度ポリエチレン繊維は超高分子量ポリエチレンの準希薄溶液より調製したゲルを超延伸することにより調製される．高強度ポリエチレン繊維は有機繊維としては最高レベルの強度・弾性率を有し，同じ重さで比較するとピアノ線の約 8 倍の強さをもっている．また，高強度ポリエチレン繊維の比重は 1 以下で水に浮くほどの軽量素材である．したがってヨットロープ，漁網，つり糸，船の係留用のロープ，安全ネットなどへ応用される（図 5・17 の上）．また高強度ポリエチレン繊維は破断に必要なエネルギーが大きいため衝撃を吸収する特性にすぐれている．ヘルメットや防護衣料などの環境の脅威から人体を守る各種防護用途の複合材料の強化材として使われている．さらに非常にすぐれた耐光性と耐薬品性を有し，吸水による劣化がないため水まわりのロープ，建築材の強化材などの用途に用いられている．

ポリ(p-フェニレンベンゾビスオキサゾール）（PBO）繊維はジアミノレゾルシンとテレフタル酸の重縮合物で，液晶紡糸で製造される．分子鎖が高配向し，伸びきり鎖構造が形成される．PBO 繊維は引張り強度 5.8 GPa，弾性率は 280 GPa，923 K という高い分解温度と有機繊維中最高の 68 という限界酸素指数（難燃性）を有する．このため耐熱服，消防服，アスベスト代替材料，防弾材料，スポーツ用品用の複合材料の強化繊維などに用いられている（図 5・17 の下）．

高強度ポリエチレン繊維

フィラメント　　　　つり糸　　　　　船の係留ロープ

PBO 繊維

フィラメント　　耐熱服　　ラケットとガット

図 5・17　高強度ポリエチレン繊維（上）と PBO 繊維（下）の用途　写真は東洋紡株式会社提供．口絵には消防服が掲載されている．

5·5·1 ポリマーアロイ

　2種類またはそれ以上のポリマーを組合わせて新しい高分子材料を生み出す方法としては，共重合による方法（化学的方法）とポリマーブレンドによる方法（物理的な混合）がある．“ポリマーアロイ”という言葉は，多種類の金属からできている合金（アロイ）に由来する言葉である．ポリマーアロイは合金の場合と同様に，高分子同士が分子レベルで溶け合って一つの相になっているもの（相溶系：miscible）から，いくつかの相に分散（相分離：phase-separation）したもの（非相溶系）まで含まれる．相分離の寸法は 10 nm 前後から数 μm に及び，その形状も多様である．ポリマーアロイは，単一ポリマーでは達成できなかった新しい機能の付与，耐熱性，耐衝撃性などの高い性能の付与，耐久性の向上といった物性面を改良することと，成形加工性を向上させることを目的としている．

　ポリマーアロイには大別して，“相溶性ポリマーアロイ”と“非相溶性（相分離型）ポリマーアロイ”がある．まず，2種類のポリマーが分子レベルで均一に溶け合った相溶性ポリマーアロイは両成分ポリマーを溶融・混練することにより容易に得られる．ただし，相溶性ポリマーアロイの例はあまり多くない．相溶性ポリマーアロイの物性は加成性が成り立つことが多い．そのため，一方の成分ポリマーの物性をある程度犠牲にしても，ほかの重要な物性や成形性を発現させたい場合などに使われる．もう一つ重要な点は，相溶性で均一に混合しているために，光学的に均一で透明なポリマーアロイが得られることである．

　一方，非相溶性の2種類のポリマーを加熱・溶融させて混練すると，水/油系と同様に分散状態になる．これを冷却・固化させると混練中の分散状態に近い相分離構造をもった二相系ポリマーアロイが得られる．このような相分離系ポリマーアロイでは，強靱な成形物を得ることを目的として開発された例が多い．たとえば，ガラス状態の熱可塑性プラスチック成分を連続相（海相）とし，ゴム成分を島相とする海島相分離構造からなるポリマーアロイである．

　互いに非相溶な2種のポリマーを共有結合で結び合わせた**ブロック共重合体**（block copolymer）や**グラフト共重合体**（graft copolymer）（図1・10 参照）では，両ポリマー鎖が互いに溶け合わなくても二つの成分が単一ポリマーとしてつながっているために離れることができず，数十 nm の寸法で分離して凝集する．これが**ミクロ相分離構造**（microphase-separated structure）である．図5・18 は，AB ジブロック共重合体のミクロ相分離の組成依存性の模式図である．非相溶性の2種のポリマーのブレンドにより得られる粒径が 1～10 μm 前後の二相系ポリマーアロイと比

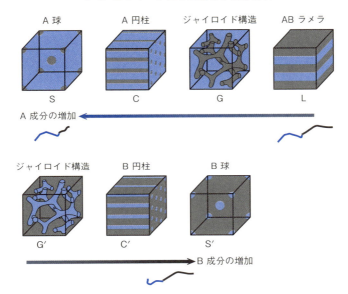

図 5・18　AB ジブロック共重合体のミクロ相分離の組成依存性の模式図

べて，両ポリマーを連結したブロック共重合体やグラフト共重合体ではその相分離寸法が約 2 桁小さくなり，ほぼ透明なポリマーアロイとなる．

　またA成分の分率の増大に伴い，A相は球，円柱，ラメラ，円柱状のB相を囲むマトリックス，球状のB相を囲むマトリックスとなる．最近では柱状構造とラメラ構造の狭い範囲の組成領域に，A相，B相がともに三次元の連続性をもったジャイロイド構造が発見されている．特にガラス状のA相が球状のドメイン，ゴム状のB相がマトリックスになる場合が熱可塑性エラストマーとなる．

　実用化されている相溶性ポリマーアロイの典型例は，ポリフェニレンオキシド（PPO）とポリスチレン（PS）からなる変性ポリフェニレンオキシドである．このPPOとポリスチレンは任意の割合で相溶する．したがって，このポリマーアロイは透明で一つのガラス転移点しか示さず，そのガラス転移点はその組成に従ってポリスチレンの 373 K から PPO の 483 K まで単調に上昇する．実際に大量のポリスチレンに PPO をブレンドすることによって耐衝撃性にすぐれた，比較的安価な材料が得られている．一方，大量の PPO にポリスチレンをブレンドすることによってPPO の成形性を改善した芳香族ポリエーテルスルホン程度のガラス転移温度（463

K) をもつ高性能材料が得られている.

ABS（アクリロニトリル/ブタジエン/スチレン）樹脂は，耐衝撃性ポリスチレン（HIPS, high-impact polystyrene）と並んで古くから実用化されているポリマーアロ

三次元構造の直接観察

透過電子顕微鏡（TEM）では試料の電子線コントラストを利用した構造解析が行われる．近年は計算機トモグラフィー（CT）を利用した三次元透過電子顕微鏡観察により，材料の相構造の詳細が明らかにされつつある．CT は X 線 CT がすでに医療分野で実用化されている．たとえば，ポリスチレン（PS）-ブロックポリイソプレン（PI）-ブロック PS（SIS）高分子ブロック共重合体の形成するミクロ相分離構造を三次元透過顕微鏡像で観察されている．図 5・19 は SIS の三次元透過電子顕微鏡（スケールバーは格子長（74 nm）に相当）である．

図中のネットワーク状のドメインはポリスチレンからなる．ネットワーク状ポリスチレン相の濃淡の違いは，互いに交差しないネットワークが 2 本存在していることを示している．一方，PI 相は透明部分に相当する．この構造は，結晶構造学的には Ia3d という空間群に属し，高度の規則性をもつ結晶様構造であることが明らかにされた．このように，三次元 TEM はきわめてすぐれた三次元解析能を有している．

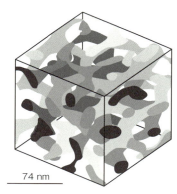

図 5・19　SIS の三次元透過電子顕微鏡像　H. Jinnai, Y. Nishikawa, R. J. Spontak, S. D. Smith, D. A. Agard, T. Hashimoto, *Phys. Rev. Lett.*, **84**, 518（2000）.

イ (非相溶性) である (コラム参照). これは, ポリ (スチレン-アクリロニトリル) 樹脂 (AS樹脂) にブタジエンゴム (BR) をミクロ分散させた海島相分離構造からなっており, AS樹脂の耐衝撃性を大幅に改良したものである. 耐衝撃性ポリスチレンやABS樹脂はOA機器や電気製品のハウジングや自動車に多量に使用されている.

ＡＢＳ樹脂

アクリロニトリル/ブタジエン/スチレン共重合体で構成される耐衝撃性ポリマーを, 各成分の頭文字をとって"ABSポリマー"あるいは"ABS樹脂"とよぶ. 現在では, ブタジエンゴムまたはスチレン/ブタジエン共重合ゴムのラテックス存在下でアクリロニトリルとスチレンをグラフト共重合したグラフトタイプがおもに生産されている. ABS樹脂中では透過電子顕微鏡像に示すようにアクリロニトリル-スチレン (AS) 相の中にゴム相 (重金属で黒く染色されている) が微細に分散しており (図5・20), 微細に分散したゴム相が耐衝撃性に大きく寄与している.

ABSポリマーの特長は, すぐれた耐衝撃性のみならず, 引張り強度, 剛性, 耐熱性を兼ね備え, さらに耐薬品性, 耐油性, 耐汚染性, 電気特性にもすぐれる点にある. 物性と加工性のバランスが良く, 塗装, めっきなどの二次加工性にもすぐれているので家電, OA機器のハウジング, 車両の内外装部品, 建材, 雑貨など広範囲の用途に用いられる.

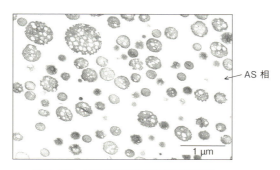

図5・20 ABS樹脂の透過電子顕微鏡像

5・5・2 粒子強化および繊維強化複合材料

高分子マトリックスに強化材を分散させた複合材料の例を図5・21に示す．タイヤはゴムにカーボンブラックの粒子を充填剤（フィラー，filler）として分散した複合材料である．ゴムにカーボンブラックを混入することにより，弾性率，引張り強度，耐摩耗性などが大幅に向上し，自動車用タイヤとして使用可能となる．

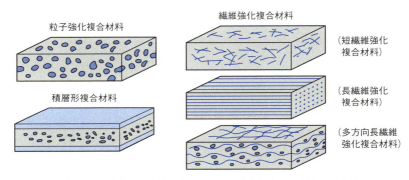

図5・21 高分子マトリックスに強化材を分散させた複合材料の例

一方，各種の樹脂を強化繊維で複合化して，力学的性質や熱的性質の向上が行われている．このような材料を**繊維強化プラスチック**（fiber reinforced plastic, FRP）という．強化材としてはガラス繊維，炭素繊維およびケブラーなどの高強度・高弾性率繊維が，マトリックス素材としては不飽和ポリエステル，エポキシ樹脂などの熱硬化性プラスチックとポリカーボネート，ナイロン6およびポリエチレンテレフタレートなどの熱可塑性プラスチックが使われている．熱可塑性プラスチックから製造した繊維強化複合材料のことを"繊維強化熱可塑性プラスチック"という．

複合化により改良される性質は，一般的に次のように考えられている．
① 引張り強度などの力学的性質が大幅に向上する
② 熱変形温度が向上し，使用温度域が広くなる
③ クリープ，疲労強度などの長時間特性が向上する
④ 寸法精度が向上する
などである．

このように多くの利点のほかに，アラミド繊維や炭素繊維などの複合材料の場合はさらに軽量であるので，単位量当たりの強度すなわち比強度（specific strength）

が他の材料と比較して非常に大きくなる．図5・22は各種複合材料の比弾性率と比強度の関係をまとめたものである．いずれも単位密度当たりの強度と弾性率を表したものである．繊維強化高分子複合材料は金属，あるいは繊維強化金属（FRM）に比べて軽くて強い特徴を活かして航空機の材料としても使われている（コラム参照）．複合材料を使用すれば，機体の重量を約30％軽くすることが可能であり，消費燃料の節約にも大きく貢献する．また，最近ではセルロースファイバーを用いた複合材料も大きく展開している．セルロース繊維原料は植物由来で，石油系材料の削減に貢献するとともに，低比重（比重：ガラス2.6，セルロース1.5）であるために軽量化にも有効である．

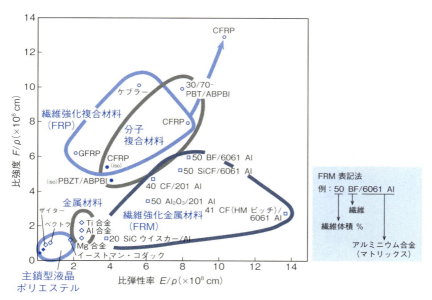

図5・22 **各種複合材料の比弾性率と比強度の関係** FRPはいずれもエポキシ樹脂をマトリックスとする．

5・5・3 ナノコンポジット

ナノコンポジット（nanocomposites）は，強化材をナノスケールでマトリックス高分子に分散した複合材料である．ナノコンポジットとして，**ナイロン-粘土ハイブリッド**（nylon clay hybrid, NCH）が実用化されている．図5・24はナイロン6-粘

軽量高強度の炭素強化複合材料

炭素繊維はグラファイト構造の炭素からなる繊維材料であり，軽くて強く，耐熱性，熱および電気伝導性が良好なことを特徴としている．ポリアクリロニトリル（PAN）を原料とした高性能タイプは引張り弾性率 200～400 GPa，引張り強度 3～6 Pa である．比強度，比弾性（重さ当たりの強度，弾性率）ともに鉄，アルミニウムを凌駕し，マトリックス高分子と組合わせた複合材料（CFPR）はスポーツ用品から，産業用途，さらには航空機の構造部材まで幅広く使用されている．超大型旅客機 A380 では，写真に示すようにフロアビームのような構造材にも炭素繊維強化複合材料が応用されており，航空機の軽量化に大きく寄与している（図 5・23）．

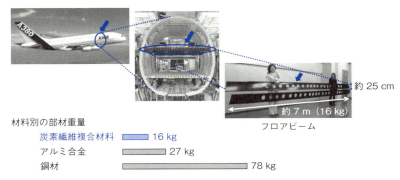

図 5・23　炭素繊維強化複合材料でできたフロアビーム　上記の部材重量はビームを同一寸法で製作した場合の重量（比重計算）．写真は株式会社ジャコム提供

土ハイブリッドの形成の模式図と断面の電子顕微鏡像である．ナイロン-粘土ハイブリッドに用いられる粘土鉱物は厚さ 1 nm の層状ケイ酸塩からなるモンモリロナイトで，種々の有機化合物と容易にインターカレーションする．モンモリロナイトを 12-アミノラウリル酸で有機化し，ε-カプロラクタムに所定量を添加し，それを加熱重合させることで，ナイロン 6-粘土ハイブリッドが合成できる．X 線回折と透過電子顕微鏡観察の結果，粘土の層間距離が広がっており，1 nm の厚みのケイ酸塩が一層ごとにナイロン 6 マトリックス中に分散している．すなわち，ナノ複合材料を形成しており，層間距離の X 線回折測定と透過電子顕微鏡観察の結果は良い対応

5・5 ポリマーアロイと高分子複合材料

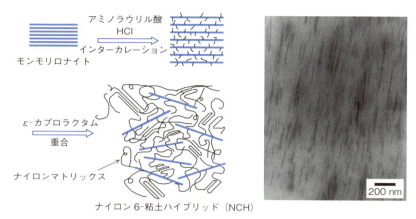

図5・24 ナイロン6-粘土ハイブリッド（NCH）の形成の模式図と透過電子顕微鏡像

を示している．粘土鉱物が少なくなるに従い粘土の層間は広がっていき，無限希釈も可能である．以上のように，ナイロン6-粘土ハイブリッドは一辺が100 nmで厚さが1 nmの粘土のシートがナイロン6マトリックス中に分散したナノ複合材料といえる．

ナイロン-粘土ハイブリッドは引張り強度，衝撃強度にすぐれている．また，最も特徴的なことは5％のモンモリロナイトを配合したナイロン-粘土ハイブリッドの熱変形温度は423 K以上となり，ナイロン6自身より80 Kも高くなることである．さらに，吸水速度がナイロン6の約半分になる．射出成形したナイロン-粘土ハイブリッドの線膨張係数には異方性があり，流動方向では小さく，それと直角方向では大きい．これはケイ酸塩の層が流動方向に配向するためである．また，小さな吸水速度はケイ酸塩の層が分子状に分散し，配向することによると考えられる．以上のように，ナイロン-粘土ハイブリッドのようなナノ複合材料は粘土の配合量が，従来の複合材料の1/10程度で十分大きな複合効果が発現する．

ナイロン-粘土ハイブリッドは次のような分野で実用化されている．自動車用エンジンのタイミングベルトカバーは従来ガラス繊維強化ナイロンあるいはポリプロピレンでつくられてきた．ナイロン-粘土ハイブリッドは高い熱変形温度をもつことから，このタイミングベルトカバーへの応用が試みられた．さらに従来の複合材料に比べ強化材の配合量が極端に少なくてすむため，25％の軽量化が実現できる．このように，ナイロン-粘土ハイブリッドはすぐれた特性をもつので電気部品，タン

ク類，シリンダーヘッドカバーなどの自動車用部品に限らず，耐熱性の高さと吸水率の低さを活かしたバリヤーフィルムなどへの用途がある．

5・6 摩 擦 特 性

接触する二つの面は互いの表面にある突起部分で接触し，そこで荷重を支えている．この状態で，接線方向に力を加えると，接触域の材料同士がせん断変形を受け，すべりを生じる．このような現象を**摩擦**（friction）という．運動を開始する際の抵抗を静止摩擦，運動中に生じるものを動摩擦といい，動摩擦係数は静止摩擦係数より小さい．摩擦は古くて新しい研究分野であり，その発現機構などは依然として明らかにされていない．しかしながら，摩擦はさまざまな分野で重要である．磁気ディスクの軸受け，およびディスクとヘッド間の摩擦性，機械の軸受けの低摩擦特性，タイヤの転がり摩擦特性，ブレーキの高摩擦特性など，材料の用途に適した特性が要求される．これらは情報，エネルギー，環境，安全などと密接にかかわっている．

一般的には，摩擦力は二面間の凝着に関する力と材料表面のせん断力が複雑に作用し発現されると考えられている．高分子材料の動摩擦に関しては，すべり摩擦と転がり摩擦がよく理解されている．すべり摩擦力は物質のせん断強度を S，降伏応力を P，荷重を W とすると $F=(S/P)W$ で表され，S/P をすべり摩擦係数としている．高分子の摩擦は，その粘弾性を反映する．図5・25 はアクリロニトリル/ブタジエンゴム（NBR）対ガラスの摩擦係数の速度依存性を種々の温度で測定したものと，その合成曲線である．摩擦係数のピークの存在は，$\tan \delta$ や G'' の吸収ピークとも対応しガラス転移現象に対応している．このように粘弾性の場合と同じように，WLF式（5・3・2 節参照）に従って合成曲線を作成することが可能であることからも高分子の摩擦が粘弾性と密接に関連していることが明らかである．

表5・3 は金属に対する種々の高分子材料の摩擦係数である．種々の高分子材料の摩擦特性を比較すると，ポリテトラフルオロエチレン（PTFE）は，静止摩擦係数，動摩擦係数がどちらも非常に小さく，低摩擦部材あるいは固体潤滑剤として使われている．特に，液体が使えないような宇宙用機器，あるいはメンテナンスしにくい機械や構造物などで役立っている．PTFE は化学的にも非常に安定である．また，ポリエチレンなどの高分子材料も金属に比べて，表面自由エネルギーが低い．しかし，表5・3 に示すようにポリスチレンなどの高分子材料の摩擦係数は，金属同士の摩擦と大きな差はない．材料の摩擦をどのようにして精密に制御するかはまだ明ら

かにされておらず，今後の発展が期待される分野の一つである．

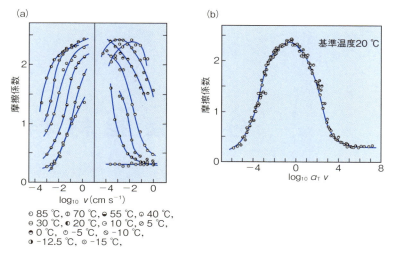

○ 85 ℃, ◐ 70 ℃, ● 55 ℃, ◉ 40 ℃,
◎ 30 ℃, ◐ 20 ℃, ◉ 10 ℃, ◎ 5 ℃,
● 0 ℃, ◐ -5 ℃, ◎ -10 ℃,
◑ -12.5 ℃, ◎ -15 ℃,

図 5・25　種々の温度における NBR 対ガラスの摩擦係数の速度 v 依存性 (a) とその合成（マスター）曲線 (b)．a_T：移動因子 (5・3・2c 参照)．K. A. Grosch, *Proc. Roy. Soc.*, **A274**, 21 (1963).

表 5・3　金属に対する種々の高分子固体の空気中での摩擦係数

ポリマー	摩擦係数
ポリエチレン	0.6〜0.8
ポリテトラフルオロエチレン	0.05〜0.1
ナイロン66	0.3
ポリスチレン	0.4〜0.5
ポリ塩化ビニル	0.4〜0.5
ポリメタクリル酸メチル	0.4〜0.5

F.E. Bowden, D. Tabor, "The Friction and Lubrication of Solids (International Series of Monographs on Physic)", Clarendon Press (1996).

6

分 離 機 能 材 料

　フィルターを用いることにより，必要なものを沪別することは古くから行われていた．インクにフィルターの素材を入れるとインクの成分は水より遅れて流出するといった，いわゆるペーパークロマトグラフィーから始まって，ガスクロマトグラフィー，液体クロマトグラフィーへと展開されてきた．今日では，医薬品の製造において，生物に対する作用が異なる光学活性物質の分離が不可欠になり，その分離法の開発が進められ，すでに工業レベルで行われている．ヒトゲノム解析研究などにおいては，非常に高効率の生体関連物質の分離システムが必要とされる．一方で生活環境に目を移すと，海水を淡水化する分離膜，海水から資源を分離・収集する機能材料，環境から有害物質を分離・除去するシステムなど，身近にも多くの分離機能材料が存在している．本章ではイオン，分子，さらには細胞を含むさまざまな生体関連物質の分離を行ううえでの基本的な考え方と分離機能をもつ材料の特性について述べる．

6・1 分 離 膜

　「ものを分ける技術」すなわち分離技術は生産プロセス，環境プロセスなどあらゆるプロセスで必要な技術である．膜を利用した分離法は，蒸留，吸着，抽出，吸収などと並ぶ分離技術の一つである．膜分離法では分離機能をもつ固体の薄膜を利用して，さまざまな物質の分離が行われている．高分子の合成技術が進歩し，種々の形，孔の大きさ，化学構造などをもつ分離膜を分子レベルで設計して，目的に応じたものをつくることが可能になっている．

6・1 分　離　膜 153

6・1・1　分離膜の分類

　分離する物質の大きさにより，最適な物理・化学構造を有する種々の分離膜が使用される．分離の駆動力としては，圧力差，濃度差が用いられ，比較的大きな物質は孔の大きさで，小さな物質は膜への溶解度や膜中の拡散速度の差によって分離される．膜を構造的な面から見ると，膜を貫通する孔の存在の有無により**多孔質膜**（porous membrane）と**非多孔質膜**（nonporous membrane）に分類される．一般に，分離する物質が比較的大きい場合は多孔質膜が，小さな場合は非多孔質膜が用いられる．多孔質膜として，**精密沪過膜**（microfiltration membrane），**限外沪過膜**（ultrafiltration membrane）が，非多孔質膜として，**逆浸透膜**（reverse osmosis membrane）がある（後述）．

　膜の物質透過量は膜厚と表面積に大きく依存する．膜が薄ければ薄いほど，また，表面積が大きければ大きいほど透過量が大きくなり，膜の性能が向上する．つまり，すぐれた性能をもつ分離膜の構造としては，物理的な強度を維持しながら，分離層はできるだけ薄く，しかも有効面積をどれだけ大きくとれるかがポイントとなる．このため，平面状の平膜ではなく中空糸にして束ねることで膜面積を大きくする，あるいは分離を担う緻密な分離層はできる限り薄くし，多孔性の支持層が機械的強度を担うという非対称構造にする，などの方法で性能の向上が図られている．分離膜の選択にあたっては，透過速度と透過係数のバランスが重要になる．

6・1・2　気体分離膜

　気体の膜透過機構は，多孔質膜と非多孔質膜に分けて考える必要がある．多孔質膜では膜を貫通する孔を通して気体が透過し，その機構は膜の孔半径 r と気体の平均自由行程 λ との相関関係によって決まる（図6・1）．$r/\lambda > 5$ のように，孔径が平均自由行程に比べて十分に大きい場合，気体分子同士の衝突する確率は気体が管壁と衝突する確率よりも大きくなり，**Poiseuille**（ポアズイユ）流が支配的になる．このとき，気体の膜透過速度は粘度に逆比例する．しかし，気体分子は全体として一定方向に流れるため，気体分子を互いに分離することはできない．一方，$r/\lambda < 1$ になると，気体同士の衝突よりも管壁との衝突が優先的に起こり，**Knudsen**（クヌーセン）流が支配的になる．Knudsen流における気体の膜透過速度は，膜両側の気体の分圧差に比例し，気体分子の分子量の平方根に逆比例する．

　一方，非多孔質膜における気体の分離は，膜への気体の溶解度と膜内での拡散速度の差によって行われる．透過量を定量的に評価する場合，単位面積あたりの透過

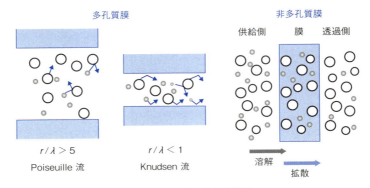

図 6・1 気体の膜透過機構

流束 J は **Fick の第一法則**に従い,

$$J = -D\frac{\partial C}{\partial x} \tag{6・1}$$

で表される. D は膜中の気体の拡散係数, C は濃度, x は膜厚方向の位置であり, $\partial C/\partial x$ は膜厚方向の濃度勾配となる. ここで気体の膜への溶解が Henry の法則に従うならば, S を溶解度係数, p を気体の分圧として,

$$C = Sp \tag{6・2}$$

となり,

$$J = -DS\frac{\partial p}{\partial x} = -P\frac{\partial p}{\partial x} \tag{6・3}$$

で表せる. ここで, P は**透過係数**(permeability coefficient)とよばれ, 拡散係数 D と溶解度係数 S の積で表せる. P は単位面積, 厚さ, 時間, 圧力差あたりの気体透過量で, 膜面積や膜厚によらない膜材料固有の値として求めることができる. 代表的な高分子膜の気体透過係数を表 6・1 に示す. (6・3)式より, P が大きく膜厚が薄い($\partial p/\partial x$ が大きい)ほど単位膜面積あたりの透過量が増え, 各透過分子に対する P の差が大きいほど分離能(選択性)が高くなることがわかる.

気体分子は膜中の高分子鎖間の空隙に取込まれて溶解し, 高分子鎖の運動にあわせて移動して拡散する. このため, 高分子鎖の運動性が高いゴム状の高分子は気体透過速度が大きく, 細いチューブ状の中空繊維を束ねた中空糸膜にすると膜面積が増大して気体分離膜としてすぐれた性能が期待できる. 最初に工業化された気体分離膜はポリスルホン多孔質膜にシリコーンゴムを薄く被覆した中空糸膜であり, 水

6・1 分　　離　　膜

表6・1　高分子膜の気体透過係数

膜	温度 (℃)	透過係数 $P \times 10^{10}$				
		H_2	He	CO_2	O_2	N_2
ポリジメチルシロキサン	20	390	216	1120	352	181
天然ゴム	25	49.2	—	154	23.4	9.5
ポリブタジエン	25	42.1	—	138	19.0	6.45
エチルセルロース	25	26.0	53.4	113	14.7	4.43
低密度ポリエチレン	25	13.5	4.93	12.6	2.89	0.97
ポリスチレン	20	—	16.7	10.0	2.01	0.315
ポリカーボネート	25	12.0	19	8.0	1.4	0.3
高密度ポリエチレン	25	—	1.14	3.62	0.41	0.143
ポリ酢酸ビニル	20	—	9.32	0.676	0.225	0.032
ポリ塩化ビニル	25	0.065	2.20	0.149	0.044	0.0115
酢酸セルロース	22	3.80	13.6	—	0.43	0.14
ポリスルホン	25	4.40	—	2.4	0.37	0.088
ポリアクリロニトリル	20	—	0.44	0.012	0.0018	0.0009
ポリ塩化ビニリデン	20	—	0.109	0.0014	0.00046	0.00012
ポリビニルアルコール	20	0.009	0.0033	0.00048	0.00052	0.00045

透過係数の単位：cm^3（STP）$cm/(cm^2\,s\,cmHg)$

素回収に利用された．その後，ポリイミド膜などが同様の目的で開発された．ジメチルシロキサン（$-R_2SiO-$）結合をもつシリコーンゴム中空糸膜は高分子鎖間の分子間相互作用が弱く運動性に富むため，酸素や有機気体の透過性が特に大きく，空気の酸素濃縮，有機気体の回収にも応用されている．一方ポリイミドの場合は，気体透過係数はポリスルホンより小さいが，耐熱性や機械的強度も高く，非対称構造の中空糸膜にすると，緻密な分離層の膜厚をできる限り薄くして膜面積を大きくできるので，気体透過性を高めることができる．このため，すぐれた分離膜となる．この分離膜は水蒸気，酸素，二酸化炭素の透過性が特に大きいので，除湿装置，窒素の発生，二酸化炭素の分離濃縮に応用されている．

　図6・2は水中に溶存した気体（酸素・窒素）を分離するための気体分離膜である．中空糸膜はスキン層（表面層）とよばれる$1\,\mu m$以下の薄い緻密な分離層と機械的強度を担う多孔質の支持層から成っている．

　今日，天然ガス中からのヘリウムの分離，空気中からの酸素の分離，水素・一酸化炭素・二酸化炭素混合物からの水素の分離や二酸化炭素の除去などが求められており，種々の高分子膜を用いた気体の分離が検討され，実用化が進められている．そのほかにも，空気中の酸素を濃縮するための酸素富化膜は燃焼機関の効率向上に向けて実用化が進められており，医療用には実際に使用されている．また，逆に気

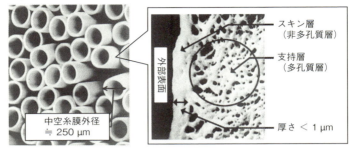

図 6・2 水中の溶存気体（酸素・窒素）分離用の気体分離膜 写真は大日本インキ化学工業株式会社提供

体を透過させにくいという特性を利用して，酸素バリヤーフィルムが食品包装などに使用されている．

6・1・3 イオン分離膜

陽イオン，陰イオンに対して選択性を示す高分子材料にイオン交換樹脂があるが，これを膜状にしたものが**イオン交換膜**（ion-exchange membrane）である．合成高分子による最初のイオン交換膜は，1950 年に W. Juda，W. A. McRae および W. R. J. Wyllie らによって発表された．陽イオン交換膜では，陽イオン交換のために負電荷をもったイオン交換基が膜内に密に存在するため，陰イオンは透過できず陽イオンだけが容易に通過する．逆に，陰イオン交換膜では陰イオンだけが容易に通過できる．そこで，陽イオン交換膜と陰イオン交換膜を交互に組合わせることで，種々のイオンを効率良く分離することが可能であり，わが国では，これを多数組合わせた形の装置が海水からの製塩に用いられている（図 6・3）．

イオン分離膜の構造は基本的にはイオン交換樹脂と同じである．ポリスチレン系の高分子にスルホン酸基や第四級アンモニウム塩基を導入したものが最も広く用いられている．膜の成形方法は多く存在するが，工業的に行われている手法としてラテックス法がある．スチレン/ブタジエン共重合体ラテックスにスチレンモノマーとジビニルベンゼンを加え，過硫酸塩を開始剤として重合させ，グラフト共重合体のラテックスとする．この中にポリエチレンテレフタレートの布を浸漬し，引き上げて乾燥させると原料膜が得られる．これに膜状態で反応を行い，イオン交換基を導入して目的のイオン分離膜を得ている．

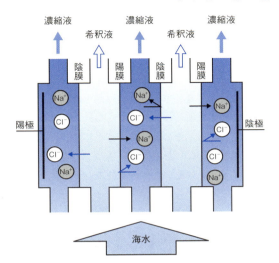

図6・3 イオン交換膜を用いた海水からの製塩

6・1・4 逆浸透膜

逆浸透法は，高圧により水を膜透過させることで，水と溶解している塩（イオン）を分離する膜分離法である．図6・4のように，水分子を通すがタンパク質や塩類を通さない半透膜により，海水と純水を隔てる．すると，水分子だけが純水側から海水側に浸透する．この現象は，純水側から海水側への圧力として観測され，これが"浸透圧"である．海水側にこの浸透圧に等しい圧力をかけると水の透過は止まり平衡状態となるが，さらに海水側に浸透圧以上の圧力をかけることで，海水側から水のみを純水側に浸透させることができる．

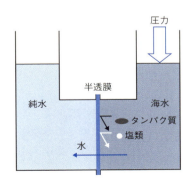

図6・4 逆浸透法を用いた海水の淡水化の仕組み

逆浸透膜では，海水から水を得るためには24気圧という浸透圧以上の圧力に耐え，さらに十分大きい水透過流速が得られるような薄膜が必要である．1960年に非対称構造の酢酸セルロース膜が開発されて以来，海水の淡水化や医用での注射液用の純水製造などに使われている．その後も酢酸セルロース系の膜は改良が施され，中空糸膜として製造されている．しかし，より高効率の逆浸透膜が求められ，他の膜素材が検討された．現在，最も多く使用されるのが複合膜である．これはまず不織布の上にポリスルホン製の多孔質膜を作製し，その表面に，芳香族ポリアミドを界面重合させて1 μm以下の厚みの緻密層を形成したものである．この複合膜は紙状の平膜として製作され，これをスパイラル状に巻いたものが膜モジュールとなる（図6・5）．

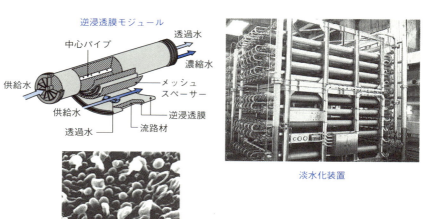

図6・5 淡水化装置と膜モジュール
写真は東レ株式会社提供

6・1・5 限外濾過膜

濾過はフィルターにより水と粒子を分離する一般的な方法である．これに対して限外濾過膜による濾過では加える圧力が大きく，目に見えない微小の粒子が除去できる．2 nmから100 nmの範囲の大きさ（高分子，コロイド，微粒子および水中のウイルスなど）に対する分離膜が，"限外濾過膜"とよばれる．100 nm以上（酵母，

細菌，果汁中の微粒子，エマルションなど）では，"精密濾過膜"が用いられる．一方，2 nm 以下（オリゴ糖，乳酸，アミノ酸など）では，"ナノ濾過膜"が用いられる．限外濾過法や精密濾過法は，自動車工業における塗料の回収，牛乳の濃縮，清酒の製造，排水の浄化など幅広い応用展開が進められている．

　限外濾過膜は典型的な非対称膜である．その断面がスキン層（表面）と多孔質層（コア）の非対称構造になっている（図 6・2 参照）．使用される高分子素材はそれほど多くなく，ポリアクリロニトリル，ポリ塩化ビニル/ポリアクリロニトリル共重合体，ポリスルホン/ポリエーテルスルホン，フッ化ビニリデン，芳香族ポリアミド，ポリイミド，酢酸セルロースなどがある．また，耐熱性，耐薬品性にすぐれるセラミックス膜も使われている．精密濾過膜については，（乾式）相分離膜形成法でつくられる膜は網目構造をしており，多孔度が 70 % 以上と大きいのが特徴である．酢酸セルロース，ポリビニルアルコールなど多くの素材，いろいろな種類の孔径のものがある．

6・1・6　有機液体分離膜

　エタノールと水は蒸留の際に共沸混合物となるので，蒸留によって純粋なエタノールを得ることはできない．したがって，蒸留に代わるエタノール分離技術の開発は，化学工学・応用化学分野で重要な課題であり，そのなかでも高分子膜による分離法は最も期待される手法の一つである．

　有機液体からの混合物の分離には種々の方法が存在するが，**パーベーパレーション（浸透気化，pervaporation）**とよばれる孔のない均質膜を介して供給液を気化させ，透過蒸気として濃縮液を得る方法がある（図 6・6）．この方法は浸透圧や気液平

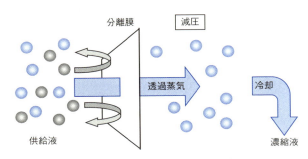

図 6・6　パーベーパレーション法

衡にかかわらず，膜自身の性能により目的成分を分離できる．膜を構成する高分子の化学構造と親和性の高い液体分子の溶解性は親和性のない分子と比較して大きいため，この溶解性の差が分離に利用されている．また膜の汚染や劣化を防ぐために，供給液を気化させた後で膜に供給する方法（気化浸透法）も開発されている．

マイクロカプセル

　高分子膜の他の機能として，**徐放性**（sustained release）があげられる．膜を隔てた物質の移動において，膜中の拡散速度が律速となる場合は，その物質の量によらず移動速度を制御することができる．医薬や農薬の分野においては，一定の投与量を長時間にわたって持続的に放出することが望まれており，この際に，透過速度が制御された高分子膜が利用できる．**マイクロカプセル**（microcapsules）は上述の持続性医薬の製剤を目的としており，薬剤を膜で包んだものである．その製法は多様であるが，たとえば薬剤存在下で重合反応を行い，生成した高分子で包み込む方法や，高分子溶液に薬剤を懸濁させ，非溶剤によって共沈殿させる方法などがある．また，交互積層法により調製された"中空カプセル"も注目されている．交互積層法とは，高分子電解質を基板上へ連続的に積層させ，組成や構造，膜厚をナノメートルオーダーで制御した高分子膜を形成させる方法である．この手法を利用したマイクロカプセルでは，透過性や膜厚などの制御が可能である．たとえば，シリカ微粒子をテンプレートとして用い，生分解性高分子であるキトサンとデキストラン硫酸の交互積層膜を形成させ，その複合体をフッ化水素酸に浸漬してシリカを溶解除去することによって，生分解性中空カプセルが得られている（図6・7）．

　この手法を利用してつくられた中空カプセルでは透過性の制御を容易に行うことができ，ドラッグデリバリーシステムを指向した応用研究が進められている．

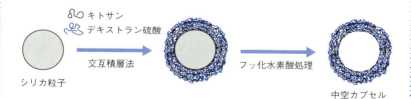

図6・7　中空カプセルの作製

6・2 クロマトグラフィー

クロマトグラフィー（chromatography）とは，混合物をカラムに流し込むことによって分離し，分析する技術である．もともとクロマトグラフィーという言葉は，「色（chroma）と記録する（graphein）」を組合わせてできた言葉であり，これは，1906年にロシアのTswettという化学者が，植物の葉の抽出液を炭酸カルシウムなどを詰めたカラムに流し込むことによって，葉の中に含まれる成分を分離した際に，名づけられたものである．現在ではこの技術は広く浸透し，多くの混合物の分離を可能にしてきた．

6・2・1 クロマトグラフィーの種類と原理

クロマトグラフィーの代表的なものとして，固定相（担体）を充填したカラムに試料を含んだ液体や気体（移動相）を流し込んで分離する方法がある．このようなカラムクロマトグラフィーの分離の原理にはサイズ排除，分配，吸着，生体分子間相互作用，イオン交換などがある（表6・2）．また，移動相が気体のものを"ガスクロマトグラフィー"，液体のものを"液体クロマトグラフィー"という（後述）．

分配クロマトグラフィー（partition chromatography）は最もポピュラーなクロマトグラフィーであり，ガスクロマトグラフィーと液体クロマトグラフィーのいずれでも利用されている．試料は固定相と移動相の間で連続的に分配されるため，移動

表6・2　いろいろなクロマトグラフィー（分離手法による分類）

サイズ排除クロマトグラフィー
　ふるいの原理で大きい分子と小さい分子を分ける．

分配クロマトグラフィー
　移動相には液体，固定相には液相（固体を液膜で覆ったもの）が使われる．
　二つの液相に対する試料成分の分配係数の差を利用して分離を行う．

吸着クロマトグラフィー
　移動相に液体（有機溶媒），固定相には吸着機能をもった固体（吸着剤）が用いられる．脱着・吸着の差を利用して分離する．通常，非イオン性の有機化合物の分離に利用される．

アフィニティークロマトグラフィー
　アフィニティーとは親和性のことであり，生体内で見られる特異性の高い相互作用を利用して分離する．高い精製効率と回収率をもち，かつ一度に大量の試料を処理することができる．

イオン交換クロマトグラフィー
　イオン交換樹脂を固定相として用いる．イオンに解離する物質をイオン交換体に対する静電的な結合力の差を利用して相互に分離する．

相への分配係数の大きなものから流れ出す．液体クロマトグラフィーの担体として
はシリカゲルがよく用いられ，SiOH が並んだ極性の高い固定相のシリカゲル表面
と，それより極性の低い移動相（無極性気体や有機溶媒）との間で連続抽出が行わ
れる．このような極性の高い固定相と極性の低い移動相の組合わせを**順相クロマト
グラフィー**（normal-phase chromatography）とよぶ．順相シリカゲルを種々の長鎖
アルキルクロロシランで処理すると，SiOH がアルキルシランで化学修飾されて，
固定相表面は極性の低い長鎖アルキル基で覆い尽くされる．この化学修飾シリカゲ
ルを固定相とし移動相に水溶媒を用いると，固定相と移動相の関係が逆転する．こ
のような極性の低い固定相と極性の高い移動相の組合わせによるものを**逆相クロマ
トグラフィー**（reversed-phase chromatography）とよぶ．逆相クロマトグラフィー
ではおおむね極性の高い，あるいは疎水性の低い物質が移動相に分配されやすいた
め先に移動する．

吸着クロマトグラフィー（adsorption chromatography）は，固定相表面との吸着
力の差により分離するクロマトグラフィーである．溶媒が存在すると試料が溶媒和
されて吸着が起こりにくくなるので，分離能が要求される場合では，もっぱらガス
クロマトグラフィーで利用される．

サイズ排除クロマトグラフィー（size-exclusion chromatography）は，試料の分子
サイズに基づくふるい分けを原理とするクロマトグラフィーである．固定相担体は，
表面から内部に向かって狭くなる多孔質の素材でできている．そのため，細孔のサ
イズよりも大きな分子は細孔内部に浸透せず，細孔のサイズよりも小さな分子は内
部にまで浸透するので，大きな分子が先に，小さな分子が後に流出してくる（図6・
9 参照）．

6・2・2　ガスクロマトグラフィー

ガスクロマトグラフィー（gas chromatography, GC）による分離には，基本的に試
料の気化が必要であり，液体クロマトグラフィー（後述）に比べて分離の対象とな
る化合物の範囲が制約される．しかし，低分子化合物，特に揮発性の高い化合物の
分離には適している．また，難揮発性化合物についてもカルボン酸のエステル化，
アミンのアシル化など誘導体化によって適用できる．GC は，装置がすでに普及し
ていること，化合物の検出が容易であること，質量分析計との連結が簡単であるこ
となどの利点が多く，特に光学分割にも利用されている．

GC による光学分割では，通常はキャピラリーカラムを使用するのが好ましい．

また固定相として，以前はアミノ酸エステルやアミノ酸アミド，ロジウム，ニッケルなどの金属錯体も用いられていたが，現在ではシクロデキストリン（p.167 のコラム参照）がほぼ主流となっている．シクロデキストリンの空洞の大きさや形，ヒドロキシ基の誘導体化による極性の違い，その他いくつかの要素があわさって，鏡像異性体の分離が行われる．近年，2 種類以上のシクロデキストリン誘導体を混合したカラムを用いることで，より広範囲な光学分割が可能となっている．GC による光学分割において，質量分析計を検出器として利用することで，極微量の鏡像異性体混合物の光学純度を求めることができる．

6・2・3　液体クロマトグラフィー

液体クロマトグラフィー（liquid chromatography, LC）による分離操作は，移動相として極性の高い水から極性の低い有機溶媒までさまざまな液体を使うことができ，広範な物質の分離を行うことができる．ガスクロマトグラフィーと比較すると熱的に不安定な物質や高沸点の物質の分離において特に有利であり，分取も容易であることが特長である．なかでも**高速液体クロマトグラフィー**（high performance liquid chromatography, HPLC）による光学分割に関して，分離能の高い種々のタイプのキラル固定相の開発が進められており，広範囲の鏡像異性体混合物の分離に対応できるようになっている．LC による光学分割では，旋光計や円二色性分散計が検出器として利用できる．

高分子系キラル固定相として，天然高分子を主体とするものと合成高分子を主体とするものとがある．前者の例としては，① タンパク質，② シクロデキストリン（6・3・1 節）や多糖とその誘導体があり，後者の例としては，③ ポリアミド，④ ポリメタクリル酸エステル，⑤ ポリアクリルアミド，⑥ キラルな細孔を有する架橋高分子などがある．

このなかでも，セルロースやアミロースを誘導体化した固定相では特に高い光学分割能が得られ，その代表例としてフェニルカルバメート誘導体があげられる．これらは，セルロースやアミロースをフェニルイソシアナートと反応することによって得られ，そのいくつかは市販されている（図 6・8）．これまでに合成された多糖誘導体のなかで，セルロース，アミロースの両方について，3,5-ジメチルフェニルカルバメートが広範囲のラセミ体に対して最も高い光学分割能を有した．

フェニルカルバメート誘導体ではポリマー表面は疎水性のフェニル基に覆われ，極性のカルバメート基はポリマー内部に存在している．溶離液に疎水性の溶媒，た

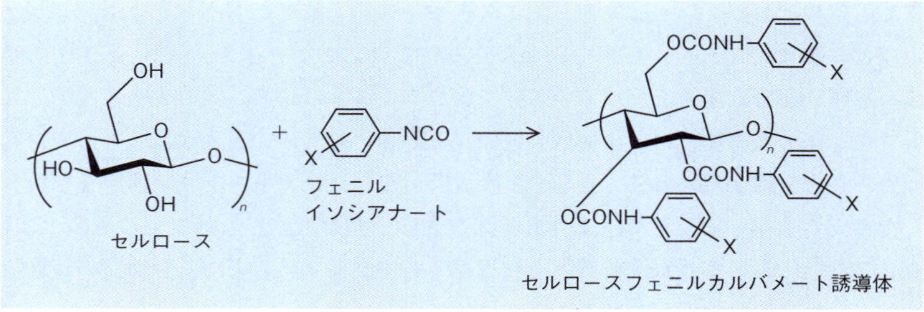

164   6. 分 離 機 能 材 料

図 6・8　高分子系キラル固定相の例

　とえばヘキサンにアルコールを添加して用いる場合，極性のラセミ体はポリマー内部に入り込んでカルバメート基と主に水素結合を介して相互作用すると推測される．したがって，フェニル基にさまざまな置換基を導入するとカルバメート基の極性が変化し，相互作用の強さが変化する．たとえば，メチル基などの電子供与性の置換基を導入した場合にはカルバメート基のカルボニルの極性が高くなってアルコールの溶出時間が遅くなり，逆にハロゲンなどの電子求引性の置換基を導入した場合にはNHの極性が高くなり，ケトンの溶出時間は遅くなることが明らかとなっている．

　これらの高分子のなかには，そのまま粉砕して粒径をそろえると充填剤として使用できるもの，架橋ゲルとして使用できるものがあるが，これらは比較的効率の低いカラムを与えるので，シリカゲルに吸着させて充填剤として使用されることが多い．またこれら高分子系固定相の光学分割能は，高分子の高次構造に強く依存するので，モノマーが示す不斉識別能から予測することは困難なことが多い．

6・2・4　ゲル浸透クロマトグラフィー

　ゲル浸透クロマトグラフィー（gel-permeation chromatography, GPC）とは液体クロマトグラフィーの一種で，溶媒（移動相）中に溶解させた試料を分子サイズの差に基づいて分離し，その分子量および分子量分布を求める手法である．GPC は，サイズ排除クロマトグラフィーの一種である．

　GPC の分離の基本は，固定相である充填剤（ゲル）の細孔を利用し，サイズの大きな分子の順に溶出することである（図6・9）．このゲル表面には，特定の大きさの細孔が多数あり，その径は内側ほど小さくなっている．ここで用いられる高分子ゲルには大きく分けて親水性ゲル，疎水性ゲルがある．親水性ゲルには，デキストラ

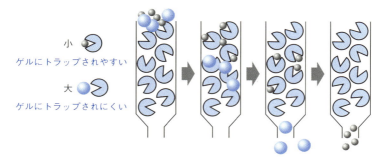

図6・9　GPCのサイズ排除の模式図

ンゲルやポリアクリルアミドゲルなどがあり，疎水性ゲルには，ポリスチレンゲル，アクリルゲル，ポリ酢酸ビニルゲルなどがある．これらの高分子ゲルは使用可能なpH範囲が広いため，アルカリ性側での分析が必要な試料に適している．

また無機質ゲルとして，シリカゲルや多孔質ガラスがある．これらは高分子ゲルに比べて，化学的，機械的および熱的に安定で，イオン性基もなく，粒子の大きさも均一にできる．また高圧下での操作が可能で，HPLCの固定相として適する．

6・3　分子認識材料

分子認識（molecular recognition）とは，ある特定のレセプターが基質と弱い結合を形成することにより，その基質を選択的に認識することをいう．分子認識を分離の駆動力としたものが"分子認識材料"である．分子認識材料の特長は，きわめて高い分離係数をもつことである．したがって，分子認識を用いた分離システムでは，従来の系に比べて格段に高効率な分離も可能である．

6・3・1　クラウンエーテル，シクロデキストリン

アミノ酸や多くの光学活性体は，医薬品，食品などの原料として広く使用されている．合成された化合物は，等量の鏡像異性体からなるラセミ体であるが，それぞれ薬理，生理作用が異なる．そこで，ラセミ体を効率良く分離（光学分割）するために，高速液体クロマトグラフィー（HPLC）が利用されている．このHPLCの固定相に利用される代表的な光学活性分子として**クラウンエーテル**（crown ether）や**シクロデキストリン**（cyclodextrin，コラム参照）がある．これらを固定化したHPLCでは，分子認識の駆動力である静電相互作用，イオン-双極子相互作用，水素

結合などの複数の相互作用が合わさることによって高度な分離が達成される．

クラウンエーテルやシクロデキストリンの誘導体による光学分割は，キラルな空孔内に不斉ゲストが取込まれて錯体を形成するときの安定度定数の差に基づいて行われる．HPLC の固定相としてこれら化合物を用いる場合には，主にシリカゲルに固定化して用いられている（図 6・10）．

クラウンエーテルから成る固定相では，Cram らがデザインした有名な化合物 **1** がある．この固定相はアミノ酸に対してすぐれた不斉識別能を有するが，Cram らが調製した充填剤は効率が低かったので実用化されることはなかった．しかし，オクタデシル化したシリカゲルに吸着した化合物 **2** は，きわめて効率の良い充填剤となることが見いだされ，ほとんどのアミノ酸が分割できる（図 6・11）．

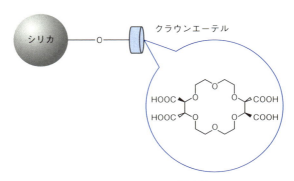

図 6・10　HPLC の固定相

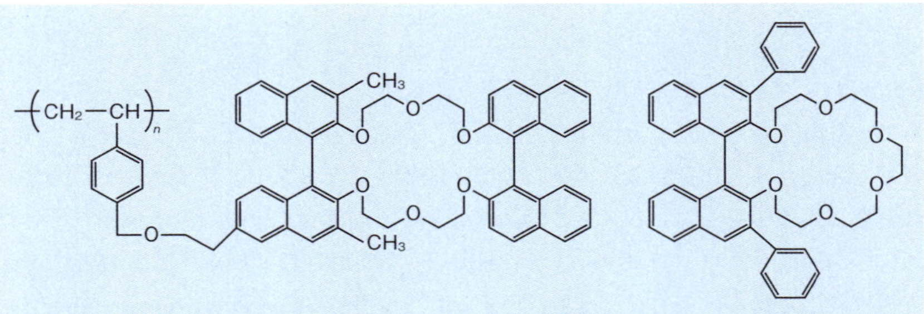

図 6・11　クラウンエーテル型のキラル固定相

身近なシクロデキストリン

シクロデキストリンは，グルコース分子が α(1→4) グリコシド結合で結合した環状オリゴ糖（図 6・12）で，トウモロコシやジャガイモのデンプンから酵素反応を利用して工業的規模で生産されている．バケツのような形をしたシクロデキストリンの外側の表面は親水性であるのに対して，内側表面が疎水性であるため，水中では疎水性物質を空洞内に取込む（これを包接という）ことができる．内側の空洞の大きさは，グルコース単位の数が増加する α, β, γ の順に大きくなる．

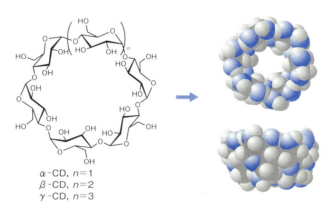

α-CD, $n=1$
β-CD, $n=2$
γ-CD, $n=3$

図 6・12 シクロデキストリン

分子認識材料としてのシクロデキストリンは，包接に伴う高い分子認識能を利用したものだが，単に空洞内に包接するという性質を利用するだけでも，油性物質の水中への溶解，分解しやすい物質の安定性の向上，揮発性の高い香りの成分や香辛料の保持や徐放，嫌な臭いや味成分の取込みなど，さまざまな応用が可能となる．

食品や化粧品分野などでの使用例が多く，香り成分の保持のためにシクロデキストリン（環状オリゴ糖として表示）を使用したワサビ，ショウガ，ニンニクなどのチューブ入り香辛料，シクロデキストリン水溶液を消臭剤とした製品，カテキンなどの有効成分を包接した健康飲料など，身近なところで数多くその製品を見ることができる．

6・3・2 アフィニティークロマトグラフィー

生体物質が他の物質を特異的に認識することを利用して分離精製する方法が，**アフィニティークロマトグラフィー**（affinity chromatography）である．たとえば，酵素と基質，抗原と抗体，ホルモンと受容体間に働く相互作用，核酸の相補的結合，核酸とタンパク質の特異的結合などを利用している（図6・13）．アフィニティークロマトグラフィーは1910年，Starkensteinによって不溶性デンプンにアミラーゼを選択的に吸着させる試みから始まった．この方法は，デンプンとアミラーゼ間の特異的親和性を利用した精製方法である．

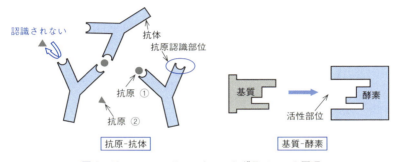

図6・13 アフィニティークロマトグラフィーの原理

アフィニティークロマトグラフィーは，通常のクロマトグラフィーとは分離法が異なり，親水性ゲル（デキストランやアガロース）に結合したリガンドを担体として用い，そのリガンドに結合する目的物質をカラムに通すと特異的な吸着が起こる．次にこのカラムに洗浄用緩衝液を流し，リガンドに吸着していない目的以外の物質を除去する．最後にリガンドと目的物質間の相互作用を解消するような展開液を流すと，目的物質は非吸着状態となり，溶出される．このとき洗浄操作によって不純物が除去される効率と，溶出操作による目的物質の溶出性が高いほど純度の高いものが得られる．このような精製は非常に純度が高く，短時間で行うことができ，濃縮効果があることから，大量の試料を一度に処理することも可能である．そのため，微量でかつ不安定なタンパク質の精製にも使用されている．またアルブミンなどのタンパク質を固定化することで，低分子化合物の鏡像異性体の分離・分析も可能である．

6・4 生体関連分子分離材料

ヒトの遺伝情報を含むすべてのDNA情報（塩基配列）を決定するヒトゲノムシークエンシングがほぼ終了し，ゲノム情報を基盤とした新しい医療や創薬原理の開発が進められている．

このようなゲノムシークエンシングを正確かつ迅速に行うためにはDNAを迅速に回収し，解析する手法の開発が重要となる．目的のDNAを正確かつ迅速に分離・検出する方法はこれまで数多く報告されている．そのなかでも半導体技術に基盤をおくマイクロ・ナノ技術を用いた**電気泳動チップ**（electrophoresis chip）や**DNAマイクロアレイ**（DNA microarray）などが特に重要である．ここではおもにそれらの手法によるDNAの分離・検出について述べる．

6・4・1 電気泳動分離

電気泳動分離の支持体として，一般にアガロースゲルとポリアクリルアミドゲルの2種類が用いられる（図6・14）．**アガロースゲル**（agarose gel）は，核酸などを分離する際に最も良く利用されているゲルであり，数十から数百Kbp（Kilo base pair, 1000塩基対）のDNAフラグメント（断片）を，長さや分子構造の違いで分離することが可能である．このアガロースゲルを用いた電気泳動は，PCRによる遺伝子産物の確認，DNAクローニング実験，DNAフラグメント解析などを行ううえで，現在では必須の手段である．また**ポリアクリルアミドゲル**（polyacrylamide gel）は，アガロースゲルと比較して微細な網目構造を有しているため，短鎖（～1 Kbp）のフラグメントを分離する際に有用である．

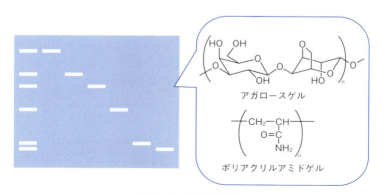

図6・14　電気泳動ゲル

電気泳動では，荷電粒子や分子はその荷電と反対の極に向かって移動する．移動中に pH 勾配があると，試料中にあるカルボン酸やアミンなどの官能基の解離状態が pH により変化して，全体としての荷電が 0 となる点（等電点）で停止する．これが**等電点電気泳動**（isoelectric focusing）であり，タンパク質の分析に用いられる．担体を用いる場合には，DNA やタンパク質などの高分子を遮るため，分子量の大きいものほど移動しにくくなる"分子ふるい効果"が働く．特にアガロースやポリアクリルアミドなどのゲルでは，この効果が顕著となる．核酸は一様にマイナスに荷電しているので，一定方向（陰極→陽極）に泳動して分子量による分離が容易に行える．

キャピラリー電気泳動（capillary elecrophoresis）は，ゲル板の代わりに非常に細いキャピラリーを用いて，タンパク質，DNA，医薬品，鏡像異性体，血液中の代謝物，環境関連物質，無機イオンなど幅広い物質を対象とする方法である．DNA やタンパク質を解析する場合では，キャピラリー中にアガロースやポリアクリルアミドなどのゲル，あるいは非架橋ポリアクリルアミドやセルロース誘導体などの高分子溶液を満たして電気泳動を行う（図 6・15）．キャピラリーを用いる最大の利点は，従来の方法に比べ高い電圧をかけられるため，タンパク質や DNA に対する解析能が増大することであり，また分析時間の短縮も可能である．

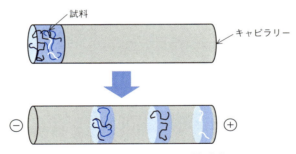

図 6・15　キャピラリー電気泳動

6・4・2　DNA 解析材料

現在，遺伝子診断（検出，分離）の分野において微細加工技術が注目をあびており，なかでもチップ上の DNA 診断デバイス（DNA マイクロアレイ）は，薬局や臨床検査室においても安心して利用できることから，特に高い関心を集めている．DNA マイクロアレイ（DNA チップ）は数千～数万程度の DNA 断片が高密度で固

MALDI-TOF質量分析

　島津製作所の田中耕一氏（2002年度ノーベル化学賞受賞）は質量分析に有機化合物を添加することによって，タンパク質，ペプチドなどの生体高分子の分子量を精密に測定する方法を生み出した．これはマトリックス支援レーザー脱離イオン化飛行時間型質量分析（MALDI-TOF-MS）とよばれ，現在広く使用されている．

　プレート上に測定試料とレーザー光をよく吸収しイオン化しやすいシナピン酸やジスラノール（1,8,9-トリヒドロキシアントラセン）の混合液を滴下する．数ナノ秒という短時間のレーザー光（一般的には窒素レーザー光，波長337 nm）を照射すると，マトリックスがまずレーザー光を吸収し，その後試料にエネルギーが伝達されてイオン化が起こる．このイオンを電場で加速し，検出器に到達するまでの飛行時間を測定することにより質量分析が行える．タンパク質や糖質，オリゴヌクレオチド，脂質などの幅広い生体関連物質をほとんど分解しない温和な条件でイオン化する特長をもち，分子量10万以上のタンパク質の分析も可能となった．

　このMALDI-TOF-MSの最重要部分であるイオン化部において，ソフトレーザーを使ったイオン化法の基礎を築き，タンパク質の擬分子イオンの生成をマトリックスを用いて達成したことが画期的であり，TOF-MSによる生成イオンの検出にはじめて成功した．この方法は有機化合物を巧みに用いた例の一つである．

定された数cm四方の基板であり，試料中のDNAとの二重鎖形成をスポットとして検出することで，多数の遺伝子の発現を一度に解析することが可能である（図6・16a）．

　異常な細胞（または病気にかかりやすい人の細胞）から取出したmRNAを逆転写してcDNAにし，蛍光試薬で標識する．一方，対照群として正常な細胞（または病気にかかりにくい人の細胞）からも先程とは異なる色で蛍光標識したcDNAを作製する．マイクロアレイ解析において二色蛍光標識を行う場合には，シアン色素（Cy3とCy5）（図6・17）が世界的に広く利用されている．これらを混合してDNAチップに流すと，異常細胞で大きく活性が増強している遺伝子に相当するスポットと，逆に活性が大きく低下している遺伝子のスポットは異なる色で発色する（図6・

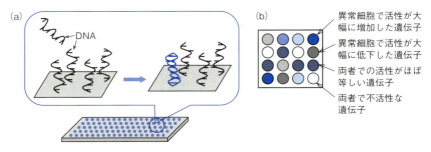

図6・16 DNA マイクロアレイ

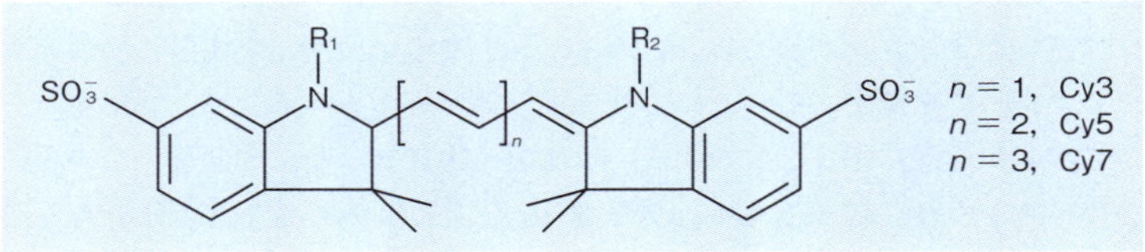

図6・17 シアン色素（Cy）

16b)．こうしたパターンを識別することにより，病気の原因となっている遺伝子を突き止めることが可能となる．これが一般にいわれる**遺伝子診断**（genetic diagnosis）である．こうした手法を応用すれば，個人またはその家系における遺伝子変異の有無を確認できると同時に，疾患のかかりやすさの素因を調べることができる．

　現時点では，DNAマイクロアレイ技術を用いた遺伝子解析によって，疾患の原因究明と治療を実現するには，まだ相当のブレークスルーが必要である．しかしながら，このような研究をさらに進めれば，患者個々の状況に最適な治療，いわゆる"テーラーメイド"医療の実現が可能になるだろう．

細 胞 分 離

　最も精巧な細胞分離法として蛍光色素を結合させた抗体で目的の細胞を特異的に標識し，この細胞を**セルソーター**（cell sorter）で分離する方法がある．この方法では，細い管（フローセル）中に細胞を流しながらレーザーを照射し，各細胞の蛍光を検出する．そのすぐ下流では振動するノズルで液滴をつくり，1個の液滴には細胞を1個しか含まないようにする．細胞を含む液滴に蛍光細胞を含むか否かによって，正あるいは負の電荷を与え，強い電場の下で適当な容器に振り分けられる（図6・18）．この装置は，毎秒約5000個もの細胞を選別し，1000個中に1個の精度で細胞を選別できる．こうした方法により均一な細胞群が得られると，これを細胞培養の出発材料として特定の培養条件下での細胞の挙動を研究することが可能になる．

　また外部刺激に対して応答する高分子（7・5・3節参照）および抗体を導入した多孔性高分子材料により，細胞浮遊溶液から特定の細胞のみを捕捉・回収可能な"セルセパレーター"の開発も盛んに行われている．このようなデバイスの開発が進み，ドナーの血液中から幹細胞のみを迅速・大量に捕集することも可能となっている．

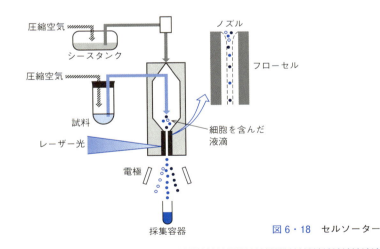

図6・18　セルソーター

7

生 体 機 能 材 料

　タンパク質，核酸，脂質，糖質に対して，生体機能材料という用語が用いられてきた．しかし，材料としての合成高分子の研究が進み，生体機能材料の言葉の意味は，次第に天然の素材からより幅広い材料へと移行している．むしろ，生体類似機能材料や生体内で用いられる機能材料を指すことが多くなり，特に後者は**バイオマテリアル**（biomaterial）とよばれている．本章では，生体機能材料のなかから，特にナノレベルで構造が制御されたバイオマテリアルについて取上げる．

7・1　抗血栓性材料

　材料と血液を接触させると，血液は材料を異物と認識し，材料上で血液の塊である**血栓**（thrombus）が形成される．血液は赤血球，白血球，血小板，および液体の成分である血漿などから構成されており，そのなかの血小板が材料に粘着することから血栓の形成が始まる．次に，材料表面に粘着した血小板から化学物質が放出されることによって，爆発的な化学反応が血小板とその他の血液成分，そして材料との間で起こり，最終的に材料表面に血栓が形成される．血栓の形成は，人工血管（図7・1），人工心臓，人工肺，血液透析器（7・2節参照）などをはじめとする医療機器で大きな問題となっており，長時間使用可能な**抗血栓性材料**（**血液適合性材料**，blood compatible materials）の開発が強く望まれている．

7・1・1　表面の疎水・親水性バランスとミクロドメイン構造

　材料表面の親水・疎水性を表す液滴接触角と細胞の接着数との関係が調べられており（図7・2），一般的に適度な疎水・親水性バランスをもつものが細胞接着に有利

7・1 抗血栓性材料

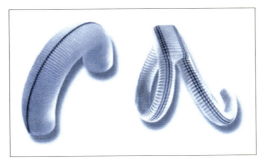

図7・1　**人工血管**　ポリエステルや延伸ポリテトラフルオロエチレンなどの素材でつくられている．写真はテルモ株式会社提供

であることが知られている．親水性表面では，材料表面に吸着した水分子が細胞接着に重要な接着タンパク質の吸着を阻害するため細胞が接着しにくく，また，疎水性表面では強い疎水性相互作用により吸着した細胞接着タンパク質が変性により失活したり，より親水性の高いタンパク質が優先して吸着することが原因となり細胞が接着しにくい．細胞培養のシャーレにはこのバランスを考慮し，表面を親水性処理したポリスチレンが用いられている．また，材料の表面微細構造も細胞との相互作用に重要である．

5・5節で述べたように，互いに混ざり合わず相分離する異種のポリマーの場合，それぞれの高分子鎖を結合して同一分子中に組込むと，相分離が制限されてミクロ

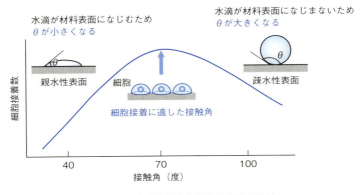

図7・2　**水滴接触角と細胞接着数の関係**

相分離した構造となる．これはミクロドメイン構造（microdomain structure）ともよばれ，親水性-疎水性，結晶性-非晶性または分子間力に大きな差異のある成分を同一分子鎖に有するポリマーを成形することで得られる．ブロックポリマーやグラフトポリマーなどの多相系高分子は，固相では界面自由エネルギーが最小になるように秩序化する．たとえば空気中，ポリマー溶液からポリマーを固化すると空気との界面となるポリマー表面は疎水性の高い高分子鎖が集積し，内部は相分離したドメイン構造となる．

ミクロドメイン構造を制御する目的で分子設計された抗血栓性高分子の最初の例は，2-ヒドロキシエチルメタクリレート（HEMA）-スチレン（St）-（HEMA）トリブロック共重合体であり，ミクロドメイン構造を形成する材料では，血小板粘着が抑制されてすぐれた血液適合性を示す．これは主として血漿タンパク質であるアルブミンが表面に吸着して組織化する結果，接触する細胞の膜タンパク質の分布状態を安定化するためと考えられている．水との界面を形成する最表面は親水性の高いHEMAで覆われているが，材料最表面の性質だけでは血液適合性は理解できず，ナノレベルでの表面微細構造が重要となる．

力学的強度に富むポリウレタンに化学修飾することで血液適合性を改善させる試みが行われている．また，セグメント化ポリウレタン（SPU）はポリウレタンの高分子鎖がハードセグメント部位とソフトセグメント部位の共重合体で構成されているため，水素結合によって凝集し，連続相であるソフトセグメント相から不溶化・相分離し，サブミクロンサイズのドメインを形成する（図7・3）．SPUはすぐれた血液適合性と力学的性質を示すことから，人工血管，人工心臓ポンプなどに用いら

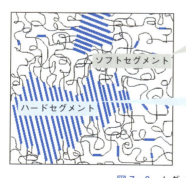

図7・3　セグメント化ポリウレタンの模式図

れている.

　高い血液適合性が求められる血液透析膜（7・2 節）も，初期の親水性の高いセルロース系材料から疎水性の高いポリスルホン系材料へ変遷している．血液適合性材料はさまざまな因子が複雑に絡んでいるためにその設計は難しいが，血漿タンパク質，血小板などの血液成分と接触する材料表面の性質が重要である．

7・1・2　リン脂質類似高分子

　1990 年代前半より，2-メタクリロイルオキシエチルホスホリルコリンを一成分として有するポリマー（**MPC ポリマー**）が合成された（図 7・4）．このようなポリマーを既存の人工臓器・医療デバイスの表面にコーティングすることで，すぐれた血液適合性を付与することができるので，抗血栓性材料として高く評価されている．MPC ポリマーは，細胞膜表面に多く分布するホスホリルコリン基を有しており，細胞膜表面と類似のバイオインターフェイスを構築できる．そのため従来の材料と比較して，きわめて高い抗血液凝固特性やタンパク質非吸着特性を示すことが明らかになっている．

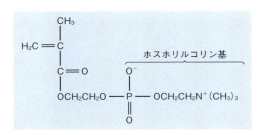

図 7・4　MPC の化学構造

　図 7・5 に示すように，従来のポリマー表面やタンパク質の周囲の水は，表面と相互作用した不安定な結合水であり，ポリマー表面にタンパク質が接触すると，結合水の数を減らすためにポリマー表面とタンパク質の安定な吸着が起こる．一方，MPC ポリマー表面近傍では自由水の状態をとっており，自由水は一つの分子が周囲の四つの水分子と互いに水素結合し安定化した状態にあるため，タンパク質の吸着は起こりにくいとされている．また，MPC ポリマー表面近傍では安定した状態である自由水の含率が高く，電気的にもほぼ中性であるために，タンパク質吸着を引き起こす疎水性相互作用や静電相互作用が弱く，タンパク質の吸着が抑制される．

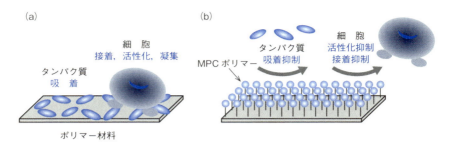

図 7・5　材料表面におけるタンパク質の吸着および細胞の接着　(a) 従来のポリマー表面，(b) MPC ポリマー表面

7・1・3　生体活性分子固定化表面

抗血栓性材料の開発において，生体の仕組みを利用する方法がある．以前より，血管内皮細胞上を貫通した形で存在する分子量約 10 万の糖タンパク質である**トロンボモジュリン**(thrombomodulin, TM) は，トロンビンと 1 対 1 の複合体を形成し，トロンビンの血液凝固作用を阻害することが見いだされている．さらに，TM はトロンビンによるプロテイン C の活性能を約 1000〜2000 倍も促進し，トロンビンを凝固酵素から抗凝固酵素へ変換する機能をもつ（図 7・6）．TM は簡単な化学反応でさまざまな高分子材料に固定化ができ，実際に，TM 固定化材料はすぐれた抗血栓性を示すことがすでに報告されている．また，**ヘパリン**(heparin) はアミノ基とヒドロキシ基の一部が硫酸化された多糖であり，抗血液凝固剤として利用されているが，材料表面に固定化する試みも行われている．ヘパリンはトロンビンなどの血

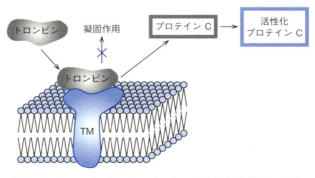

図 7・6　トロンボモジュリン (TM) による血液凝固作用の阻害

液凝固因子の働きを阻害する物質に結合し,その作用を促進する.

7・2 血液透析膜

健常な生体では,身体のすべての要素は恒常性が保たれている.しかし,腎臓の機能に異常を生じると老廃物の排泄が不十分となり,さまざまな病状が現れる.そこで,患者の体液中から人工的に老廃物を除去し,病態を改善させる治療が必要となる.血液浄化法は,半透膜を介する拡散,沪過を利用して血液中の老廃物と過剰の水分を除去し,血液を透析する方法である.血液透析には中空糸を束ねた**血液透析器**(ダイアライザー(dialyzer))が使用されている.血液透析器は,長さが30 cm の筒状になっており,その中に中空糸が約1万本入っている.血液は中空糸の穴の中を流れ,外側を透析液が流れる.中空糸は水や老廃物を通すことのできる膜でつくられているので,連続的に血液を送ることによって血液を浄化できる仕組みになっている(図7・7).中空糸膜については,図6・2も参照されたい.

東レが,1977年に世界で初めて生体適合性にすぐれたポリメタクリル酸メチル(PMMA)膜を使用した中空糸型人工腎臓を開発して以来,血液透析器に関する研究は飛躍的に進歩を遂げている.腎臓疾患などにより人工透析を必要とする患者数は,わが国で約30万人以上といわれており,今後,さらに性能や品質にすぐれた合

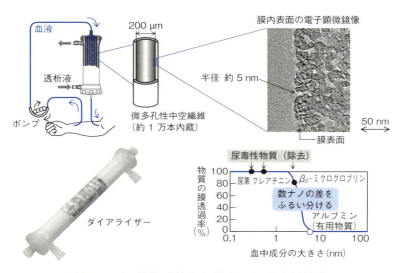

図7・7 **人工腎臓** 写真および資料は東レ株式会社提供

成高分子分離膜の開発が期待されている.

7・2・1 セルロース系膜

銅アンモニア法によるセルロースの再生は，解重合が少ないため分子量を大きく保持することができ，力学的強度にすぐれた膜を作製することができる．セルロース系透析膜の大部分はこの銅アンモニア法再生セルロースをベースとしており，平膜，チューブ状膜，中空糸あるいは活性炭層を有する膜などが作製されている．膜には，乾燥防止剤としてグリセリンなどが充填されており，透析開始前に水洗し除去して使用する．膜の血液適合性を改良するために，ポリエチレンオキシドをグラフトした膜，透析中に産生される活性酸素などを減らすために抗酸化作用をもつビタミンEを固定化した膜なども開発されている.

セルロースアセテート膜は，セルロースのヒドロキシ基をアセチル基に置換したものである．二つ置換したセルロースジアセテート，三つ（全部）置換したセルローストリアセテートが透析膜として用いられており，置換率が高くなるほど補体活性が少なく生体適合性が改善される.

7・2・2 ポリメタクリル酸メチルのステレオコンプレックス膜

PMMAを単純に成膜すると，溶質透過性と力学的強度を同時に満足させることは困難である．しかし，高度に立体規則性が制御されたイソタクチックPMMAとシンジオタクチックPMMAの溶液を混合して湿式で凝固させると，PMMA鎖がDNAのようならせん構造をとるステレオコンプレックスを形成し（8章コラム「DNAインスパイアードテンプレート重合」参照），溶質透過性と湿潤時の力学的強度の大きい血液透析膜が得られる．これは，コンプレックスを形成したPMMA鎖がセルロース膜における結晶部分のような機能を果たしているためと考えられる．このような透析膜は，補体の活性化を引き起こさない点とβ_2-ミクログロブリンを吸着できる特長をもつ.

7・2・3 ポリスルホン系膜

耐熱性の高いエンジニアリングプラスチックであるポリスルホン（図7・8）を原料とした膜は水処理用に使われていたが，長期血液透析患者の血液透析膜としても近年利用されている．特に，セルロース膜が補体の活性化を引き起こすこと，β_2-ミクログロブリンのような高分子の老廃物を除去しにくいことから，ポリスルホン系

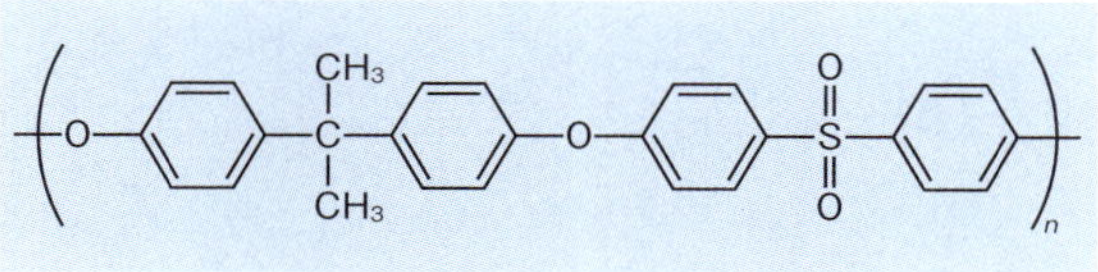

7・3 生分解性材料 181

図7・8 ポリスルホンの化学構造

膜が主として用いられるようになってきた．ポリスルホン系膜は加熱蒸気やγ線で滅菌でき，透析中の一過性の白血球の減少も軽度であるなどの生体適合性もすぐれている．2011年には，血小板などの血液成分の付着を抑えるように表面を改質した高性能なポリスルホン膜が開発されるなど，血液透析器での使用数は大きく拡大している．

7・3 生分解性材料

生分解性材料（biodegradable materials）とは，酵素によって，あるいは酵素なしでも生体内において分解して，最終的には生体内から代謝される材料を指す．

7・3・1 医用材料

生分解性材料として臨床応用されているのは，主として高分子材料である（図7・9）．これらの生分解性高分子は体内に埋入されてもやがて消滅し，残留・蓄積しないので，生体が自己修復を行う際の一時的な補修材として用いられる．生分解性高分子の体内での分解は，ほとんどが高分子の主鎖中の共有結合が加水分解や酸化分解により切断されるためである．ポリアミノ酸以外の合成高分子の分解では酵素はほとんど関与せず，水の存在下で自然に加水分解する．一方，天然高分子の大部分は加水分解酵素によって分解される．また，高分子側鎖あるいは分子間架橋などの切断により高分子が水に可溶性となり，体液中に溶解し，体内から消滅する場合もある．

医用材料として実用化されている生分解性の合成高分子は，主として脂肪族ポリエステルである．その代表的なものとして"ポリ乳酸"がある（図7・9）．その理由として，分解生成物が体内に代謝物として存在するために安全性に問題がないこと，分子量を変えたり，グリコール酸などの他のヒドロキシ酸と共重合を行うことで，材料の生分解性や力学的強度をかなり自由に変えられるなどがあげられる．ポリ乳酸やポリグリコール酸は，骨固定材や手術用の縫合糸などに用いられている．

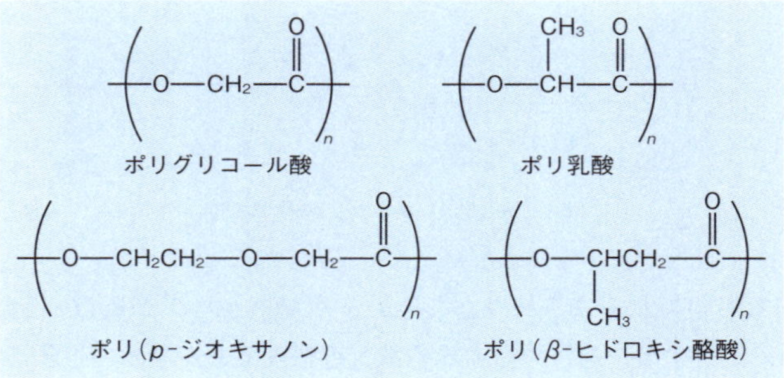

図7・9　生分解性高分子の例

グリーンプラスチックとしてのポリ乳酸

　グリーンプラスチック（green plastics）とは，環境に調和した（負荷が低い）プラスチックを指し，植物などの再生可能な資源を原料とし，生分解性を示すなどの特徴をもつ．たとえば，ポリ乳酸はトウモロコシデンプンの発酵により得られる乳酸を原料としており，石油のような枯渇する化石資源ではなく，デンプンという再生可能な植物有機資源から生産される．2005年に愛知県で開催された万国博覧会においては，ポリ乳酸製の使い捨て食器がすべての会場で使用され，話題となった．また，グリーンプラスチック製品であることを識別するために認証マークを表示する制度が運用されており，コンポスト袋，農業用のマルチフィルム，衣料品などにも利用されている．

7・4　人工皮膚

　図7・10に示した皮膚は，外的な要因によって損傷を受けたとき，速やかに損傷部位をふさいで組織の回復を促す自然治癒力を備えている．たとえば，やけどで表皮だけが障害された場合では，基底細胞が残っているため，数日で新しい表皮が再生される．しかし，基底層まで障害されると，新しい皮膚はなかなか再生されない．皮膚再生が期待できない場合，細菌に感染したり，血液などの体液が体外に流出する危険がある．そこで，損なわれた部分に新しい皮膚を補う**人工皮膚**（artificial skin）の開発が進められている．

7・4 人工皮膚

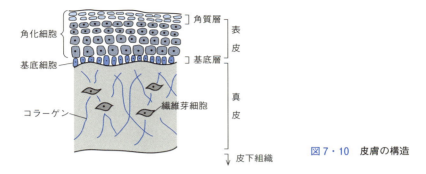

図7・10 皮膚の構造

7・4・1 人工皮膚の分類

皮膚表皮層に含まれる角化細胞をフラスコ内で培養して表皮のシートを作製する技術が，1979年にGreenらにより発見された．以来，細胞を使用した皮膚再生の研究が活発に行われている．特に，患者自身の角化細胞から作製した人工皮膚の使用により，広範囲重症熱傷患者の救命に成功した報告以降，研究に拍車がかかるようになった．その後，皮膚下層の真皮中に存在する繊維芽細胞も研究対象となり，種々の人工皮膚の開発が進められてきた．人工皮膚を分類すると，角化細胞を利用した**培養表皮**，繊維芽細胞を利用した**培養真皮**，角化細胞と繊維芽細胞を利用した**培養皮膚**がある（図7・11）．このとき，患者自身の細胞を使用したものは"自家"とよび，他人の細胞を使用したものは"他家"とよばれる．

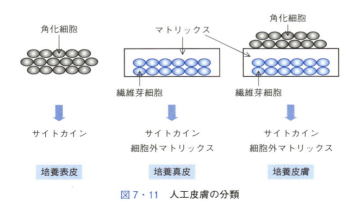

図7・11 人工皮膚の分類

7・4・2 培養表皮

　Green らにより報告された培養表皮は，マウス由来の繊維芽細胞を支持細胞とした培養系において，表皮から採取した角化細胞を急速に培養させて薄いシート状に作製するものである．角化細胞は創傷治癒を促進する種々のサイトカインを産生する．この技術は，米国において 30 年ほど前に製品化された．熱傷センターから輸送された広範囲重症熱傷患者の健常部分の皮膚から，3〜4 週間で自家培養表皮を調製して患者に供給するシステムが整えられている．国内でも J-TEC により，同様の手法を用いた治療が行われている．しかしながら，真皮を含めた皮膚全層に障害が及ぶ重度の熱傷においては，それほど効果が上がっていない．

7・4・3 培養真皮

　繊維芽細胞は，角化細胞のように分化重層化して自発的にシート状になる特性をもたない．そこで，適切な細胞の足場（マトリックス）を利用する必要がある．繊維芽細胞は，角化細胞の増殖と分化を促進するサイトカインを産出・放出するほかに，コラーゲン（後述）やフィブロネクチンなどの創傷治癒に重要な細胞外マトリックスを産生する．そこで，マトリックスに繊維芽細胞を組込んだ培養真皮が注目され，生物学的創傷被覆材として臨床応用され，すでに米国では企業化されている．

　また国内においても，牛皮由来のコラーゲンを酵素処理して得られるアテロコラーゲンを使用してスポンジ状のシートを作製し，このマトリックス上に繊維芽細胞を播種して培養する方法が開発された（口絵参照）．アテロコラーゲンは，コラーゲン自身とその分解産物であるペプチドが患者の体内で傷を治すために必要な細胞をよび寄せる走化性因子として機能すると考えられている．

7・4・4 培養皮膚

　最近のトピックスとして，"三次元培養皮膚"があげられる（コラム参照）．これはコラーゲンゲル内で繊維芽細胞を培養し，その上に角化細胞を播種し，空気曝露により重層化させ，皮膚を再構成させるものである．表皮のみの培養表皮シートと比較して強固であり，組織学的にも角質層の形成が認められ，正常皮膚に近い構築を呈している．この三次元培養皮膚を壊死性筋膜炎患者の足背の潰瘍に培養表皮と組合わせて使用したところ，明らかに生着性の向上が認められ速やかに上皮化した．今後の展望として，他家角化細胞，および iPS 細胞から分化誘導した角化細胞から作製された培養皮膚を移植に用いる治療が期待されている．

動物実験代替法,再生医療としての三次元培養皮膚モデル

現在,医薬品・化成品などの有用な化学物質のヒトへの安全性評価に関しては,多くの場合,実験動物が用いられている.しかしながら,動物愛護,実験動物とヒトの種差や安全性評価の効率化の観点から,動物実験を代替するヒト *in vitro* 安全性評価試験法の開発が強く求められている.従来の *in vitro* での薬剤試験では,単層(二次元)培養された細胞を用いて安全性(毒性)・薬効評価が行われているが,平面培養された細胞とヒト生体内の細胞(組織)では薬剤に対する応答が異なることが多く,新たな創薬研究デバイスが必要とされている.近年,これらの問題点を克服するために,生体外細胞操作によりヒト臓器由来細胞を立体的に積み上げて,生体類似の三次元組織体を構築し,創薬開発および再生医療(8章コラム参照)に応用する研究が数多く展開されている(図7・12).

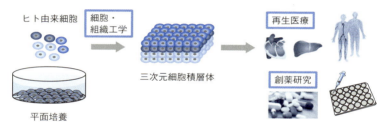

図7・12 生体外細胞操作による三次元生体組織の構築と再生医療,創薬研究への応用

培養皮膚モデルは,化粧品,医薬品などの効果判定・毒性試験への応用に対して開発が求められている.特にEUでは化粧品分野において,2013年よりすべての評価試験に対して動物実験が禁止されており,動物実験代替法が現在使用されている.国内でも自主的に動物実験の廃止を決定しており,その流れは創薬分野にも波及しつつある.

現在,皮膚刺激性試験として経済協力開発機構(OECD)のテストガイドライン439(再生ヒト表皮試験法)に四つの培養表皮・皮膚モデルが収載されており,動物実験代替法として活用されている.しかしながら,これらのモデルは細胞毒性などの強刺激性試験しか適応できず,アレルギー反応や炎症応答などの微小応答を評価することはできない.そのため,皮膚組織の多様な生理現象を再現良く評価できる次世代の三次元培養皮膚モデルの開発が期待されている.

コラム（つづき）

次世代三次元培養皮膚モデルとして，交互積層細胞コーティング技術を用いて真皮層に血管・リンパ管網および付属細胞を有する皮膚モデルが開発されている（図7・13）．本細胞操作技術は，細胞外マトリックス（ECM）成分のナノ薄膜を細胞表面に形成することで，任意の細胞配置・組織厚および脈管系が導入された組織体の構築が可能であり，生体類似の構造と機能を有する三次元皮膚モデルとして期待され，国際標準化のためのバリデーション（検証）が始まっている．

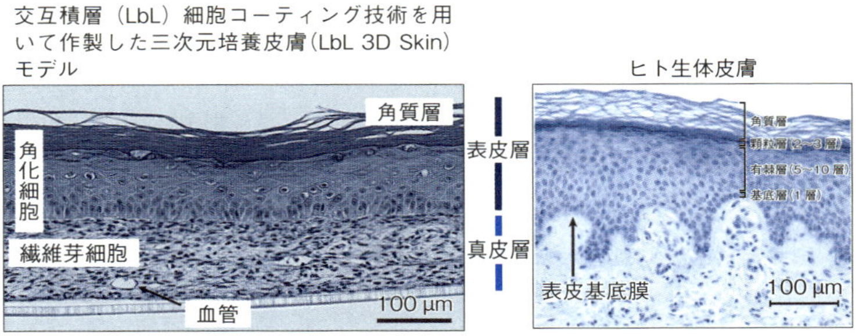

図7・13　三次元培養皮膚モデルの構造（組織のヘマトキシリン染色像）

さまざまな組織由来の細胞に分化可能な iPS 細胞（8 章コラム参照）の登場などで，組織の再生や臓器の機能の代替といった再生医療への注目が集まっているが，これらの細胞をどのように立体的に組織化するかが重要な課題となっている．そのため，再生医療をサポートする汎用性の高い組織構築技術の創出は，学術的にも，また産業的にも大きな意味をもつ．上記の細胞操作によって構築された血管網含有三次元皮膚モデルは，移植医療としての展開が期待され，生体外で構築した血管網によって移植後早期の血行再開，生着率の向上，感染に対する脆弱性の克服が可能となるであろう．

7・5　医療用ゲル

医療分野においては，柔らかいマテリアルが求められる場合がある．柔らかく，力を加えると変形し，可逆的に元に戻るハイドロゲル（5・2・4節参照）は効果的なバイオマテリアルといえる．

7・5・1 コンタクトレンズ

現在,圧倒的に多く使われている医療用ゲルは眼科用である.眼球のほとんどは,角膜,水晶体,ガラス体などの透明なハイドロゲルから構成されている.これらが混濁または失透し,薬物などによっても治療できなくなった場合は,角膜移植や人工材料が用いられる.その材料のなかでも圧倒的に多く使用されているのが,コンタクトレンズである.コンタクトレンズの素材としては,ポリ(2-ヒドロキシエチルメタクリレート)(PHEMA,図7・14)やポリメチルメタクリレート(PMMA)が用いられている.コンタクトレンズには,① 安全性,② 光学性,③ 酸素透過性,④ 耐汚れ性,⑤ 取扱い性などが求められている.

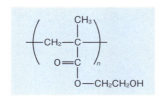

図7・14 ポリ(2-ヒドロキシエチルメタクリレート)(PHEMA)の構造

7・5・2 細胞培養ゲル

ゲルは物理的には安定した形状を有し,同時にゲル内の溶媒の保持性および溶質の拡散性,透過性も備えている.この両面を細胞培養に用いると前者の性質からゲルは細胞の足場として機能し,なおかつ後者の性質から接着した細胞表面に拡散性の成長因子を供給することもできる(図7・15).

コラーゲンは,皮膚(真皮),骨などの構成成分であり,3本のポリペプチド鎖が

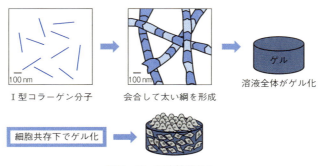

図7・15 細胞培養ゲル

巻きついてできたらせん構造を有する繊維状のタンパク質である（図8・3参照）．コラーゲンは溶液の温度，pH，イオン強度を生理条件にすることにより自己会合する．なかでも，生体中で最も多いタンパク質であるⅠ型コラーゲンはタンパク質濃度をある程度以上高くすると，分子の自己会合の結果，溶液全体がゲル状になる．市販もされており，そのゲルを用いた細胞培養は盛んに行われている．コラーゲンゲルによる培養は，細胞が三次元的に繊維性コラーゲンと接着して存在するために，

ゲルと高吸水性ポリマー

　液体を固めたゲルは，医療用だけでなく，私たちの身近なところでさまざまな形で存在する．タンパク質のゼラチン（熱変性コラーゲン）や多糖類のアルギン酸でゲル化したゼリーや寒天は，ゲル化された形で利用されており，天ぷら油を固めるために使用される 12-ヒドロキシステアリン酸のようなオイルゲル化剤，粘度を調整するための増粘剤などは，ゲル化能をもつ化合物として利用されている．紙おむつや生理用品向けの衛生材料として使用されている**高吸水性ポリマー**（super absorbent polymer）も，大量の水をゲル化して保持することができる材料である．

　代表的な架橋ポリアクリル酸塩では，自重の 100 倍から 1000 倍の水を吸収，保持することができる．ポリアクリル酸塩は高密度に解離基が存在する高分子電解質であり，①イオン性解離基への水和，②ゲル内部のイオン濃度が高いために発生する浸透圧，により高い吸水性を発現する．このとき，適度に架橋されて三次元網目構造をとる高分子鎖は，溶解せずに膨潤するため，鎖間に取込まれた大量の水はハイドロゲルとして保持される．高吸水性ポリマーには，ポリアクリル酸塩以外にもイソブチレン/無水マレイン酸共重合体，ポリビニルアルコール/無水マレイン酸共重合体などが使用されており，土壌保水剤，育苗マット，調湿剤などとしても使用されている．また水を吸収して膨潤する性質を利用した止水剤，吸水性を利用した食品用脱水シート，保水性を利用した人工雪や保冷剤など，その用途も多岐にわたる．

$$CH_3(CH_2)_5CH(OH)(CH_2)_{10}COOH$$

12-ヒドロキシステアリン酸

$$\left(CH_2-CH\right)_n$$
$$COONa$$

ポリアクリル酸ナトリウム

生体内に近い培養が実現されると考えられる．実際に，in vitro での血管平滑筋細胞の形質維持，微小血管内皮細胞の血管様管腔形成，涙腺細胞の分泌腺様管腔形成において，Ⅰ型コラーゲンゲルが基質として用いられ，それらの細胞機能の発現に大きな影響を与えることが知られている．

アガロースは寒天の主成分をなす多糖である（図6・14 参照）．アガロースは室温では水に難溶であるが，溶媒温度を 60℃ に上げることで可溶化し，その溶液を再び室温に戻すと徐々に粘性が増し，ゲルになる．その際，細胞をともに加えておけば細胞を抱き込んだ状態でゲル化する．アガロースゲルにより培養が試みられている細胞は，軟骨細胞，浮遊細胞（血球細胞，がん細胞）などがある．アガロースゲルを基質とする細胞培養の場合は，細胞は特異的にアガロースに直接接着することはないと考えられる．しかし，アガロースのもつ物性が細胞へ影響することは十分にあり得る．

7・5・3 インテリジェントポリマー

外部環境（温度，pH，光，特定分子の濃度，電場など）に応答して，形態や物性（体積，硬さ，光の吸収，電気的性質など）を変化させるポリマーを**インテリジェントポリマー**（intelligent polymer）あるいは**スマートポリマー**（smart polymer）という．インテリジェントポリマーはドラッグデリバリーシステムなどの各種機能性材料に応用されている．バイオマテリアルへの展開として，温度応答性を有するポリ（N-イソプロピルアクリルアミド）（PNIPAAm）を，細胞培養皿上に作製し，培養細胞を非侵襲的にシート状に回収する研究がある（図7・16，7・17）．

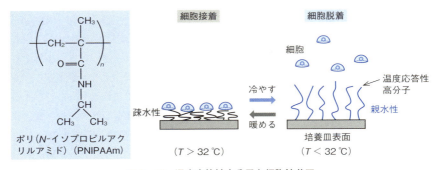

図7・16　温度応答性高分子と細胞培養皿

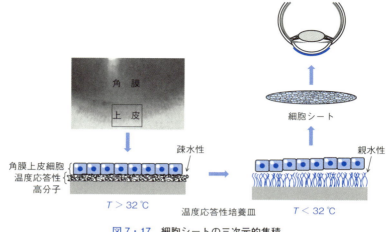

図7・17　細胞シートの三次元的集積

　細胞は疎水性表面には接着しやすいが，親水性表面には接着しにくい．疎水性のポリスチレンからなる培養皿で細胞を培養すると，細胞は増殖して単層のシート状となる．このとき，細胞接着タンパク質によって細胞同士が構造的に結合し，同時に細胞間のコミュニケーションによって機能的にも連結している．しかし，培養した細胞を使うために培養皿からはがすとき，細胞接着タンパク質によって細胞が培養皿に強く接着しているため，タンパク質分解酵素を必要とする．このため細胞接着タンパク質も破壊され，細胞間の構造的・機能的連結を損なう結果となっていた．
　そこで，温度応答性高分子で培養皿表面をコーティングし，温度によって表面の性質が変化することを利用すると，タンパク質分解酵素を用いず，細胞シートの回収が達成された（図7・16）．32℃を境に水との親和性が大きく変化するPNIPAAmを培養皿表面にナノオーダーの均一な厚さで固定させる．細胞の培養に適した37℃では表面が疎水性になり，細胞が接着・増殖するが，培養後32℃以下に冷却すると，表面は親水性になり細胞をシート状のままできれいにはがすことができる．細胞シートは，組織や臓器のパーツとしてすでに医療の現場で使われている．わずか2 mm四方の角膜上皮細胞から培養される細胞シートは，細胞接着タンパク質を保持しているので，移植時に縫合の必要がなく，5分程度で角膜に接着できる（図7・17）．また複数の細胞シートを重ねると，より高度な機能をもった三次元構造がつくり出される．積層した心筋細胞シートを心臓の梗塞部位に貼ると，心臓と同期し

7・6 高分子微粒子

て拍動することが確認されている．細胞間の結合力が弱くシート化の難しい細胞もあるが，角膜，網膜や皮膚，膀胱上皮，歯根膜などの上皮細胞系から臨床応用が進められ，近年，重症心不全患者に対する治療として，筋芽細胞でつくった心筋シートの移植も展開されている．

7・6 高分子微粒子

　粒径がマイクロメートルあるいはそれ以下のスケールの微粒子は，その小さなサイズや大きな表面積のため，あるいは凝集・沈降現象などを観測しやすいなどの理由から，工業的に種々の分野で利用されている．一般に，マイクロスケールの粒子径をもち，中身がつまった固体状の微粒子を**マイクロスフェア**（microsphere）と，粒径が 1 μm に満たない球状高分子微粒子を**ナノスフェア**（nanosphere）とよび，**ドラッグデリバリーシステム**（drug delivery system, **DDS**）における薬物担体として用いられている．

　DDS とは，薬剤を必要なときに必要な部位に輸送する，薬物治療を最小限の副作用で達成する高精度ターゲティング治療のことである．高分子微粒子は，DDS における単に薬物運搬のための担体としてだけではなく，その特性（粒径，電荷，表面の官能基）を利用して細胞と相互作用し，細胞の機能制御や遺伝子導入のためのキャリヤなどさまざまな研究が展開されている．

7・6・1　親疎水型高分子ミセル

　親水性側鎖と疎水性側鎖とからなるブロック共重合体（1・5・2 節参照）は，水中で会合することによって，疎水部を内核（コア），親水部を外殻（シェル）とする会合体を形成する．このような高分子ミセルは，その直径が 20〜50 nm であり，また低分子ミセルに比べて，ミセルを構築する高分子鎖はミセルからの解離速度が小さいため，きわめて高い構造安定性を実現することが可能である．

　DDS において，従来から研究されているリポソームやマイクロスフェアなどの微粒子型キャリヤを用いた場合，細網内皮系（RES）による貪食作用が顕著となり，有効な薬物送達は困難であった．そこで，親水性と疎水性のポリマーセグメントからなるグラフト共重合体を用いて親疎水型高分子ミセルが調製され，疎水性の抗がん剤が内包された（図 7・18）．高分子ミセルでは，疎水性の内核が親水性の外殻によって覆われているため外界から隔離されたミクロ環境を構成し，薬物のリザーバーとして機能する．また，この外殻によってミセルの分散安定性が確保され，親

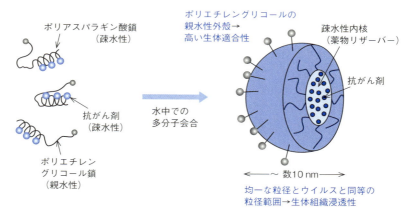

図7・18　抗がん剤を内包する高分子ミセル

水性高分子による立体反発効果によって非特異的吸着が抑制される．このため，細網内皮系による貪食作用を巧みに回避することが可能である．

7・6・2　ポリイオンコンプレックスミセル

　前節でふれた親疎水型高分子ミセル形成の駆動力は疎水性相互作用であるため，水溶性で負の電荷を有するDNAなどの核酸をそのままの形で内核に担持することは困難である．そこで，静電相互作用をミセル形成の駆動力に用いる**ポリイオンコンプレックス**（polyion complex, PIC）**ミセル**を用いた遺伝子導入のためのキャリヤの開発が試みられている（図7・19）．PICミセルは濃度を増加させても粒径の変化を示さず，表面が電気的に中性な高分子鎖によって覆われ，立体的に安定なコア-シェル構造を有している．

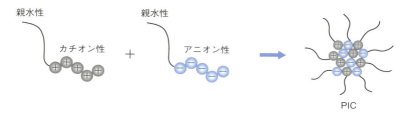

図7・19　ポリイオンコンプレックス（PIC）ミセル

PIC ミセルの実用化において，各々の電荷を打ち消し合う条件で調整した際に溶解性が低下して大きな凝集体が形成され，in vivo での取扱いを困難にするという問題がある．そこで，水溶性を向上させるためカチオン性ポリマー（ポリ(L-リシン)やポリエチレンイミン）などを DNA に対して過剰に加え，電荷のバランスを崩した複合体が調製された．その結果，水溶性は向上したが，表面が電気的中性でないために生体内に投与したとき，主として肝臓による非特異的取込みが顕著となり，遺伝子キャリヤとして不適当であった．この問題を解決するために，親水性部分と荷電部分からなるブロック共重合体やグラフト共重合体で形成される PIC ミセルを利用する試みがなされた．DNA のまわりを親水性ポリマーで覆うため，溶解性の向上と生体組織との非特異的相互作用の抑制が確認されている．

7・6・3 コア-コロナ型高分子ナノスフェア

親水性マクロモノマーと疎水性コモノマーを共重合することにより，単分散なマイクロ粒子を得ることができる（**マクロモノマー法**（macromonomer method））．マクロモノマー法では，重合過程において疎水部を内側に親水部を外側に向けながら自己組織化することにより，ナノスフェアを形成できる（図 7・20）．親水性コロナ-疎水性コア型高分子ナノスフェアは単分散性を保ったままで，100 nm から数 μm の範囲で粒径を制御することができ，分離・精製も容易である．マクロモノマー法を用いてさまざまな機能性を有した高分子ナノスフェアが作製され，ウイルス捕捉，ペプチド経口担体，触媒反応，静電相互作用による粒子の集積化などさまざまな分野での応用が可能である．

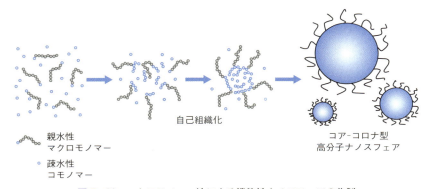

図 7・20　マクロモノマー法による機能性ナノスフェアの作製

このような自己組織化を巧みに用いることにより調製されたコア-コロナ型高分子ナノスフェアは次のような特徴をもっている．① 通常のラジカル重合で容易に得られ，工業化が可能である．② 分離・精製が容易で，凍結乾燥によって固体（微粉末）が得られ，安定な状態で長期保存できる．③ 単分散性を維持した状態で，粒径を 0.1 から 2〜3 μm オーダーまで制御できる．④ 高密度で高分子鎖が集積できる．⑤ コア，コロナの高分子鎖が設計できる．⑥ 水分散性が高く，機能性分子の固定化に相応しい機能をもつ．

7・6・4 ナノゲル

親水性ポリマーに部分的に疎水性基を導入したものも，同様に水中で自己会合をしてナノメートルスケールの微粒子を形成する．親水性ポリマーとして多糖類であるプルランを，疎水性基としてコレステロール基が 100 単糖あたり 1, 2 個導入された例がよく知られている．数分子のコレステロール修飾プルランが会合し，数個のコレステロール基が集合した核を複数個有する多核微粒子が形成される（図 7・21）．この場合，粒子内部には多量の水が含まれており，ナノスケールのゲル（**ナノゲル**（nanogel））とみなすことができる．特に疎水化多糖からなるナノゲルは，タンパク質の捕捉と解離の制御をする機能を有することから，タンパク質の折りたたみを助ける"人工分子シャペロン"として機能することが明らかにされている．

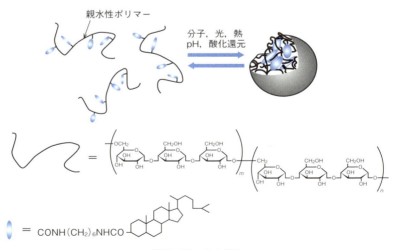

図 7・21　ナノゲル

7・7 組織工学のための複合材料

組織工学（tissue engineering）とは，生体組織または器官などを人工的に再構築させる技術の総称である．一般に，細胞を単に身体に移植しただけでは機能が十分に発揮されず，治療効果が十分に得られない．そこで，細胞が本来の機能を十分に発揮できる状態で，組織または器官を再構成する必要がある．そのために，生体材料を用いて細胞の機能を失わせないような環境を提供する．このような例として，細胞を周囲から隔離して使用するものや器官形成を人工的に行わせるなど，さまざまなアプローチで組織再生の研究が行われている（図 7・22）．

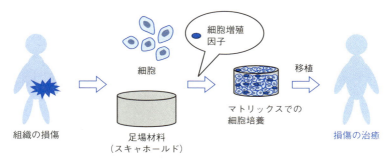

図 7・22　組織工学

細胞を接着・増殖・分化させ，組織再生を行うには細胞の足場となる材料（スキャホールド，scaffold）の調製が必要不可欠であり，この際，成形性などにすぐれている高分子材料が求められている．しかしながら，高分子を単独で細胞の足場として利用する場合，細胞接着性が低いなど機能性に乏しいといった欠点があるので，機能性の向上の観点からさまざまな複合材料の研究が行われている．

複合材料というのは，2 種類以上の素材を複合して物理的にも化学的にも異なる相を形成させ，その結果，有効な機能が付与された材料のことである．複合材料の素材としては，金属，無機，有機材料などがあげられ，これらを組合わせることで，各材料の欠点を補う，既存の機能を向上させる，新規な機能が付与されることなどが期待される．たとえば，金属-金属複合材料である Co-Cr-Mo 合金やチタン合金は人工歯根として応用されている．金属-無機複合材料としてはハイドロキシアパタイト薄膜で被覆したインプラント材料などがある．また，ハイブリッド型高分子材料は人工臓器や軟組織代替材料として使用されている．

7・7・1 有機-無機複合材料

このような複合材料のなかで,近年,特に注目されている材料として**有機-無機ハイブリッド材料**(organic-inorganic hybrid material)がある.生体内あるいは自然界には多くの有機-無機複合材料が存在しており,各所でさまざまな機能を発揮している.たとえば,骨は無機物質のリン酸カルシウムの一種であるハイドロキシアパタイト(ヒドロキシアパタイト,HAp)と有機物質であるコラーゲンとの複合材料であり,これらが分子レベルで複合化されることにより,特異的な機械的強度,弾性率を示すことが知られている(コラム参照).現在,さまざまな有機-無機複合材料が開発され再生医療のための足場材料として用いられている.

高分子-無機塩複合体に関する調整法には数多くの方法が知られている.たとえば,CaO,SiO_2を主成分とする結晶化ガラスとともに高分子材料を模擬体液に浸漬してアパタイトの核を形成させ,その材料をアパタイトに対して過飽和なCa^{2+},PO_4^{3-}を含む水溶液に浸漬することで,ポリマー上にアパタイト層を形成できる**生体模倣反応**(biomimetic reaction)(図7・23)や,Ca^{2+}を含む水溶液とPO_4^{3-}を含む溶液に高分子材料を交互に浸漬することにより,アパタイト層を材料基板上に積層

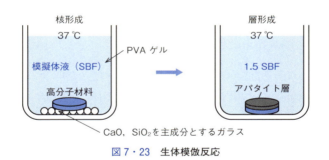

図7・23 生体模倣反応

できる**交互浸漬法**(alternate soaking process)などが開発されている(図7・24).交互浸漬法は生体模倣反応と比較して,操作が簡便であり,アパタイト形成速度が速いという利点もあり,ハイドロゲルへのHApの形成や,アクリル酸やアクリルアミドをグラフト重合させたポリエチレンフィルム上におけるHApの形成が報告されている.このように分子レベルで複合化された材料を人工的につくり出すことで,環境適合性を有する超軽量高強度材料,光学機能材料および生体適合性材料などの創製が可能である.

図7・24　交互浸漬法

骨――究極の複合材料

　繊維の中では，高分子の鎖は繊維の長さ方向に並んでいる．特に強度の大きい分子が高度に長さ方向に配列した繊維では曲げる，あるいは圧縮などの変形を加えると繊維は座屈を示し，破壊しやすい．生体の骨，腱，植物の竹などの繊維組織は自然の中で圧縮・曲げなどの変形にしばしばさらされる．生体を維持するためには，このような変形に耐えなければならない．このため，生体の繊維組織は巧みな組織を形成している．

　骨の内部は緻密骨と海綿質でできていて，コラーゲン繊維と無機物質がそれぞれ乾燥重量の 18.6 % と 70.8 % を占めている．緻密質には血管が通るたくさんの穴を中心に，樹木の年輪のように薄い骨の層板が互いに重なり合っている．この骨層板は配向した長さ約数十 nm のハイドロキシアパタイト結晶がコラーゲン繊維上に規則正しく配列した有機-無機ハイブリッドである．骨層板はちょうどベニヤ板のような構造で，コラーゲン繊維によりハイドロキシアパタイト結晶を強靭で弾性を示す材料にしている．またコラーゲン繊維は圧電性を示し，応力に対するセンサーの役割を演じて骨の強度を保つことと，骨の成長に関与している．一方，海綿質は細い骨質が，さまざまな方向に伸びて互いに連なり，骨に加わる圧力を減らす構造をとっている．

　合成高分子からつくられる繊維や，高分子系複合材料にも骨のような組織を人工的に形成すれば，さらにすぐれた力学的な特性を発揮させることが可能となる．複合材料にエネルギーの吸収層を層状に分布を制御して配列できれば生体の骨や植物の竹をしのぐ材料が実現できる．

7・7・2 生体材料との複合化

　生体材料（タンパク質，DNAなど）との複合化により高機能化を図る研究が注目されている．これらの物質がもつ特異的な構造とすぐれた機能は，ナノ複合化を目指すにあたって魅力ある対象となっている．たとえば，チタンやその合金は，硬組織に対して高い親和性とすぐれた力学特性を示すため，人工関節の部材や人工歯根に臨床使用されている．しかし，経皮的な用途では，上皮組織との親和性が十分ではない．上皮組織の接着には，ラミニンというタンパク質が重要な役割を果たすことが知られており，ラミニンをチタン系の材料表面に直接コーティングする試みが行われている．しかしながら，ラミニンを物理的に材料表面に吸着させるだけでは容易にはがれてしまうので，表面に生体親和性の高いハイドロキシアパタイトとラミニンとの複合膜を作製することで，材料表面への固定化が図られる（図7・25）．この複合膜の金属や高分子材料への固定化は7・7・1節で述べた方法などにより行われる．ラミニンの細胞接着活性により皮膚組織との密着性の向上が可能となる．

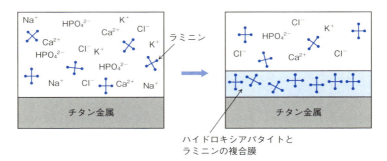

図7・25　ラミニンのチタン金属表面への固定化

8 生体──究極の有機機能材料

　これまで見てきたように，多くの有機機能材料が目的に応じて生み出され，さまざまな分野で利用されている．このような材料がもつ有機機能性の原点は，"生体"にある．生体を構成する有機物質は材料の宝庫であり，究極の有機機能性を発揮している．これらの物質の機能を知り，有効に利用することによってはじめて，生体の機能を超えた材料の創製も可能になる．本章ではまず，生体を構成するタンパク質，核酸，糖，脂質のもつ機能性および有機機能材料としての利用について概説する．さらに，これらの集合体により構築された生体システムのもつ多様な機能についてもふれる．

8・1　タンパク質

　タンパク質は，体内において最も量と種類が多い生体高分子であり，100 個から3000 個くらいの**α-アミノ酸**（α-amino acid）がペプチド結合によりつながってできている．タンパク質は，生体中のすべての細胞に存在しており，皮膚，筋肉，腱，神経および血液などの主要な構成物質となっている．タンパク質の機能には，酵素，抗体（免疫タンパク質），構造材料，エネルギー変換，物質輸送などがある．

　タンパク質は，アミノ酸のアミノ基とカルボキシ基が脱水縮合して**ペプチド結合**（peptide bond）を形成する反応により合成される（図 8・1）．まず，2 分子のアミノ酸の脱水縮合によりジペプチドが生成し，さらに 1 分子のアミノ酸と脱水縮合すればトリペプチドとなる．このような反応を繰返すと，アミノ酸が数百個以上つながってできた**ポリペプチド**（polypeptide）が生成する．このポリペプチドが基本単位となって，タンパク質は形づくられる．

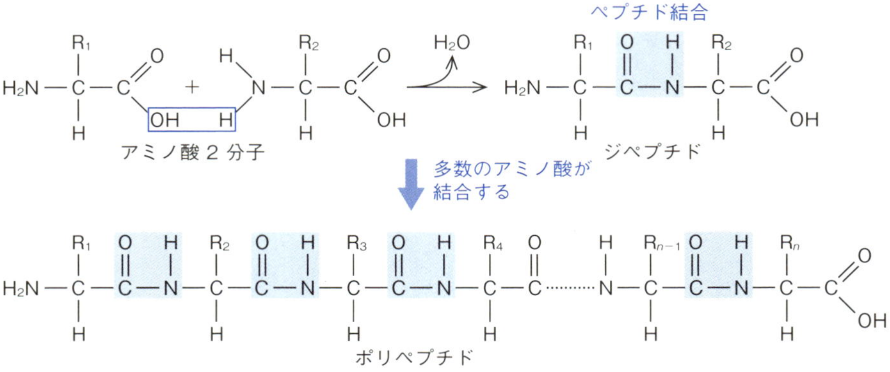

8. 生体—究極の有機機能材料

図の中のラベル:

ペプチド結合

$H_2N-\overset{R_1}{\underset{H}{C}}-\overset{O}{\overset{\parallel}{C}}$ $+$ $\overset{H}{\underset{H}{N}}-\overset{R_2}{\underset{H}{C}}-\overset{O}{\overset{\parallel}{C}}$ $\xrightarrow{H_2O}$ $H_2N-\overset{R_1}{\underset{H}{C}}-\overset{O}{\overset{\parallel}{C}}-\overset{H}{N}-\overset{R_2}{\underset{H}{C}}-\overset{O}{\overset{\parallel}{C}}$

アミノ酸 2 分子　　　　　　　　　　　ジペプチド

多数のアミノ酸が結合する

ポリペプチド

図 8・1　アミノ酸からポリペプチドへ

8・1・1　球状タンパク質と繊維状タンパク質

タンパク質を構成するアミノ酸は 20 種類もあり，それらが結合してできたタンパク質の構造は複雑である．まず，アミノ酸配列によって決定された構造（**一次構造**）をもとに，ペプチド結合の C=O 基と N−H 基の間の水素結合により **α ヘリックス**（α-helix），**β シート**（β-sheet）などの**二次構造**がつくられる．さらに，二次構造が合わさって複雑な**立体構造（三次構造）**ができる．多くのタンパク質は，このような三次構造を有している．そして，いくつかの三次構造が集合してできた高次構造をもつタンパク質も存在する．以上のようなタンパク質の構造は，その高度な機能と密接に関連している．

タンパク質は形状により，球状タンパク質と繊維状タンパク質の二つに分類される．**球状タンパク質**（globular protein）は，らせん形の立体構造を有する α ヘリックスと，平面構造の β シートが水素結合や疎水性相互作用によって，球状に折りたたまれた構造をしている（図 8・2）．各種酵素やアルブミン，ヘモグロビンなどが球状タンパク質にあたる．**繊維状タンパク質**（fibrous protein）は，細長い繊維状の構造を有している．代表例として**コラーゲン**（collagen）があり，3 本のポリペプチド鎖が互いにねじれ合った三重らせん構造を形成している（図 8・3）．また，より合わせコイルとよばれる構造をとるアクチンも繊維状タンパク質の一つである．生体内では球状タンパク質が酵素触媒反応，情報伝達をはじめとするさまざまな生体機能を担うのに対して，繊維状タンパク質はすぐれた機械的強度やゴムのような弾性を

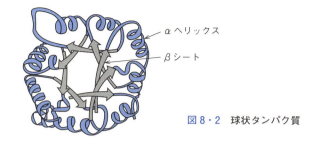

図 8・2　球状タンパク質

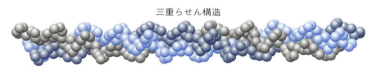

図 8・3　繊維状タンパク質（コラーゲン）

有し，私たちの体を形づくる役割を担っている（7 章および本章のコラム参照）．

　先に述べたように，タンパク質の重要な役割の一つは生体内での化学反応に対する触媒として特異的に作用することである．この場合，タンパク質は**酵素**（enzyme）として働く．生体内のほとんどの化学反応は酵素によって触媒される．図 8・4(a) に示すように，酵素と結びついて変換される物質は"基質"とよばれ，基質は酵素分子の表面の特定の部位（活性部位）に結合し，酵素がつくり出す特殊な環境により，いったんエネルギーの高い状態の酵素–基質複合体を形成する．この状態から，基質は生成物へと化学的に変換されるが，酵素により遷移状態が安定化されるため，触媒のないときよりも低いエネルギーで反応が進む．その

バイオインスパイアード材料

　生体分子，細胞，それらの集合体を含め生体系を発想の源とする材料を**バイオインスパイアード材料**（bioinspired material）という．つまり，生体系から，さまざまな相互作用，機能，ミクロおよびマクロな構造を抽出し，新しい材料あるいはシステムに組込むことを意味している．このコンセプトのもとに自由な発想で材料開発に取組むことにより，これまでにない新しい材料創製の道が切り開かれる．

後，生成物が酵素から離れると同時に，酵素は元の分子状態に戻り，再び次の基質と結合する．酵素は，このように特定の物質に選択的に作用して"活性化エネルギー"を低下させ，その反応を常温で容易に進行させる（図8・4b）．

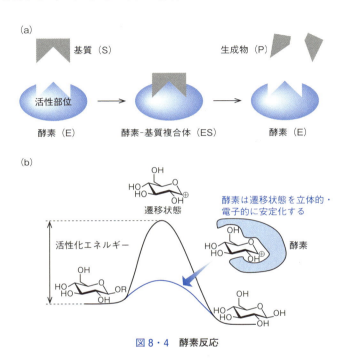

図8・4 酵素反応

さらに，球状タンパク質には酵素のほかにも，いろいろな機能をもつものがある．たとえば，**ヘモグロビン**（hemoglobin）は赤血球に存在するタンパク質の約90％を占め，酸素と結合し，血液によって全身に酸素を供給している．ヘモグロビンは4個のサブユニットから構成され，それぞれのサブユニットの疎水ポケットには酸素結合部位であるヘム基が存在している（図8・5）．一つの酸素分子が一つのサブユニットのヘム基に結合すると，ヘモグロビンの三次構造が変化する．それにともない，他のサブユニットに関してもコンホメーションの変化が引き起こされ，さらに酸素分子が他のヘム基に結合する．このように4個のサブユニットが協同作用することでヘム基に対する酸素結合性が増大される．これを**アロステリック効果**（allosteric effect）という．アロステリック効果は酵素活性の調節などにおいても見

られ,タンパク質の一次構造,二次構造,三次構造および高次構造が巧みにかかわって高度な機能発現に至っている.

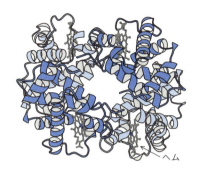

図8・5 ヒトのヘモグロビンの構造

このような球状タンパク質は,機能材料としてさまざまな分野で利用されている.たとえば,前章で示した医用材料や医薬品としての応用,アルコール発酵などにとどまらず,酵素は広く利用されている.たとえば,洗剤にはプロテアーゼ(タンパク質分解酵素)やセルラーゼ(繊維分解酵素)などが配合されており,洗浄力の向上に寄与している.また,1969年に固定化アミノアシラーゼを用いてL-アミノ酸の工業的製造が世界に先駆けて日本で成功し,製造コストの低減や迅速な大量生産が可能になった.その後もさまざまな酵素固定化法が開発され(8・1・2節参照),近年では酵素をもつ菌体や微生物を固定化し,通常の有機合成ではきわめて困難な化合物の合成に役立てている.

動物の皮膚や,羊毛,絹糸などを皮製品や衣料品などとして用いてきたのは人類の歴史そのものであり,これらは生体の生み出す機能材料利用の典型といえる.コラーゲンは,"グリシン-アミノ酸X-アミノ酸Y-"の繰返し配列からなる繊維状タンパク質であり,動物から取出して古くから皮革として利用されている.コラーゲンは吸放湿性に富み,強靭でありながらしなやかであるなど合成高分子には見られないユニークな特徴をもっている.このため,最近では化粧品・医療・衛生の分野にも応用されている.人工皮革においては,コラーゲン中のアミノ酸を表面処理することにより,膨らみのある洗練された外観に加えて,質感と機能性を付与することができる.このようにタンパク質のポリペプチド鎖内,ポリペプチド鎖間の相互作用を必要に応じて巧みに制御することで,生体のもつ硬さ,強さ,伸縮性などを材料にもたらすことができる.

8・1・2 タンパク質の機能とその応用

酵素などのタンパク質は一般に不安定な物質であり，熱，pH の変化，有機溶媒などにより容易にその機能を失う．酵素機能を工業的に利用する場合，不溶性の担体に**固定化**（fixation）することが行われてきた（図 8・6）．固定化の方法としては，① 有機高分子やシリカなどの担体に化学結合で担持させる，② これらの担体に酵素を架橋する，③ 三次元架橋構造をもつ高分子やマイクロカプセルに内包させる方法などがある．一般に酵素の固定化には，酵素の安定性の向上，生成物の単離・精製が容易になる，また繰返しの使用が可能といった利点がある．この固定化法は，タンパク質にとどまらず，核酸，糖質を含め広く生体関連分子に応用され，生体機能を有効に利用する普遍的な手法となっている．

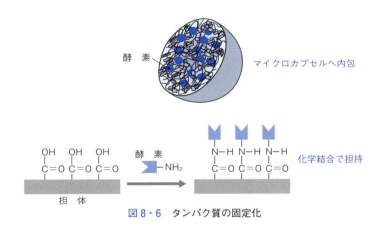

図 8・6　タンパク質の固定化

タンパク質は，酵素-基質，リガンド-レセプター（受容体），抗原-抗体など生体に特有の"分子認識能"をもつ．そこで，生体のすぐれた分子認識能を組織工学に応用する試みが行われている．たとえば，細胞が材料に接着する場合も特異的な分子認識機構が働いている．細胞接着にはフィブロネクチンやビトロネクチンなどの**細胞接着タンパク質**（cell adhesion protein）の介在が必要不可欠であり，このような接着タンパク質が材料表面に吸着し，細胞膜表面に存在する受容体を特異的に認識することで細胞の接着を促している．この分子認識機構は，細胞接着タンパク質に含まれる RGD（アルギニン-グリシン-アスパラギン酸）配列や YIGSR（チロシン-イソロイシン-グリシン-セリン-アルギニン）配列が，細胞膜に存在する受容体（イ

ンテグリン）を特異的に認識し結合することによる．つまり，このようなアミノ酸配列を材料上に導入すれば，細胞接着性の材料に改質することが可能である（図8・7）．

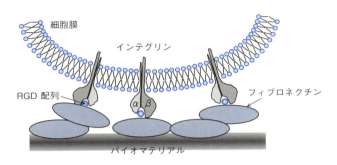

図 8・7　材料表面の改質（細胞接着性の向上）

また，生体内における細胞増殖も分子認識を駆動力としている．細胞が増殖する場合，細胞自身が細胞増殖因子を特異的に認識・結合し，細胞内に取込むことによって細胞増殖シグナルが促される．このとき，細胞増殖因子は細胞表面の糖鎖を特異的に認識し，糖鎖に結合している．組織工学では，このようなタンパク質の構造に起因する分子認識能がきわめて重要であり，その機構の解明と発展的応用について今後も期待がもたれる．

（ストレプト）**アビジン**（avidin）は生卵白中に存在する分子量約 68,000 の水溶性の塩基性糖タンパク質で，四つの同じサブユニットから成る．それぞれのサブユニットに一つの**ビオチン**（biotin）結合部位があり，結合定数は $10^{15}\,\mathrm{M}^{-1}$ と非常に大きい．ビオチンのカルボン酸はアビジンとの結合に関与しないので，アビジンと結合能を保ったまま，このカルボン酸を利用して自由に誘導化できる．たとえば，二つ以上のビオチンをもつタンパク質などの誘導体からはアビジンと交互に積層した膜が得られる（図8・8）．ビオチンとアビジンの親和力は通常の抗原-抗体反応の100万倍以上も強く，ほとんど不可逆的な結合となるため，人工の分子認識システムへ組込むには格好の素材である．酵素や蛍光色素が結合したアビジン-ビオチン標識抗体は，免疫反応を利用して微量の物質を定量するイムノアッセイおよび組織や細胞の免疫染色，フローサイトメトリーによる細胞分離（p.173 コラム参照），臨床検査薬などで利用されている．

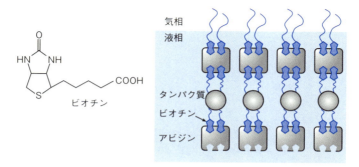

図 8・8　アビジン-ビオチン誘導体の積層膜

8・2　核　　酸

　材料の特性を有効に活用するために，物質を"ナノレベル"で知ることが不可欠である．基本となる個々の物質をオングストロームレベルおよび巨視的なマイクロレベルで理解することも大切であるが，高度な機能発現にはナノレベルでの挙動が大きく関わる．生体の有機機能ナノ材料の究極は核酸である．

　核酸（nucleic acid）には，生体情報の源である"DNA"と，DNA の遺伝情報を翻訳しタンパク質の合成を担う"RNA"があり，いずれも生命維持の基本となる物質である．そのため，DNA はその生物学的役割に合致した化学的にきわめて安定な物質となっている．また，ヒトの 46 本の染色体 DNA を伸ばしてつなぎ合わせると，約 2 m になる線状の巨大分子でもある．DNA や RNA の構造と遺伝情報の伝達機能との関連は，近年，急速に解明されてきている．細胞がもつ DNA とそれに書き込まれたすべての遺伝情報は**ゲノム**（genome）とよばれ，生物種に固有である．

8・2・1　DNA と RNA

　核酸は，19 世紀後半に Miescher によってはじめて分離され，研究がなされた．膿中の細胞核から分離された物質はリン酸を含んでおり，酸性物質であったため核酸という名が付けられた．核酸（ヌクレオチド）は，窒素を含む塩基，五炭糖，および一つ以上のリン酸基から構成されており，生体にとってきわめて重要な数多くの物質の構成成分である．たとえば，**デオキシリボ核酸**（deoxyribonucleic acid, **DNA**）と**リボ核酸**（ribonucleic acid, **RNA**）は遺伝情報の保存と伝達をあずかる物質であり，ヌクレオチドが重合してできたポリヌクレオチドである．また，細胞に

よる化学エネルギーの貯蔵や伝達は，**アデノシン三リン酸**（adenosine triphosphate, **ATP**）が担っており，生命活動にヌクレオチドが非常に重要な役割を果たしている．DNA や RNA 以外にも数多くのヌクレオチドが存在している．たとえば，大部分の補酵素はアデニンヌクレオチド誘導体であり，またホルモンの情報を細胞

タンパク質に倣った材料

　生体のもつ機能のエッセンスを抽出して人工系に活かすバイオインスパイアード材料が注目を集めている．タンパク質は，構造形成，触媒，情報伝達，分子やエネルギーの輸送，分子の貯蔵など多くの生体機能をつかさどっており，バイオインスパイアード材料開発の格好の手本となっている．ここでは，タンパク質の構造形成機能に倣ったバイオインスパイアード材料として，人工真珠材料を紹介する．

　われわれの歯や骨，それに貝殻など生体中の硬い組織は，**バイオミネラル**（biomineral）とよばれており，硬さとしなやかさも合わせもつという特徴がある．バイオミネラルは繊維状タンパク質とカルシウム塩の組合わせでできていて，たとえば骨はコラーゲンとハイドロキシアパタイト（リン酸カルシウム），貝殻はコンキオリンと炭酸カルシウムからなっている．

　アコヤ貝などからとれる真珠の組成は貝殻に似たものであるが，図 8・9 に示すように真珠はコンキオリン繊維からなる数 nm の層と 0.5 μm の炭酸カルシウムの薄板状結晶層が交互に重なっているという構造的特徴をもっていて，独特の光沢はこの構造に由来する．炭酸カルシウムには結晶多形が存在するが，真珠では特異的にアラゴナイトとよばれる結晶形をとっている．これは，コンキオリン上のアミノ酸側鎖がカルシウムイオンと相互作用して，アラゴナイト構造の結晶をできやすくしているためとされている．

図 8・9　真珠層の構造

内に伝える働きをする環状ヌクレオチドなども存在する.

DNAが生物の遺伝情報を担う物質であることから,この生体高分子には多大な関心がもたれていたが,1953年までDNAの構造は理解されていなかった.この年,WatsonとCrickはDNAの構造を見事に示した歴史的な論文を英国の科学雑誌 *Nature* に発表した.わずか900語のこの簡明な論文が生物化学における金字塔となった.WatsonとCrickはX線回折の結果から,DNAは**二重らせん構造**(double helix structure)を有しており,基本鎖どうしはアデニンとチミン,グアニンとシトシンが水素結合によって相補的な塩基対を形成し,塩基が二重らせんの内側に,糖-リン酸が外側に位置することを示した(図8・10).

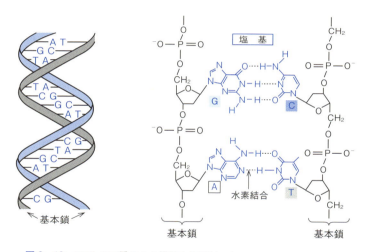

図8・10 **DNAの二重らせん構造と塩基対** A:アデニン,T:チミン,G:グアニン,C:シトシン

DNAは細胞分裂のたびに複製される.まず,DNAヘリカーゼという酵素によって,二重らせんが一本鎖にほどかれる.この過程ではエネルギーが必要であり,ATPの分解により供給される.次にDNAポリメラーゼが,一本鎖DNAを鋳型(テンプレート)とし,相補的なデオキシリボヌクレオチドを重合する反応を触媒する.たとえば,大腸菌細胞のDNAのテンプレート重合速度は毎秒2600塩基対を形成し,DNA人工合成装置の10万倍の高い効率で合成できる.

RNAはDNAと同じように塩基対を形成し,DNAからコピーされたRNAには元

DNA インスパイアードテンプレート重合

　DNA は二重らせん構造を有し，生命現象の中枢を担う物質である．一方で，合成高分子にも二重らせん構造をとるものがある．高度に立体規則性が制御されたポリメタクリル酸メチル（PMMA）は，DNA のようならせん構造をとる（図 8・11a）．そこで，イソタクチック（it-）とシンジオタクチック（st-）の PMMA を合成し，交互積層法により，st-PMMA と it-PMMA のステレオコンプレックス膜を基板上に形成させる（図 8・11b）．この手法によれば，st-PMMA の代わりに水に可溶なメタクリル酸ポリマー（st-PMAA）を用いると，溶解性の違いを利用してステレオコンプレックス膜から it-PMMA もしくは st-PMAA のいずれかを抽出することができる．一方を抽出した後に再吸着させると，立体規則性高分子の認識が起こる．DNA では二本鎖が細胞分裂の際に一本鎖となり，一本鎖 DNA をテンプレートとして二本鎖 DNA が複製（テンプレート重合）する．同様に，片方を抽出したメタクリル酸ポリマーのステレオコンプレックスを用いて，モノマー（MMA）のラジカル重合を行うと，きわめて立体規則性の高い PMMA を得ることができる．

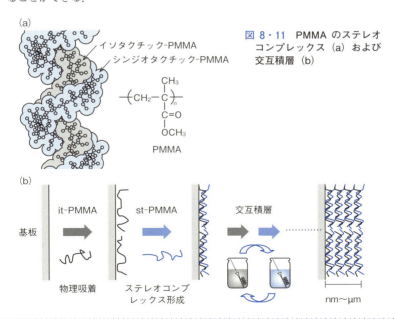

図 8・11　PMMA のステレオコンプレックス（a）および交互積層（b）

の DNA と同じ情報が含まれている．RNA の合成過程は DNA の転写とよばれ，DNA の複製に似ているが，RNA は塩基対を形成した鎖とはならず遊離されるため，一本鎖である．また，RNA 分子は 1 個あるいは数個のタンパク質をつくる程度の限られた DNA 領域からしか転写されないため，DNA 分子に比べると鎖は短い．

RNA は以下の三つに大別される．**メッセンジャー RNA（mRNA）**は，タンパク質の生合成に先立って核内の DNA から細胞質内のリボソームまで遺伝情報を伝達する役目を有しており，その寿命は短い．**トランスファー RNA（tRNA）**は，タンパク質合成においてコドン（DNA の塩基情報）を読み取り，それに対応するアミノ酸を供給する働きを担っている．tRNA は，分子量が 25,000 くらいの小さな分子であり，分子内で二重らせん構造をつくるようにできており，ちょうどクローバーの葉のような形になっている．**リボソーム RNA（rRNA）**は，タンパク質生合成の場であるリボソームの主要な構成成分であるため，分子量も大きく（数万～数百万），細胞内に大量（全 RNA の 80 %）に存在する．特に酵素活性を有する rRNA を**リボザイム**（ribozyme）とよび，自己あるいは他の RNA の切断，スプライシング，ペプチド結合の形成などの機能をもつ．現在，さまざまなリボザイムが発見され，新たな機能を付与した人工リボザイムも開発されており，遺伝子治療や創薬などへの応用が考えられている．

8・2・2 機能性材料としての DNA の利用

DNA は遺伝的な機能のほかにも，特異的な分子認識能，会合特性，異方性構造をはじめとするさまざまな特性を有する．このような核酸の特性に着目して，機能性材料へ応用する試みが行われている．DNA はポリアニオンであり水溶性であるので，このままでは材料として利用するには適当ではない．そこで，対イオンであるナトリウムイオンを第四級アンモニウム塩型のカチオン性脂質と交換することによって，有機溶媒に可溶な DNA-脂質複合体にすることができる．DNA は生体内で二重らせん構造を形成することで巧みに疎水場を形成し，その疎水場に平面状の疎水性化合物がインターカレーション（平行挿入）することから（図 8・12），DNA が二重らせん構造を保ったまま容易に薄膜となることが示されて以来，一挙に DNA の材料化の研究が進展した．特に DNA 薄膜中に光学機能をもった色素のインターカレーションにより，すぐれた光学特性，たとえば波長変換，レーザー発振，メモリー機能などを有する新規な光学デバイスの創製が可能である．また，サケの白子（精巣）およびホタテ貝の生殖腺から DNA を分離精製することで，国内だけで

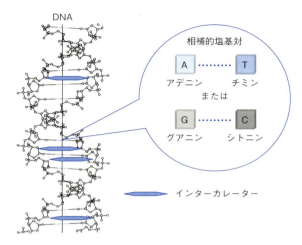

図 8・12　DNA へのインターカレーション

も年間数千トンにのぼる DNA の生産が可能であり，さまざまな機能性素材として期待される．

8・3　糖　　質

　糖（sugar）は炭水化物ともいい，生体に必須の化合物で，生体におけるエネルギー源やエネルギー貯蔵庫として機能するばかりでなく，細菌や植物の細胞壁や節足動物の外骨格の形を保つための成分である．また，糖は核酸や他の生体高分子の構成要素でもある．食物にとどまらず，衣類や紙などとして最も古くから利用されてきた素材である．さらに，細胞表面に存在する認識分子としての糖タンパク質に関する研究の進展がめざましく，さまざまな応用が期待されている．

8・3・1　糖の種類

　単糖（monosaccharide）は，炭水化物の名の通り炭素と水素で構成されている化合物で，一般に $C_nH_{2n}O_n$ と表される．たとえば，グルコースは $C_6H_{12}O_6$ である．単糖は，アルデヒドを有するアルドースとケトンを有するケトースに大きく分類される．このような単糖に存在するアルデヒドやケトンのカルボニル基は分子内のヒドロキシ基と反応して，5員環や6員環などの環状構造を形成する．たとえば，グルコースは6員環からなっており，核酸を構成しているリボースやデオキシリボース

生体の情報システム

　生物が生命現象を営むうえで必要な遺伝情報は，すべて DNA に記録されており，RNA を介した転写・翻訳を経て，タンパク質のアミノ酸配列として精度の高い読み出しが行われている．その記録密度は，DNA 1 g 当たり約 $4.2×10^{21}$ ビット（CD で約 7500 億枚に相当）というきわめて高いものであり，現在のシリコン半導体を用いたメモリーをはるかに凌駕する高密度記録媒体である．

　一方脳では，アセチルコリンなどの神経伝達物質（図 8・13）を介した神経細胞（ニューロン）間の情報伝達網により，複雑で多岐にわたる情報処理が行われている．また内分泌系では，インスリン（分子量 5807（ヒト）のペプチド）をはじめとする各種ホルモンがその分子のもつ情報を標的器官に伝えることで，恒常性の維持などが実現されている．いずれも伝達される情報はその分子構造として書き込まれており，分子数を増やすことが情報の増幅となる．

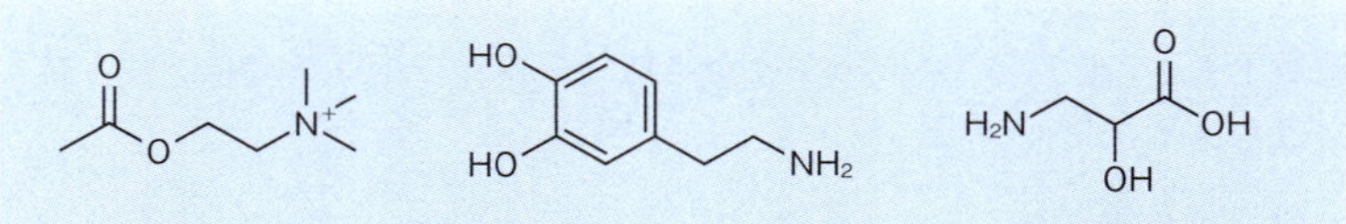

図 8・13　神経伝達物質の例

　このように，生体の情報処理システムは多様な分子構造をもつ有機化合物の特性を巧みに利用した分子システムであり，シリコン半導体を集積した PC や大型コンピュータとはまったく異なっている．近年，半導体集積の限界を超える新しい情報処理システムとして，生体に類似した分子システムを構築しようという試みが，注目を集めている．なかでも南カリフォルニア大学の Adleman ［*Science*, **266**, 1021（1994）］が DNA 分子を用いた演算方法を提案して以来，DNA を用いたまったく新しい演算手法の開発（DNA コンピューティング）が活発に進められている．いつの日か私たちの生活のなかでの情報処理も，半導体を用いた現在のシステムではなく，有機化合物を用いた分子システムが担う日がくるかもしれない．

は5員環からなっている。このとき，アノマー炭素（鎖状構造ではカルボニル基となる炭素）のヒドロキシ基の立体配置によって，α型とβ型に分類される。単糖にはヒドロキシ基の立体配置だけが異なる多くの立体異性体が存在し，たとえばグルコース，ガラクトース，マンノースは互いに立体異性体である（図8・14）。環状の

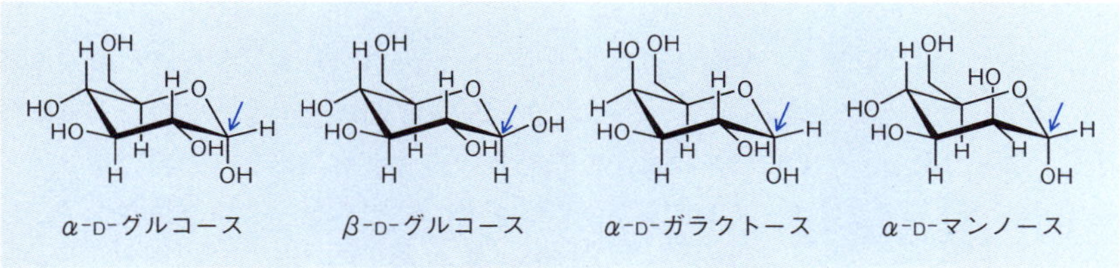

図8・14　代表的な単糖　矢印はアノマー炭素

単糖がグリコシド結合で2〜10個連結したものが，**オリゴ糖**（oligosaccharide）とよばれる。グリコシド結合では，結合に関与する一方の糖のアノマー炭素と他の糖の任意のヒドロキシ基との間で形成されるエーテル結合を指す。したがって，単糖の二量体（二糖）には非常に多くの種類が存在する。オリゴ糖より糖鎖が長く連なると，**多糖**（polysaccharide）とよばれる。天然のオリゴ糖鎖は，何種類もの糖残基が複雑な結合様式で結合しているのに対し，天然の多糖類は1種類，あるいはわずか数種類の糖残基の比較的単純な結合によって形成される。たとえば，デンプンを構成する成分の一つであるアミロースは，グルコースが数百単位結合した枝分かれのないポリマーである。

　代表的な二糖であるショ糖（砂糖，スクロース）はグルコースとフルクトースからなり，ほとんどすべての植物に存在する。特にサトウキビやテンサイから抽出したものを精製し，食用としている。麦芽糖（マルトース）はデンプンに麦芽あるいはアミラーゼを作用して得られる二糖である。グルコースがα(1→4)グリコシド結合でつながった構造をとり，砂糖の4分の1の甘さをもっている。このようにオリゴ糖は食品として有用なものが多い。

　グルコースの環状オリゴ糖であるシクロデキストリンについては，すでに6・3・1節で述べたように，水溶液中で空孔内に疎水性化合物を包接できることから，分子認識材料としてだけでなく，身近な食品や化粧品など多方面で利用されている。生理作用を示す薬物についても，シクロデキストリンとの包接複合体の形成により

水溶性が改善され，さらには温度，湿度，酸素，光などに対する安定性が向上する．シクロデキストリンを含有する市販医薬品製剤は現在，世界で約50種類存在するが，世界初の製剤は日本で1978年に市販されたプロスタグランジン E_2 と β-シクロデキストリンとの包接複合体である．この製剤では，化学的に不安定なプロスタグランジンの安定性をシクロデキストリンによる包接により改善させることで商品化に至った．

アミロースはデンプンの成分で，D-グルコースが α(1→4) グリコシド結合で直鎖状に重合したもので，通常はデンプンに 20～25% 含まれる．その平均分子量は数万～十数万である．アミロースは水中で左巻きのらせん構造をとり，均一に分散する（図 8・15）．アミロペクチンもデンプンの成分で，アミロースの直鎖状分子が枝状になったもので，α(1→6) グリコシド結合で枝分かれしている．全グリコシド結合に対する α(1→6) グリコシド結合の割合はグルコース単位 25 個に 1 個である．また，寒天の主成分であるアガロースは D-ガラクトースと 3,6-アンヒドロ-L-ガラクトースからなる多糖である．セルロースはグルコースが β(1→4) グリコシド結合で連結した直鎖状の構造を有し，植物の細胞壁の主成分として地球上で最も多量に存在する有機化合物であり，木綿，紙として利用されてきた．天然セルロースを溶解させ，再生・紡糸したものが再生繊維（レーヨンやキュプラ）である．

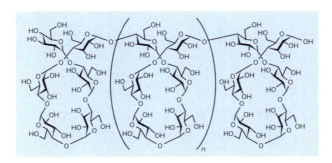

図 8・15 アミロース（多糖）

N-アセチルグルコサミン（図 8・16 参照）を構成単位として β(1→4) グリコシド結合で連結した直鎖状のキチンは，エビ，カニなどの節足動物の体表面を覆っている多糖である．キチンはセルロースについで多量に存在する有機物であり，アセトアミド基を加水分解しアミノ基に誘導されたキトサンとともに生体吸収性や薬理活

性を有していることから，医用材料への応用が期待されている．石油資源は間違いなく有限であることを考えると，これらバイオマスを用いた有機機能材料はいっそう重要となる．特に植物由来のものは安全性の高さから，環境適合材料への期待が大きい．このほか，ヒアルロン酸，コンドロイチン硫酸やヘパリンなどは典型的なヘテロ多糖類であり医薬品としてきわめて重要である．

8・3・2　糖タンパク質と機能性糖鎖高分子

　タンパク質に糖鎖が結合した物質を**糖タンパク質**（glycoprotein）とよぶ．糖鎖部分の構造は単糖，オリゴ糖から多糖までさまざまであるが，一定の繰返し構造はもたない．糖タンパク質における糖鎖とペプチドとの間の結合様式は N-グリコシド結合と O-グリコシド結合に大別される．図8・16に示すように，N-結合型オリゴ糖では，タンパク質のアスパラギン残基のアミド窒素に糖鎖が N-グリコシド結合している．たとえば，エイズウイルス表面に存在する gp120 とよばれる糖タンパク質は，N-結合型のアスパラギンで連結されている．ほかにも卵白アルブミンや種々の血漿糖タンパク質など，このタイプの糖鎖の種類は非常に多い．これらは，いずれもマンノースと N-アセチルグルコサミンを含んでいて，枝分かれをした五炭糖からなる共通のコア構造を有している（図8・16）．一方，O-結合型オリゴ糖鎖では，代表的なものとして，N-アセチルガラクトサミンがセリンまたはトレオニンに結合したムチン型糖鎖とよばれるものがある．

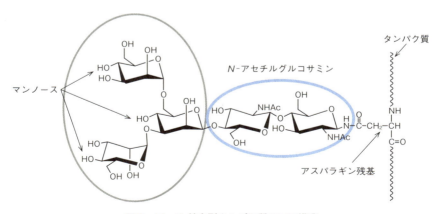

図8・16　N-結合型タンパク質のコア構造

糖タンパク質は，ある種の酵素，輸送タンパク質，ホルモン，および抗体として存在し，多くの生化学的機能を示す．たとえば，赤血球の細胞膜の糖脂質にある糖鎖は，ヒトの血液型を決定している．また細胞接着は，細胞膜の外部表面にある特異的な糖タンパク質間の相互作用によって媒介されている．

細胞表層にある糖鎖は集合体となることで，レセプター–タンパク質に強く認識されることはよく知られている．このような糖鎖を高分子に結合させることにより，糖鎖の認識信号としての機能を大幅に増進することがわかってきた．糖鎖高分子をうまく分子設計してやれば，より効果的な機能性糖鎖高分子を開発することができる．このようにして現在では，糖鎖認識を介した細胞培養基材，細胞とウイルスやバクテリアおよび毒素の結合を阻害する医薬品，ウイルスの高感度検出，病気の診断などに糖鎖高分子が応用されている．さらには，高次構造を制御することにより，フィルム化，繊維化，微粒子化，超薄膜化が可能となり，糖鎖高分子の機能材料としての展開も見せている．糖鎖は多様であり高度な認識能を示すことから，組織工学を含む医療用材料の設計・創製などに大きな可能性をもった資源であるといえる．

8・4 脂　質

脂質（lipid）は，水に不溶で有機溶媒には可溶である有機分子である．脂質は細胞膜の構成成分であり，生体のエネルギー源となる．ほかにも脂質はホルモンやビタミンなどとして働き，また，疎水性物質を保護するなどの，生体において重要な物質となっている．材料として見ても，油脂（トリアシルグリセロール，後述）から得られる界面活性剤をはじめとして，さまざまな分野で利用されてきた．

8・4・1 脂 質 の 分 類

人体において脂質は大きく分けて単純脂質，複合脂質，誘導脂質の三つに分類される．単純脂質には食物中に最も多く含まれるトリアシルグリセロール（中性脂肪）がある．中性脂肪はグリセロールと3個の脂肪酸から脱水してできた縮合生成物である．一方，複合脂質にはリン脂質や糖脂質，誘導脂質には脂肪酸やコレステロールなどのステロイドがある．脂肪酸は炭素鎖中の二重結合の有無で，飽和脂肪酸と不飽和脂肪酸に分けられる．飽和脂肪酸にはパルミチン酸やステアリン酸があり，一方の不飽和脂肪酸は体内で合成することができないため，必須脂肪酸とよばれ，α-リノレン酸，エイコサペンタエン酸（EPA），ドコサヘキサエン酸（DHA）な

どがある．コレステロールはステロイドの3位にヒドロキシ基が結合した化合物で，最も代表的なステロールであり，胆汁酸，ステロイドホルモンの前駆体となり，皮膚への太陽光線によりビタミンDを合成する．ヒトの体内でのコレステロール合成は大部分が肝臓で行われ，一日1000 mg程度がつくられている．

8・4・2 リン脂質と生体膜

リン脂質（phospholipid）は，1位および2位の炭素のヒドロキシ基にそれぞれ脂肪酸がエステル結合したグリセロール骨格から構成される分子である．3位の炭素のヒドロキシ基はリン酸基とホスホジエステル結合により結ばれるため，リン脂質という名称になった．ヒドロキシ基をもつ分子がリン酸基の酸素原子の一つと結合できるため，さまざまなホスホグリセリドが存在する．たとえば，コリンが結合したホスファチジルコリン（レシチン）は，動物組織中に最も大量に存在するものであり，多くの細胞膜の構成成分として非常に重要な役割を果たしている．ほかに，エタノールアミンが結合したホスファチジルエタノールアミンや，アミノ酸の一種であるセリンが結合したホスファチジルセリンなどがあり，これらは脳組織の細胞膜中に存在する重要なホスホグリセリドである（図8・17）．これら2本のアルキル鎖をもつ両親媒性分子は，水中において二分子膜（層状ミセル）を形成する．層状

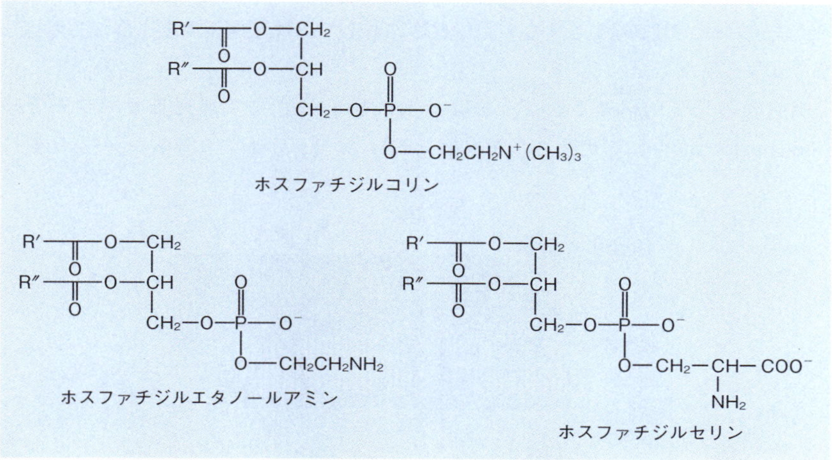

図8・17　リン脂質

ミセルは，しばしば球状の閉じた構造をとることがあり，**ベシクル**（vesicle）あるいは**リポソーム**（liposome）とよばれ（図8・18），薬物担体として重要である．

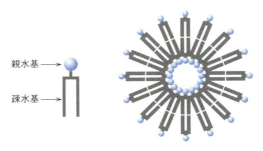

図8・18　リポソーム

細胞膜は二つの異なる環境を隔てる**脂質二重層**（lipid bilayer）であり，細胞を取囲んでばらばらにならないよう保持している．核やミトコンドリア，リソソームなどのオルガネラも，膜で取囲まれている．生体膜の機能はさまざまであるが，一般的に細胞と外部環境間，あるいは細胞内のさまざまな区画間の透過障壁として働いている．通常，極性物質やイオンは細胞膜を容易に通過できない．そのため，膜内の輸送タンパク質が介在して膜を横切ることで，これらの物質を輸送している．また，生体膜はタンパク質を物理的に保持することでその機能を調節している．さらに，一般には水中で起こりえない化学反応に対して，疎水性環境を提供して進行させる役割を果たしている．

細胞膜の化学的構造として，1972年Singerらによって**流動モザイクモデル**（fluid mosaic model）が提唱された（図8・19）．流動モザイクモデルは，リン脂質に

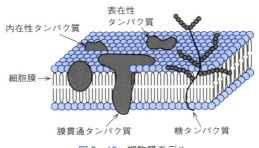

図8・19　細胞膜モデル

より形成された脂質二重層に、膜タンパク質が浮かんでいるような形態をしている。脂質二重層は、リン脂質の疎水性鎖どうしが内側を向き、親水性基が外側に存在する構造になっている。膜タンパク質は3種類に分けられ、リン脂質の極性基と静電相互作用により表層に存在する"表在性タンパク質"と、リン脂質の疎水性鎖と疎水性相互作用により二重膜に埋め込まれた"内在性タンパク質"、また二重膜を貫通した"膜貫通タンパク質"がある。脂質二重層は一般に不飽和構造を有しているため、膜の流動性が保たれており、脂質とタンパク質は膜内を自由に移動することが可能である。そのため、膜タンパク質は輸送タンパク質としても働くことができ、イオンや低分子を細胞内に輸送している。

8・4・3 脂質の機能性

脂質は親水性部と疎水性部を有している両親媒性化合物であり、細胞膜の成分である。生体内の構成成分において、細胞のようなマイクロもしくはナノレベルで構造制御された空間を提供できるのは脂質だけであり、この自己組織化能は脂質の特徴的な機能の一つである。細胞膜の大きな特徴として、"物質透過性"と"シグナル伝達"があげられる。細胞膜はイオンチャネルや糖鎖タンパク質レセプターを有しており、相互作用の違いを利用して特定の物質だけを細胞質内に取込むことが可能である。シグナル伝達は細胞膜上のレセプターにホルモンなどの細胞外シグナル分子が結合することに始まり、細胞質中の因子が次々にシグナルを受け渡し、最終的には核内の転写因子による特定遺伝子の転写調節（さらにそれによる細胞の変化）や、アポトーシスによる細胞死などをもたらす。この物質透過性やシグナル伝達を人工的に制御できれば、ナノリアクターやナノマシン、ドラッグデリバリーシステムなどに応用できる。

8・4・4 人工脂質，合成二分子膜と人工細胞

生体膜を構成する二分子膜構造は、レシチンで代表されるリン脂質のもつ独特の分子構造によりはじめて実現できるものと考えられていた。しかしながら、このような生体脂質を用いることなく、二分子膜を人工的に合成することがすでに可能となっている。その最初の試みとして、単純な長鎖ジアルキルアンモニウムからの二分子膜の合成があげられる。ここでは、二分子膜の形成に必要な要素は親水部と2本の長鎖アルキル鎖のみであると考えることで、**合成二分子膜**（synthetic bilayer membrane）の実現に至った。このような単純な"人工脂質"を水に分散すると、生

体と同様な二分子膜構造が得られることが電子顕微鏡観察で確認されている．人工脂質は適度な親水性を有し，アルキル鎖長が2本とも C_{10} 以上の長さのものであれば，安定な二分子膜を得ることができる．現在では，さまざまな化合物を用いた合成二分子膜の作製が展開されている．

人工脂質の種類や組合わせの違いによって，合成二分子膜の特性が制御できるという特長がある．また，二分子膜の形態は人工脂質中の構成要素の違いによって変化することもわかっている．たとえば図8・20に示すように，キラルなグルタミン酸残基を接合部位にもつ二本鎖アンモニウム塩（$2C_{12}$-Glu*-C_mN^+）において，疎水部分のメチレン鎖の炭素が $C_{11}(m=11)$ のときにはらせん超構造が生じるが，C_2 ($m=2$) のときには球状のベシクルとなる．さらに，接合部位のグルタミン酸残基が L 体のときはらせん構造が右巻きになり，D 体のときには左巻きになることがわかっている．

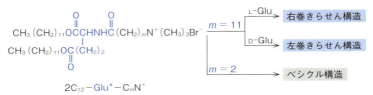

図8・20　キラルなグルタミン酸残基をもつ二本鎖アンモニウム塩とその構造

リポソームはリン脂質から成る二重層がタマネギのように何枚も重なったものや，1枚の脂質二重層のみからできたものなどがある．リポソームは細胞のモデルや"人工細胞"として活用されている．リポソームに分子認識，選択的能動輸送，あるいは物質の生産・代謝などの機能を付与することができれば，いろいろな応用が可能となるだろう．リポソームの構造は脂質分子間の弱い非共有結合性の相互作用によって保たれているので，通常は不安定である．そのため，安定なリポソームの調製にさまざまな工夫がなされてきた．生体システムから見てみると，植物細胞や細菌は細胞膜の外側にさらに細胞壁があり，外的刺激から細胞を守っている．細胞壁を構成しているのは多糖構造を骨格とする高分子であり，細胞壁と細胞膜は非共有結合性の相互作用によって結合している．このような細胞壁の構造特性をモデルとし，リポソームの外表面を天然由来の多糖で被覆し，その表面に人工細胞壁を構築する方法がすでに開発されている．ここでは，疎水性アンカーにコレステロール基を用い，マンナンなどの多糖で被覆したリポソームを図8・21に示した．得られた

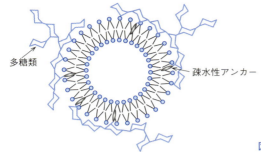

図 8・21　多糖被覆リポソーム

多糖被覆リポソームは膜構造が著しく強化され，膜のバリアー能が向上する．また，リポソームの安定性向上には分子量が大きい多糖が有効であり，さらに直鎖状で排除体積効果が大きい方が望ましい．このような天然由来脂質のリポソームは生体適合性や安全性が高いので，生理活性物質などの有用なキャリヤとなることができる．

　リポソームに分子認識能を付与する試みの一つに，その表面に抗体などを結合させ，目標とする細胞に医薬品を送り込む"標的指向リポソーム"の例があげられる．血液中の滞留性が実証されているポリエチレングリコール被覆リポソームにモノクローナル抗体のフラグメントまたはサブユニットを部分的に共有結合する方法により，標的指向性を付与することができる．このリポソームはきわめて安定で，かつ用いた抗体に特異的な細胞群に高い移行性を示し，分子認識素子としてのモノクローナル抗体の有効性が確認されている．

8・5　生体システムの機能

　生体はこれまでに紹介した生体分子を組合わせることで，それらの分子集合体がもつ多様な機能を発現している．代表的な例として，"光合成"と"分子モーター"をここでは取上げる．これらの原理に関しては，生化学，生物物理学，タンパク質工学，構造生物学など多方面からの解析に基づき活発な議論が進められているが，さらに解明が必要な点も残されている．

8・5・1　光　合　成

　光合成（photosynthesis）とは，光エネルギーを化学エネルギー（ATP の生成）に変換し，そのエネルギーを用いて二酸化炭素と水からグルコースなどの高エネ

ギーの有機物質を生産することをいう．この過程で，電子供与体から比較的低エネルギーの電子が放出され，光吸収の結果，高エネルギーの電子に変換される．そして高エネルギーの電子は，二酸化炭素を還元して炭水化物を合成するときに使用される．

　光合成は，高等植物や緑藻（青色細菌）が葉緑体（クロロプラスト）内で行われる．光を受容する物質は，葉緑体中のクロロフィルという緑色の色素である．クロロフィルはマグネシウム–ポルフィリン錯体の一種である（図8・22）．光合成ではいろいろな色素が関与するが，光エネルギーを高エネルギー化合物に変える過程で，直接光で励起されて電荷分離を起こし，光電子伝達系を始動させるのは，クロロフィル *a* に限られる．他の色素は，直接エネルギー変換には関与せず，エネルギーの高い短波長の光を集め，これをクロロフィル *a* に渡す役割をもつ．緑色植物の光合成色素，関与する酵素などは二つの光反応中心 PS Ⅰ と PS Ⅱ に組織化され，ここで光の吸収，電荷分離，電子伝達，ATP の生産の全過程を行う．

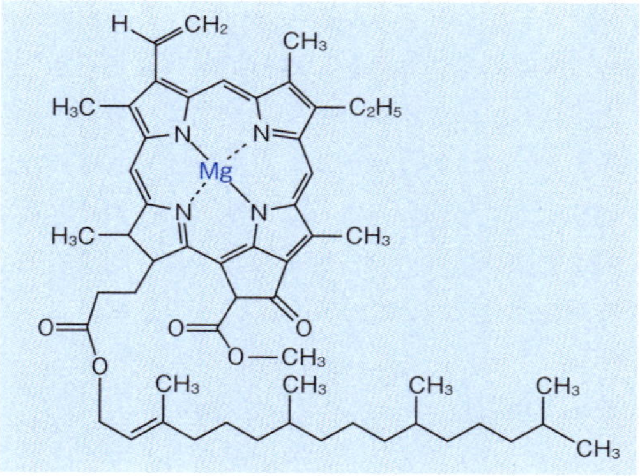

図8・22　クロロフィル *a*

　光合成はクリーンなエネルギーの生産法であり，人工光合成はわれわれ人類の夢である．これまでに，光合成のような多段階電子移動を実現できることは多くの研究者によって明らかにされてきた．しかしながら，光合成のように電荷分離状態をいかに効率良く生成し，一方で逆電子移動による失活を防ぐかという問題が重要である．現在，夢の実現に向けた人工光合成材料の開発が活発に進められている．

8・5・2 分子モーター

分子モーター（molecular motor）は，化学エネルギーを力学エネルギーに変換するタンパク質素子で，生体のさまざまな運動において重要な役割を果たしている．微小管を足場にそれぞれ逆方向に移動するダイニンとキネシン，あるいはアクチンと作用するミオシンは，軌道上を直線的に動くリニアモーターである．これらは筋肉の動きや細胞分裂の際の染色体の移動，小胞輸送など細胞の働きに必須な機能を果たしている．分子モーターのエネルギー源は，ATP などの高エネルギーリン酸化合物の加水分解により生じる化学エネルギーか，もしくは脂質膜内外のイオン濃度勾配による．ほかにも，細菌のべん毛を動かしているべん毛モーターや，エネルギーを消費してイオンあるいは電荷を能動輸送するもの（イオン輸送性 ATPase）は回転型モーターとして知られている．代表的な分子モーターを表 8・1 に示す．

たとえば，平滑筋収縮や神経突起退縮，細胞質分裂などを制御する細胞内情報伝達分子に結合するタンパク質である mDia1 を生きた細胞内に導入し，それらを 1 分子ごとに高感度蛍光顕微鏡下で可視化したところ，mDia1 が数十 μm の距離を，方向性をもって分子移動することが見いだされている（図 8・23）．この mDia1 の細胞内分子移動は，アクチンの重合，脱重合を阻害する薬剤で完全に停止したが，停止に至るまでの移動速度変化は，アクチン繊維の伸長速度の変化に一致している．

分子モーターは生体に対する親和性が高いという特徴を活かし，血液中に存在す

表 8・1　代表的な分子モーター

分子モーター	エネルギー源	機能（例）
回転モーター系		
F_1-ATPase	ATP	ATP 合成（の逆反応）
F_0	H^+ 濃度勾配	ATP 合成
バクテリアべん毛	H^+ 濃度勾配	べん毛の回転
リニアモーター系		
アクチン・ミオシン系	ATP	筋収縮，細胞質分裂，膜胞輸送，原形質流動
微小管・キネシン系	ATP	膜胞輸送，核分裂
微小管・ダイニン系	ATP	べん毛・べん毛運動，核分裂
DNA・DNA ポリメラーゼ系	dNTP	DNA 複製
DNA・DNA ヘリカーゼ系	ATP	DNA 複製
DNA・RNA ポリメラーゼ系	ATP	mRNA 合成（転写）
mRNA・リボソーム系	GTP	タンパク質合成（翻訳）

224   8. 生体——究極の有機機能材料

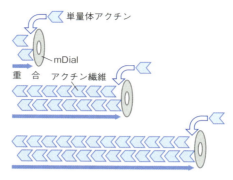

図8・23 分子モーターの例　mDial は重合を続けるアクチン繊維に結合したまま細胞内を移動する．

る ATP をエネルギー源とする，自立走行型の医療用マイクロマシンの動力源として使うことが考えられている．

iPS細胞と再生医療

　iPS 細胞（induced pluripotent stem cells）は，山中伸弥によって 2006 年に生み出された多能性幹細胞である．ヒトの皮膚などの体細胞に，ごく少数の誘導因子を導入し，培養することによって，さまざまな組織や臓器の細胞に分化する能力（多能性（pluripotency））とほぼ無限に増殖する能力（自己複製能）をもつ「人工多能性幹細胞」（iPS 細胞）とよばれる細胞に変化し（図 8・24），再生医療を実現するために重要な役割を果たすと期待されている．一方，数十年前から再生医療研究は行われており，1981 年には M. Evans らが，マウスの胚盤胞から代表的な多能性幹細胞の一つである **ES 細胞**（embryonic stem cell，胚性幹細胞）を

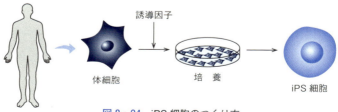

図8・24　iPS 細胞のつくり方

8・5 生体システムの機能 225

コラム（つづき）

樹立し，その17年後の1998年にJ. Thomsonが，ヒトES細胞の樹立に成功した．このヒトES細胞を使い，ヒトのあらゆる組織や臓器の細胞をつくり出すことにより，難治性疾患に対する細胞移植治療などの再生医療が可能になると期待された．

しかし，ES細胞は，不妊治療で使用されず廃棄予定の受精卵を用いるものの，発生初期の胚を破壊してつくるため，個体になる可能性をもった受精卵を壊すことに倫理的な問題があり，また，患者由来のES細胞をつくることは技術的に困難であり，他人のES細胞からつくった組織や臓器の細胞を移植した場合，拒絶反応が起こるという問題もある．このような背景のなか，山中伸弥は2006年にマウスの，2007年にはヒトの皮膚細胞からiPS細胞の樹立に成功した．ES細胞で活性化されている遺伝子の中から，初期化を誘導する四つの遺伝子（*Oct3/4*, *Sox2*, *Klf4*, c-*Myc*）を見いだし，レトロウイルスベクターを使って，これらの遺伝子をマウスの皮膚細胞（繊維芽細胞）に導入し数週間培養した．送り込まれた四つの遺伝子の働きにより初期化が起こり，ES細胞に似た，さまざまな組織や臓器の細胞に分化可能な多能性幹細胞ができた．これが2006年におけるマウスiPS細胞の誕生であった．

2013年より，視力障害を起こす疾病である加齢黄斑変性の患者を対象として，iPS細胞を用いた治療の安全性を検証することを目的に，臨床研究が始められている．2014年，一人の患者に自己iPS細胞由来網膜色素上皮細胞シートを網膜に移植した．1年後の評価において，腫瘍形成，拒絶反応などを認めず，また，視力は移植手術前の状態を維持しており，安全性試験の経過も良好であり，さらに1年半経過した時点でも同様に安全に実施できることが示された．今後は，免疫型を考慮したうえでの他家iPS細胞（他人の細胞から誘導したiPS細胞）のストックを用いた臨床研究への発展が期待できる．当該研究の1症例目に当たる移植手術は2017年3月28日に実施された．

ただし，細胞や組織は臓器という立体的なものの一部にすぎない．究極の有機機能材料ともいえる細胞を用いた再生医療の分野では，ヒトのサイズに見合う，あるいは体内で機能するような大きく立体的な臓器が生体外細胞操作によってつくることが課題となる．今後，iPS細胞と3Dプリンターやバイオマテリアルなどさまざまな素材や技術と組合わせた展開が期待されている分野である．

索　　　引

ABS 樹脂　144, 145
AIE　41
AS 樹脂　145
ATP　207, 222, 223
α-アミノ酸　199
α ヘリックス　200

BCECF　42
BD　47
β シート　200

C₆₀　57, 90
CD　46
CD-R　47
CD-R 用色素　48
CFPR　148
CGL　52, 53
cmc　96
CMYK 方式　24
CNT　84
CST　64
CT 錯体　80
CT 相互作用　11
CTL　52, 53

DAPI　40
DDS　191
DNA　15, 40, 192, 206, 210, 212
DNA インスパイアード
　　　テンプレート重合　209
DNA チップ　170
DNA マイクロアレイ　169, 170,
　　　　　　　　　　172
DNTT　89
DOBAMBC　74
DPVBi　55
DTUL　64
DVD　47
DVD-R 用色素　48

EDLC　71

EL　55
ES 細胞　224

Fick の第一法則　154
Franck-Condon の原理　25
FRP　146
Fura 2　42

GABA　212
GC　162
GI 型光ファイバー　32
Gough-Joule 効果　123
GPC　164

HAp　196
HIPS　144
HPLC　163, 165

iPS 細胞　184, 186, 224

Jablonski ダイヤグラム　25, 58

Kasha の法則　25
Knudsen(クヌーセン)流　153

Lambert-Beer の法則　25
LC　163
LCD　72, 73
Lennard-Jones 式　7
low-k 材料　67
LSI　66
LSI 用封止材　62

MALDI-TOF 質量分析　171
Maxwell モデル　132, 133
mDial　223
MPC ポリマー　177
mRNA　210
MWNT　84

NBR　150

NCH　147, 149
NLO　33

OFET　88
OPC　51, 53
O/W 型エマルション　97, 98,
　　　　　　　　　　101
O/W/O 型エマルション　98

PA　81, 82, 83
PAN　148
PAn　81, 82, 83
PBI　65
PBO　138, 139, 141
PBT　138, 139
PC　32, 64, 136
PCBM　57
PDT　58
PE　64, 122, 139
PEDOT　83
PEDOT：PSS　81, 83
PEEK　65
PES　65
PET　64
PHEMA　187
P3HT　57
PI　65, 144
PIC ミセル　192
PMMA　26, 31, 130, 136, 179,
　　　　　　　180, 187, 209
PNIPAAm　189
POF　31
Poiseuille(ポアズイユ)流　153
POM　64, 139
PPD　44
PPO　65, 143
PPP　81
PPS　64
PPTA　138, 139
PPV　57, 81, 82, 83
PPy　81, 82, 83

索　　引　　　　　　227

PS　64, 136, 143, 144
PT　57, 81, 82
PTFE　64, 66, 105, 150
PTFMCE　137
PVA　139
PVC　64
PVDF　64, 74, 76, 77, 78
PVK　51, 52
PZT　76
π 共役系高分子　79
π 共役系導電性高分子　81

QDI　44, 45

RGB 三原色　24
RNA　206, 210, 212
rRNA　210

SBS　126
SI 型光ファイバー　32
SIS　144
SPU　176
SWNT　84

TAPC　55
TCNQ　79, 80
TEM　144
TFT　45
TGS　76, 78
TM　178
TMTSF　90
TN 型液晶ディスプレイ　73
TNF　52
TPD　55
tRNA　210
TTF　79, 80

UCL　53
UV 吸収剤　102
UV 硬化型接着剤　116
UV 硬化樹脂　49

VDCN/VAc　77
VDF/TrFE　74, 76, 77, 78
Voigt モデル　132

WLF 式　135
W/O 型エマルション　97, 98,
　　　　　　　　　　　101

Young-Dupre の式　100

あ 行

アイゾッド衝撃強度　137
アガロース　189, 214
アガロースゲル　168, 169, 189
アクチュエータ　76, 83, 127
アクチン繊維　200, 223
アクリジンオレンジ　39
アクリル系樹脂　49, 109
アクリル系接着剤　116
アクリル系ポリマー　119
アクリルゲル　165
アクリル酸系樹脂　29
アクリロニトリル/
　　　ブタジエンゴム　150
アクリロニトリル/ブタジエン/
　　スチレン共重合体　144, 145
アジド系化合物　47
N-アセチルガラクトサミン
　　　　　　　　　　　215
N-アセチルグルコサミン　214,
　　　　　　　　　　　215
アセチルコリン　212
アゾ系金属錯体　48
アゾ染料　35, 36
アゾベンゼン　50
アゾレーキ顔料　38
圧電材料　75, 76
圧電 g 定数　75, 76
圧電性　75
圧電性高分子　75
圧電 d 定数　75, 76
アッベ数　28
圧力センサー　89
アデノシン三リン酸　207
アテロコラーゲン　184
アニオン界面活性剤　94
アビジン　205, 206
アフィニティークロマト
　　　グラフィー　161, 168
アミノ酸　15, 117, 166, 199, 200
γ-アミノ酪酸　212
アミロース　163, 213, 214
アミロペクチン　214
アラミド　65
アラミド繊維　146
アリザリン　35
アリル系樹脂　29

アルキド樹脂　109
アルミノキノリン錯体　55
アロステリック効果　202
安全性評価　185
安定剤　17
アントラキノン染料　36

イオン液体　71, 86
イオン結合　120
イオン交換クロマトグラフィー
　　　　　　　　　　　161
イオン交換膜　156
イオン性界面活性剤　93, 97
イオン伝導性高分子　86
イオン伝導性材料　85
イオン分極　68, 69
異性化　50
異性体　12
イソブチレン/無水マレイン酸
　　　　　　　共重合体　188
一次構造　200
一重項　25, 47, 55, 58
遺伝子診断　172
遺伝情報　206, 208, 212
移動因子　135, 151
移動相　161
移動度　79
イミダゾピリジン誘導体　43
医用材料　181
イリジウム錯体　55
医療用ゲル　186
色　23
色収差　28
陰イオン界面活性剤　93, 94
インクジェットプリンター用
　　　　　　　　インク　101
インジゴ　35
インジゴイド染料　36
インターカレーション　148,
　　　　　　　　　　　210
インダントロン　36
インテリジェントポリマー
　　　　　　　　　　　189

液晶ディスプレイ　72, 73
液晶ポリアリレート　65
液体クロマトグラフィー　161,
　　　　　　　　　　　163
液体分離膜　159
エタノール
　　──の分離　159

228 索 引

エチレン/ビニルアルコール
　　　　　　共重合体　117
エナンチオマー　12, 13
エネルギー弾性　125
エポキシ系樹脂　49, 62, 63,
　　　　　　109, 118, 146
エマルション　97, 101
エレクトレット　68
塩基性染料　36
延伸ポリテトラフルオロ
　　　　　　エチレン　175
エントロピー弾性　125

応　力　70, 75, 130, 131, 132
応力緩和　132, 133, 134
応力-歪み曲線　130
オリゴチオフェン　88
オリゴ糖　167, 213
オレンジII　38
音響インピーダンス　76
温度応答性高分子　20, 189, 190

か 行

開環重合　14
解体性接着剤　117
界　面　91
界面エネルギー　114
界面活性剤　92, 216
　　──の挙動　95
　　──の構造と種類　93
　　──の働き　97
界面自由エネルギー　91, 92,
　　　　　　176
界面張力　92, 100
化学増幅　44
可干渉性　23
架　橋　125, 126
架橋ゴム　123
角化細胞　183, 184
核　酸　13, 15, 192, 206
拡散係数　154
可視光　21, 23, 35
荷重たわみ温度　64
加色混合法　24
ガスクロマトグラフィー　161,
　　　　　　162
可塑剤　17
カチオン界面活性剤　94

カチオン染料　36
活性化エネルギー　202
活性炭素繊維　112
荷電ソリトン　82
カプラー　44, 45
カーボンナノチューブ　84
カーボンブラック　88, 146
可溶化　98
ガラクトース　213
カラー写真用ネガフィルム　44
ガラス　121
ガラス-エポキシ　63
ガラス状態　134
ガラス転移温度　63, 64, 123,
　　　　　　136
ガラス転移点　16
ガラス-ポリイミド　63
カルセイン　41, 42
ガルビノキシル　90
環境調和塗料　111
感光性材料　43, 58
感光体ドラム　53
干　渉　23
顔　料　34, 37, 38
顔料インク　101
緩和過程　25
緩和時間　69, 79, 133
緩和弾性率　132, 134

気化浸透　160
基　質　168, 201
気体分離膜　153, 156
キチン　214
基底状態　25
キナクリドンレッド　38
機能性　3
機能性絶縁材料　61
機能性接着剤　115
機能性糖鎖高分子　215
機能性塗料　107
キノリン錯体　55
キノンジイミン誘導体　44, 45
起　泡　99
逆浸透膜　153, 157
逆相クロマトグラフィー　162
キャピラリー電気泳動　170
キャリヤ　18, 50, 60, 79, 81,
　　　　　　191, 192, 221
キャリヤ移動度　79
キャリヤ生成効率　52
キャリヤ生成層　52

吸　収
　　光の──　24
吸収損失　31
球状タンパク質　200, 201
吸　着　112, 177, 178
吸着クロマトグラフィー　161,
　　　　　　162
吸着剤　112
凝　集　99
共重合体　13, 142
凝集誘起発光　41
鏡像異性体　12, 163
強　度
　　高強度・高弾性率繊維
　　　　　　の──　138
　　複合材料の──　147
共有結合　4, 9, 120
強誘電性　72
強誘電体　72
供与結合　11
金　属　60, 120, 121, 130
金属圧延油　104
金属結合　120
屈　折　22, 23
屈折率　27, 28, 29
屈折率制御型光ファイバー　32
クヌーセン流　153
クマリン　38, 39
曇り点　97
クラウンエーテル　165, 166
クラッド　31
グラフェン　84, 89
グラフト共重合体　13, 14, 86,
　　　　　　142, 191, 193
クラフト点　97
グリコシド結合　213, 214, 215
グリシン　78
クリープ　132, 135
グリーンプラスチック　182
グルコース　167, 211, 213, 214
クロマトグラフィー　161
クロロフィル　56, 222
クーロン力　7

蛍　光　25, 37, 54
蛍光色素　37, 39, 58, 173
蛍光センサー　40, 41, 42
蛍光染料　39
蛍光増白剤　39
蛍光標識　40, 171

索　引　　　　229

蛍光プローブ　41, 42
蛍光マーカー　40
蛍光量子収率　38
化粧クリーム　101
血液適合性材料　174
血液透析器　179
血液透析膜　179
結合エネルギー　4
結合距離　4
結合交替構造　82
結晶性高分子　16, 121, 134, 135
血　栓　174
ゲノム　206
ケブラー　146
ゲル　126, 187, 188
ゲル浸透クロマトグラフィー
　　　　　　　　15, 164
ゲル電解質　71, 85
限外沪過膜　153, 158, 159
嫌気性接着剤　116
原子屈折　27
減色混合法　24

コ　ア　31
コア-コロナ型高分子
　　　　　　ナノスフェア　193
光学材料　26
光学分割　162, 163, 165
光学レンズ材料　26
項間交差　26
高吸水性ポリマー　188
高強度繊維　137, 141
抗菌塗料　109
高屈折率有機光学材料　30
抗血栓性材料　174
抗　原　168, 205
光合成　56, 221
交互共重合体　13, 14
交互浸漬法　196, 197
交互積層細胞コーティング技術
　　　　　　　　　　186
交互積層法　160, 209
光子（光量子）　23
合成曲線　134, 135, 151
合成高分子　2, 13
合成染料　2
合成二分子膜　219
酵　素　168, 201, 204
構造異性体　12
高速液体クロマトグラフィー
　　　　　　　　163, 165

抗　体　40, 168, 173, 205
高耐候性塗料　110
高弾性率繊維　137, 141
高分子アクチュエータ　127
高分子化合物　13
高分子固体電解質　85
高分子固体電解質型燃料電池
　　　　　　　　　　87
高分子材料　120, 121
高分子ナノスフェア　193
高分子微粒子　191
高分子複合材料　140
高分子ミセル　191
固体電解質　85
固体発光材料　41
固定化
　生体活性分子の──　178
　タンパク質の──　204
固定相　161, 166
コピー　53
コヒーレンス　23
コポリマー　13
ゴ　ム　123, 131
ゴム状態　124, 134
ゴム弾性　123, 125
固有粘度　16
コラーゲン　184, 187, 197, 200,
　　　　　　　201, 203, 207
コレステロール　194, 216, 220
コロイド　98
コンゴーレッド　39
コンタクトレンズ　187

さ　行

サイズ排除クロマトグラフィー
　　　　　　　161, 162, 164
再生医療　185, 224
彩　度　24
サイトカイン　184
細胞シート　190, 225
細胞接着　174, 178, 195
細胞接着タンパク質　175, 190,
　　　　　　　　　204
細胞培養ゲル　187
細胞培養皿　189
細胞分離　173
細胞膜　218
酢酸セルロース　158, 159

サーモトロピック液晶　70, 71
酸化防止剤　17
三次元網目構造　123, 126
三次元透過電子顕微鏡　144
三次元培養皮膚　41, 184, 185
三次構造　200
三重項　26, 55
サンスクリーン　102
散　乱
　光の──　26
散乱損失　31
残留分極　72

ジアステレオマー　12, 13
ジアゾナフトキノン-
　　　　　　ノボラック樹脂　47
シアニン色素　44, 46, 48
シアノアクリル酸　116
シアノスチルベン誘導体　43
ジアミノスチルベンジスルホン
　　　　　　酸誘導体　40
ジアリールエテン　50
シアン化ビニリデン/
　　　　酢酸ビニル共重合体　77
シアン色素　171, 172
紫外線　21
紫外線吸収剤　17, 102
紫外線硬化型接着剤　116
紫外線散乱剤　102
時間-温度換算側　134
色　素　58
色　相　24
色素増感太陽電池　56, 57
シグナル伝達　219
シクロデキストリン　163, 165,
　　　　　　　　167, 213
自己修復材料　128
自己修復塗料　111
自己ドープ型高分子　83
脂　質　216
脂質二重層　218
質量分析　15, 171
自発分極　72, 78
脂肪酸　216
脂肪酸アナログ　42
4-ジメチルアミノ-N-メチル-
　4-スチルバゾリウム
　　　　　　　トシレート　33
2,5-ジメチル-4-(4'-ニトロ
　フェニルアゾ)アニソール　33
写真用感光剤　43

索　引

重合度　13
重縮合　14
充填剤　17, 146, 164
重付加　14
重量平均分子量　15
縮合重合　14
縮合多環顔料　38
潤滑剤　104
瞬間接着剤　116
瞬間誘電率　69
順相クロマトグラフィー　162
衝撃強度　136, 137
焦電材料　76, 78
焦電性　77, 78
焦電率　76, 78
消　泡　100
初期弾性率　137
助色団　35
ショ糖　213
徐放性　160
シリカゲル　162, 164, 166
シリコーンゴム　154
シリコーン樹脂　107, 109, 110
シロール誘導体　43
神経伝達物質　212
人工血管　175
人工光合成　222
人工細胞　220
人工脂質　219
人工腎臓　179
人工多能性幹細胞　224
人工皮膚　182, 183
人工分子シャペロン　194
真珠層
　　──の構造　207
親水化処理　106
親水性　100, 105
親水性塗料　110
真性高分子固体電解質　85, 86
親疎水型高分子ミセル　191
浸透気化　159

水性塗料　112
水素結合　10, 113, 120, 200
数平均分子量　15
スクロース　213
スチレン/ブタジエン/スチレン
　　トリブロック共重合体　126
ステレオコンプレックス膜
　　　　　　　　180, 209
スピロピラン　50

すべり摩擦　150
スマートポリマー　189
スメクチック相　71
3D プリンター　49
スルホン化 PAn　83
スルホン化ポリエーテル
　　　　エーテルケトン　88
スレンイエロー G　38

正　孔　18, 51, 54, 60, 79, 81
生体外細胞操作　185
生体情報システム　212
生体模倣反応　196
静的粘弾性　132, 134
静電相互作用　6, 8, 10
性能指数　78
生分解性材料　181
精密濾過膜　153, 159
赤外線　21
赤外線センサー　77
積層造形　49
斥　力　6
セグメント化ポリウレタン
　　　　　　　　126, 176
絶縁体　60
石けん(セッケン)　93, 95
接触角　100, 115, 174, 175
接　着　113
接着剤　113, 114
接着仕事　114
セラミックス　120, 121
セルソーター　173
セルロース　113, 147, 163, 177
セルロースアセテート膜　180
セルロース系膜　180
繊維芽細胞　183, 184
繊維強化プラスチック　146
繊維状タンパク質　200, 201,
　　　　　　　　　　207
線形光学材料　26, 31
せん断弾性率　131, 133
船底塗料　110
染　料　34, 36

増感色素　44
層間絶縁膜　66
双極子モーメント　8, 70, 74,
　　　　　　　　75, 77
相分離　142
相溶性ポリマーアロイ　142
組織工学　195

疎水性相互作用　10
ソリトン　82
損失弾性率　70, 133
損失誘電率　70

た　行

ダイアライザー　179
耐火塗料　109
大規模集積回路　66
大規模集積回路用封止材　62
耐衝撃性　136
耐衝撃性ポリスチレン　144
帯電防止剤　104
耐熱性高分子　63
耐熱性絶縁材料　61
耐熱塗料　107
太陽電池　56
多孔質膜　153
多重分子間相互作用　9
多層 CNT　84
ダッシュポット　132, 133
多　糖　178, 194, 213, 214, 220
多糖被覆リポソーム　221
多能性　224
単純脂質　216
淡水化
　　海水の──　157, 158
炭水化物　211
弾性的変形　131
弾性率　70, 76, 121, 123, 134,
　　　　　　　　138, 147
単層 CNT　84
炭素強化複合材料　148
炭素繊維　138, 146, 148
単　糖　211, 213
タンパク質　13, 15, 40, 117,
　　　163, 168, 171, 175, 177, 194,
　　　　　　199, 207, 212
単量体　13, 121

チエノアセン　89
遅延時間　66
チオインジゴ　36, 50
中空カプセル　160
中空糸膜　154, 155, 158, 179
中性脂肪　216
中性ソリトン　82
超音波診断装置　76, 77

索　　引　　　　　231

超親水性　100
超伝導　90
超伝導体　60
超撥水性　100
超撥水性塗料　110
超分子化学　19, 129
貯蔵弾性率　70, 133, 136
貯蔵誘電率　70

通信ケーブル用被覆材　65

定積比熱　76, 78
低誘電率絶縁材料　65
デオキシリボ核酸　206
デキストランゲル　164, 168
テトラシアノキノジメタン　79
テトラチアフルバレン　79
テーラーメイド医療　172
テルピリジン　43
添　加　16
電荷移動錯体　79, 80
電荷移動層　52
電荷移動相互作用　11, 80
電界発光　54
電荷分離　51, 222
電気泳動ゲル　169
電気泳動チップ　169
電気絶縁塗料　109
電気伝導率　59, 60, 79, 81, 86
電気二重層キャパシタ　71, 86
電気変位　67
電子材料　62
電子写真　53
電子伝導性材料　79
電磁波　21
電子分極　68, 69
電車用モーター　61
電子輸送性発光層　55
伝送損失　31
展着剤　103
電着塗料　111
天然染料　35

糖　211
透過係数　154, 155
透過電子顕微鏡　144, 145, 149
透過流束　153
糖タンパク質　178, 215
動的共有結合　129
動的粘弾性　133
導電材料　79

導電性高分子　79, 81, 83
導電性ゴム　88
導電体　60
等電点電気泳動　170
導電率　59
動物実験代替法　185
ドーパミン　212
ドーパント　18, 81, 82
ドーピング　18, 52, 81, 82, 83
ドメイン　18, 19
ドラッグデリバリーシステム
　　　160, 189, 191, 219
トランスファー RNA　210
トリアシルグリセロール　216
2,4,6-トリニトロフルオレノン
　　　52
トリブロック共重合体　126
塗　料　107, 109
トロンボモジュリン　178

な　行

ナイルブルー A　39
ナイロン-粘土ハイブリッド
　　　147, 149
ナイロン 6　146
ナノゲル　194
ナノコンポジット　147
ナノスフェア　191, 193
ナノ沪過膜　159
ナフトール・ブルー
　　　ブラック B　36
軟質塩化ビニル　17

二次構造　200
二次電池　85
二重エマルション　98
二重らせん構造　208
m-ニトロアニリン　33
4'-ニトロベンジリデン-3-アセト
　アミノ-4-メトキシアニリン 33
二分子膜　219
乳　化　97
乳化剤　101
尿素樹脂　61

ぬ　れ　100, 105, 115

ネガフィルム　43

熱可塑性エラストマー　123,
　　　126, 143
熱可塑性高分子　63
熱可塑性樹脂　61
熱硬化性樹脂　61, 63
ネマチック相　71
粘性率　16, 132
粘弾性　130, 131, 134, 136, 137,
　　　150
粘着剤　119
粘度平均分子量　15
燃料電池　87

ノボラック　62

は　行

配位結合　11
パイエルス転移　80, 82
バイオインスパイアード材料
　　　201, 207
バイオ接着剤　117
バイオマテリアル　174
バイオミネラル　207
配　向
　分子の――　18
配　合　16
配向分極　68, 69
配向力　8
配座異性体　12
胚性幹細胞　224
配線遅延　66
ハイドロキシアパタイト　196,
　　　197, 198, 207
ハイドロゲル　126, 186, 196
培養真皮　183, 184
培養皮膚　183, 184
培養表皮　183, 184
麦芽糖　213
破断強度　137
破断伸び　121, 137
発光材料　55
発色剤　45
発色団　35
撥水剤　103
撥水性　100, 105
バ　ネ　132, 133
パーベーパレーション　159
パラレッド　38

232 索　　　引

反　射　22, 23
半導体　60, 88

非イオン性界面活性剤　93, 94, 97
ビオチン　205, 206
光　21
光異性化　50
光カー効果　33
光記録材料　46
光造形　49
光治療　58
光ディスク　48
光ディスク用記録材料　46, 48
光ディスク用色素　58
光ディスク用プラスチック
　　　　　　　レンズ　30
光伝導　50, 51
光導電材料　50, 58
光ファイバー　31
比強度　146, 147
非晶性高分子　16, 63, 123, 134, 135
ヒステリシス　74, 75
歪　み　70, 75, 130, 131, 133
非線形光学　33
非線形光学材料　33
非相溶性ポリマーアロイ　142
非対称膜　159
非多孔質膜　153
引張り緩和弾性率　134
引張り強度　121
引張り弾性率　130
引張り歪み　130
ヒドロキシアパタイト　196
2-ヒドロキシエチル
　　　　　メタクリレート　176
12-ヒドロキシステア
　　　　　　リン酸　188
ヒドロゲル　126
皮　膚
　　――の構造　183
日焼け止め　102
比誘電率　8, 64, 67, 76
標的指向リポソーム　221
表　面　91
表面エネルギー　114
表面開始重合法　108
表面改質　106, 108
表面グラフトポリマー　108
表面自由エネルギー　92

表面処理剤　103
表面張力　92, 100

ファン デル ワールス相互作用
　　　　6, 9, 113, 120, 122
フィブロネクチン　184, 204
フェニルカルバメート
　　　　　　誘導体　163
p-フェニレンジアミン
　　　　　　誘導体　44
フェノール樹脂　61, 83
フォトクロミズム　50
フォトクロミック化合物　50, 58
フォトクロミック材料　20
フォトニック結晶　34
フォトリソグラフィー　46
フォトレジスト　45, 47, 58
付加重合　14
不均一性　18, 19
副ガラス転移　136
複合化　17, 198
複合材料　140, 146, 147, 196
複合脂質　216
フタロシアニン　6, 37
フタロシアニン顔料　38
フタロシアニン系色素　48
フタロシアニンブルー　38
フッ化ビニリデン　159
フッ化ビニリデン/トリフル
　　　　オロエチレン共重合体　74
フック弾性　131
物質透過性　219
不飽和ポリエステル　146
不溶性アゾ顔料　38
プラスチックフィルム
　　　　　　　コンデンサ　70
プラスチックレンズ　26, 28
プラズマ処理　106, 107
プラトー境界　99
フラーレン誘導体　57
フルオレセイン　39
フルギド　50
プルラン　194
ブロック共重合体　13, 14, 86, 142, 144, 191, 193
プロトン伝導材料　87
分　極　8, 10, 67, 68, 69, 72, 74
分極率　27, 33, 66
分　散　28, 99
分散剤　101

分散力　9
分子間相互作用　6, 92, 129
分子屈折　27
分子認識　165, 204, 221
分子認識材料　165
分子モーター　223, 224
分子量分布　13, 15
粉体塗料　112
分配クロマトグラフィー　161
分離膜　152

平均分子量　13, 15
平衡誘電率　69
ベシクル　218, 220
ヘパリン　178, 215
ペプチド　10, 171
ペプチド結合　199
ヘモグロビン　200, 202, 203
偏光フィルター　73
変性ポリフェニレンオキシド
　　　　　　　　　143
ペンタセン　88
べん毛　223

ポアズイユ流　153
ポアソン比　124
芳香族ポリアミド　159
膨潤度　128
防錆剤　104
防曇剤　103
補　色　24
ホスファチジルエタノール
　　　　　　アミン　217
ホスファチジルコリン　217
ホスファチジルセリン　217
ホットメルト接着剤　116
ホッピング　51, 82
骨　197, 207
ポリアクリルアミド　163
ポリアクリルアミドゲル　165, 169
ポリアクリル酸塩　188
ポリアクリロニトリル　85, 148, 159
ポリアセチレン　79, 81, 82, 83
ポリアセン　83
ポリアニリン　81
ポリアミド　14, 117, 163
ポリアリーレンエーテル　67
ポリイオンコンプレックス
　　　　　　　ミセル　192

索　引　　　　　　　　233

ポリイソプレン　134, 135, 144
ポリ(*N*-イソプロピルアクリル
　　アミド)　189
ポリイミド　61, 62, 65, 67, 155,
　　159
ポリウレア　14
ポリウレタン　14, 61, 109, 117,
　　176
ポリエステル　14, 61, 70, 109,
　　117, 175
ポリエチレン　3, 61, 64, 122,
　　130, 138, 139, 141
ポリエチレンオキシド　86
ポリエチレングリコール　221
ポリ(3,4-エチレンジオキシ)
　　チオフェン　83
ポリエチレンテレフタレート
　　64, 146
ポリエーテルエーテルケトン
　　65
ポリエーテルスルホン　65
ポリ塩化ビニル　17, 61, 64, 131
ポリ塩化ビニル/ポリアクリロ
　　ニトリル共重合体　159
ポリオキシメチレン　64, 138,
　　139
ポリカーボネート　29, 32, 64,
　　70, 130, 137, 146
ポリグリコール酸　181, 182
ポリ酢酸ビニルゲル　165
ポリ(*p*-ジオキサノン)　182
ポリスチレン　64, 70, 98, 99,
　　126, 143, 144, 150, 156, 175
ポリ(スチレン-アクリロ
　　ニトリル)樹脂　145
ポリスチレンゲル　165
ポリスルホン　154, 158, 177, 180
ポリスルホン/ポリエーテル
　　スルホン　159
ポリチオフェン　57, 81, 82, 88
ポリテトラフルオロエチレン
　　64, 66, 68, 150, 175
ポリ乳酸　181, 182
ポリパラフェニレン　81
ポリ(2-ヒドロキシエチル
　　メタクリレート)　113, 187
ポリ(β-ヒドロキシ酪酸)　182
ポリビニルアルコール　138,
　　139, 159
ポリビニルアルコール/無水
　　マレイン酸共重合体　188

ポリビニルカルバゾール　51,
　　52
ポリビニルホルマール　64
ポリピロール　81, 82
ポリフェニレンオキシド　63,
　　65, 143
ポリフェニレンスルフィド
　　64, 70
ポリ(*p*-フェニレンテレフタル
　　アミド)　138, 139
ポリフェニレンビニレン　81,
　　82
ポリ(*p*-フェニレンベンゾビス
　　オキサゾール)　138, 139, 141
ポリ(*p*-フェニレンベンゾビス
　　チアゾール)　138, 139
ポリブタジエン　126
ポリブチレンテレフタレート
　　118
ポリフッ化ビニリデン　64, 74
ポリプロピレン　70
ポリペプチド　199, 200
ポリベンズイミダゾール　65,
　　88
ポリマー　13
ポリマーアロイ　140, 142
ポリマー光ファイバー　31, 32
ポリマーブラシ　108
ポリマーブレンド　140
ポリメタクリル酸エステル
　　163
ポリメタクリル酸メチル
　　(ポリメチルメタクリレート)
　　26, 130, 179, 180, 187, 209
ポーリング　74, 77
ホール　18, 51, 54, 58, 60, 81
ホール輸送材料　55

ま　行

マイクロカプセル　117, 160,
　　204
マイクロスフェア　191
膜タンパク質　219
膜モジュール　158
マクロスケール　18
マクロモノマー法　193
摩擦　150
摩擦係数　150, 151

マスター曲線　135, 151
マトリックス　143, 146, 147,
　　184
マトリックス支援レーザー脱離
　　イオン化飛行時間型質量分析
　　171
マラカイトグリーン　36
マルトース　213
マンノース　213, 215

ミクロ相分離構造　18, 142, 144
ミクロドメイン構造　176
ミセル　96, 97, 191, 217

無機材料　120

明　度　24
メタクリル酸系樹脂　29
メタクリル酸ジエステル　116
メタクリル酸メチル　116
2-メタクリロイルオキシエチル
　　ホスホリルコリン　177
2-メチル-4-ニトロアニリン
　　34
メッセンジャー RNA　210
メロシアニン色素　44
免震ゴム　124

モーヴェイン　2
モノマー　13, 121
モル吸光係数　25

や　行

ヤング率　130

有機液体分離膜　159
有機エレクトロルミネセンス
　　54
有機化合物　1, 4
有機機能材料　1, 3
有機強磁性体　90
有機材料　1, 4
有機色素　34
有機磁性体　90
有機太陽電池　56
有機超伝導体　90
有機電界効果トランジスタ
　　88, 89

有機薄膜電池　56
有機半導体　88
有機光導電材料　51, 53
有機-無機ハイブリッド材料
　　　　　　　　62, 63, 196
誘起力　9
融　点　16, 63, 64
誘電エラストマー　127
誘電緩和　69
誘電結合効果　75, 78
誘電材料　67
誘電性　67
誘電正接　65, 70
誘電損失　76
誘電分極　67, 68
誘電率　8, 64, 67, 69, 78
誘導脂質　216

陽イオン界面活性剤　94
溶解度係数　154
溶解度パラメーター　105, 115

ら　行

らせん構造　200, 208, 220
ラテックス　99, 145, 156
ラミニン　198
ランダム共重合体　13, 14

リオトロピック液晶　70, 97
力学的吸収　136
力学的性質　120, 122, 130
力学的損失正接　70, 134
リソグラフィー　45
リチウムイオン伝導材料　85
リチウムイオンポリマー
　　　　　　　　バッテリー　85
立体異性体　12, 213
立体構造　200
リボ核酸　206

リボザイム　210
リボソーム　218, 220
リボソーム RNA　210
流動モザイクモデル　218
両親媒性　93, 217
両性界面活性剤　94
臨界温度　90
臨界表面張力　105
臨界ミセル濃度　96
りん光　26, 54
リン脂質　217
リン脂質アナログ　42

ルブレン　55

励起状態　25, 35, 54
レシチン　217
連続使用可能温度　64

ローダミン B　39
ローレンツ-ローレンスの式　27

あら き こう じ
荒 木 孝 二
1948年 大阪に生まれる
1976年 東京大学大学院工学系研究科
博士課程 修了
東京大学名誉教授
専攻 有機機能材料
工 学 博 士

あか し みつる
明 石 満
1949年 徳島県に生まれる
1978年 大阪大学大学院工学研究科
博士課程 修了
現 大阪大学大学院生命機能研究科 特任教授
専攻 機能性高分子
工 学 博 士

たか はら あつし
高 原 淳
1955年 長崎県に生まれる
1983年 九州大学大学院工学研究科
博士課程 修了
現 九州大学先導物質化学研究所 教授
専攻 高分子材料科学, 材料表面科学
工 学 博 士

く どう かず あき
工 藤 一 秋
1963年 岩手県に生まれる
1993年 東京大学大学院工学系研究科
博士課程 修了
現 東京大学生産技術研究所 教授
専攻 有機合成化学, 有機材料化学
博士(工学)

第1版 第1刷 2006年11月6日 発行
第4刷 2015年3月1日 発行
第2版 第1刷 2018年9月3日 発行

―――――――――――――――――――

有 機 機 能 材 料（第2版）

―――――――――――――――――――

Ⓒ 2 0 1 8

著　者　荒　木　孝　二
　　　　明　石　　　満
　　　　高　原　　　淳
　　　　工　藤　一　秋

発 行 者　小　澤　美　奈　子
発　　行　株式会社 東京化学同人
東京都文京区千石3丁目36-7（☎112-0011）
電話 03-3946-5311・FAX 03-3946-5317
URL: http://www.tkd-pbl.com/

―――――――――――――――――――

印　刷　日本フィニッシュ株式会社
製　本　株式会社 松　岳　社

―――――――――――――――――――

ISBN978-4-8079-0935-3
Printed in Japan
無断転載および複製物（コピー、電子
データなど）の配布、配信を禁じます.

マテリアルサイエンス有機化学
― 基礎と機能材料への展開 ―
第2版

伊與田正彦・横山　泰・西長　亨 著
B5判　2色刷　180ページ　定価: 本体 2500 円+税

マテリアルサイエンスを理解するための有機化学と，有機機能材料の基礎的事項と応用例をわかりやすく解説した教科書の改訂版．全面的に内容を見直し，基礎的な事項はわかりやすく記述するよう心掛け，応用例については今後期待される分野を積極的に取上げた．

バイオマテリアルサイエンス
― 基礎から臨床まで ―
第2版

山岡哲二・大矢裕一・中野貴由・石原一彦 著
A5判　2色刷　224ページ　定価: 本体 2600 円+税

この分野の理解に必要な基礎知識とその臨床応用について平易に解説した教科書の改訂版．工学部の化学や高分子化学，生物学などを基礎とする材料系だけでなく，医療（工学）系の学部や専門学校生などに最適．